新世纪高等学校教材·数学系列

数学教育丛书

数学教学论

（第2版）

主编◎曹一鸣 张生春 王振平

SHUXUE JIAOXUE LUN

北京师范大学出版集团
BEIJING NORMAL UNIVERSITY PUBLISHING GROUP
北京师范大学出版社

图书在版编目(CIP)数据

　数学教学论/曹一鸣，张生春，王振平主编. —2版. —北京：
北京师范大学出版社，2017.1(2025.3 重印)
　(新世纪高等学校教材·数学系列)
　ISBN 978-7-303-21549-2

　Ⅰ.①数…　Ⅱ.①曹…②张…③王…　Ⅲ.①数学教学-教
学研究-教材　Ⅳ.①O1-4

　中国版本图书馆 CIP 数据核字(2016)第 268144 号

出版发行：北京师范大学出版社 https://www.bnupg.com
　　　　　北京市西城区新街口外大街 12-3 号
　　　　　邮政编码：100088
印　　刷：北京虎彩文化传播有限公司
经　　销：全国新华书店
开　　本：787 mm×1092 mm　　1/16
印　　张：12.25
字　　数：279 千字
版　　次：2017 年 1 月第 2 版
印　　次：2025 年 3 月第 20 次印刷
定　　价：33.00 元

策划编辑：刘风娟　　　　　　责任编辑：刘风娟
美术编辑：焦　丽　　　　　　装帧设计：焦　丽
责任校对：陈　民　　　　　　责任印制：马　洁

数学教育丛书

顾　　　问：徐利治　张景中　张奠宙

主　　　编：张英伯　曹一鸣

丛书编委会（按姓氏笔画为序）

马云鹏　王光明　孔凡哲　宁连华

代　钦　宋乃庆　张奠宙　张英伯

张春莉　张景中　张生春　松宫哲夫

涂荣豹　高　夯　徐利治　徐斌艳

黄秦安　曹一鸣　喻　平

总 序

　　现代社会的发展与进步离不开教育，教师是影响教育水平、"办好人民满意的教育"的一个关键因素。教师的素质在很大程度上决定了教育的质量。人们越来越意识到卓越教师培养、教师教育标准化建设的重要性。

　　教师的专业发展受多方面因素影响和制约，其中学科教学知识是一个重要方面，并对学生学习产生显著影响。自舒尔曼（Scheuermann）提出教学内容知识（Pedagogical Content Knowledge, PCK）的概念后，研究者们从两个方面来对教师知识进行研究，一方面是影响教学的教师知识类别及其理论，另一方面是通过发展测试工具去研究教师知识。近年来，数学教育界的研究者沿着PCK概念，针对数学教学内容知识的内涵、构成、特征、发展途径等方面，从数学教学知识的理论（如 Mathematical Knowledge for Teaching, MKT）到数学教学知识的测量，以及教师的数学教学知识与课堂教学其他因素之间的关系等进行了一系列的研究与探索。这对数学教师专业发展及培训起到积极的指导和推动作用，有效地促进了数学教育方向的课程体系建构和不断地完善。以数学教育教学实践活动与问题为导向，进一步突出了职业实际需求与实践能力培养。在课程内容设置上，重视案例教学，紧密联系数学课程改革的最新发展，加强课程标准与教材研究。在教学方式上，改变传统单一的教学方式，注重教师讲授、指导与学生自主学习、见习、实践技能训练融合，搭建课堂教学、课外学习研讨、互联网平台的在线学习与交流研讨学习平台，开辟了数学教育课程改革的新天地。

　　自 2009 年开始，我们针对当时数学教育本科、研究生教学的实际需要，汇集了国内师范院校的一大批数学教育专家学者，陆续出版《"京师"数学教育丛书》，定位服务于数学教育方向的本科、研究生课程教材建设。这套系列教材，对于数学教育课程建设、教学实践起到了重要的推动作用。2016 年 12 月，在首都师范大学召开的学科教育（数学）专业硕士教学案例库建设研讨会期间，全国教育硕士教育指导委员会秘书长张斌贤教授建议，在这一套丛书的基础上，根据新的教育硕士专业学位培养方案，出版一套可供学科教学（数学）专业硕士研究生培养的专业学位课推荐教材。

这一建议立即得到与会者的积极响应，随即与相关作者以及北京师范大学出版社联系，这一工作和大家的想法不谋而合。事实上，早在2015年，部分作者和出版社已经起动了书稿的修订工作。教材出版已近10年了，一些内容需要更新是必然的，这本教材还有很多读者，则在根本上表明这本教材具有很强的生命力，因此有必要进行修订和完善。这正是教材编写、出版的基本规律。教材往往需要通过多次修订再版后才能逐渐成熟，成为经典。

2017年11月，在广州大学承办的全国数学教育研究会常务理事会期间进一步进行了讨论和交流。经协商，由全国数学教育研究会理事长、北京师范大学曹一鸣教授，全国数学教育研究会学术委员会主任、《数学教育学报》主编、天津师范大学王光明教授，全国数学教育研究会秘书长、内蒙古师范大学代钦教授担任丛书主编，根据新的课程计划，紧密结合新的数学课程标准要求，以及数学教育研究最新研究进展，在原丛书的基础上组织修订，或重新编写相应的教材。

本书是根据新要求编写的一本面向数学教育专业研究生、本科生的教材，并经全国教育硕士教学指导委员会审定，向全国推荐使用。

丛书编委会

前　言

　　师范院校开设数学教育类专业课程一直将怎样教好数学作为研习的核心内容。

　　中华人民共和国成立初期，相关课程设置主要参照苏联伯拉基斯的《数学教学法》，以介绍中学数学教学大纲的内容和体系，讨论中学数学中主要教学内容的教学方法为主。这些内容虽然停留在经验层面上，但毕竟有了专门的数学教学方法课程。

　　20 世纪 80 年代以来，数学教育研究在改革开放的大环境下，研究水平得到了质的飞跃。在以数学教材教法(总论、代数教学研究、几何教学研究)为研究框架的基础上，加入了对数学学习心理、数学课程理论等问题的研究，形成了以数学教学论、数学课程论、数学学习论为核心的"三论"架构。"数学教育学"或"数学教育学概论"也几乎同时出现。近年来，随着研究的进一步深入，研究领域进一步扩展、深化或细化为数学教学论、数学课程论、数学教育(教学、学习)心理学、数学教育测量与评价、数学方法论、数学教育哲学等分支方向，一些研究还以专题的形式出现，如，数学建模、数学课题学习、数学问题解决、数学教学设计、数学考试研究等，一个开放性数学教育学科群正在逐渐形成。

　　无论数学教育这个学科群怎么发展，《数学教学论》作为高等师范院校数学教育专业的一门核心课程的地位一直没有发生实质性的变化。该课程旨在让学习者系统学习数学教育的基本理论，了解国内外数学教育的发展历史和改革趋势，深刻理解数学课程标准的基本理念，引领学生形成正确的数学观、教育观、课程观、教学观和评价观，熟悉中小学数学教材体系，掌握中小学数学教学的过程与环节，数学教学的基本技能，运用数学教学理论和学习理论，解决当前基础教育改革数学教师面临的实际问题。

　　目前，数学教学论方面的论著非常多，这也从一个侧面表明了数学教学论这门课程的重要性。本书的作者多年来一直从事数学教学论教学与课程建设工作，曹一鸣教授在"985"教师教育创新平台项目的资助下完成了"数学教学论"课程建设项目研究。河北师范大学张生春、杨春宏、陈雪梅、张硕、孟召静等教授曾合写过《数学教学论》一书，并在教学中实践过多年。本书的形成最初框架由曹一鸣提出，并与张生春、陈雪梅等主要作者多次讨论，分工协作而成。各章具体分工为：绪论、第1章、第3章由曹一鸣执笔；第2章、第9章由张生春执笔；第4章由张生春、孟召静执笔；第5章由张硕执笔；第6章、第7章由陈雪梅执笔；第8章由杨春宏执笔。北京师范大学康玥瑗博士通读了全书初稿，提出许多修改建议，此次再版，由王振平对第2章第2节进行了修订，补充了第4章第4节，最后由曹一鸣负责统稿。

本书在编写过程中落实立德树人根本任务，全面融入党的二十大精神，注重从当前数学教育改革中的实际问题与教学案例出发，以新视角和高观点阐述数学教学的基本原理和基本方法，努力体现新的数学课程标准的基本理念，并运用现代数学教学理论进行剖析，对学习者在数学教学知识和数学教学基本技能的掌握，数学教学水平和教育研究能力的提高等方面有所帮助，并能运用所学的教育理论和教学方法解决教学实践中的问题。

本书可以作为高等师范院校数学教育专业本科生、研究生教材，也可以作为中小学数学教师、教研员进行教学研究的参考用书。

编　者

目 录

绪　论

案例　数学天才陶哲轩

2006 年 8 月 22 日至 30 日，第 25 届国际数学家大会在西班牙马德里举行。开幕式上，刚满 31 岁的美国洛杉矶加州大学数学系陶哲轩（Terence Tao）教授荣获菲尔兹奖。他是继 1982 年丘成桐之后获此殊荣的第二位华人。菲尔兹奖是一个专为 40 岁以下杰出数学家颁发的奖项，被誉为"数学界的诺贝尔奖"。

陶哲轩的学习经历非常特殊。他在 3 岁半进入一所私立小学时智力就明显超过班上其他同学，但却不知道怎么与那些比自己大两岁的孩子相处，学校的老师面对这种状况也束手无策，几个星期以后，陶哲轩退学了，还是回到幼儿园去。

在幼儿园的一年半里，陶哲轩在母亲梁蕙兰的指导下完成了几乎全部小学数学课程。他母亲主要是对他进行启发式的、而非填鸭式的教育。陶哲轩更喜欢的似乎是自学。

5 岁生日过后，陶哲轩再次迈进了小学的大门，学校为陶哲轩提供了灵活的教育方案，和二年级学生一起学习大多数课程，数学课则与五年级学生一起上。

7 岁时，陶哲轩开始自学微积分。他所在小学的校长成功地说服附近一所中学的校长，让陶哲轩每天去中学听一两节数学课。

8 岁半时，陶哲轩升入了中学，9 岁半时，他有 1/3 时间在离家不远的弗林德斯大学学习数学和物理。一年后，他又面临一个重大抉择：什么时候升入大学？经过深思熟虑，他没有仅仅为了一个所谓的纪录就提前升入大学，而是在中学阶段多待了 3 年，先修一部分大学课程，以便升入大学以后，在科学、哲学、艺术等各个方面具备更坚实的基础。

陶哲轩 20 岁获得普林斯顿大学博士学位，24 岁成为洛杉矶加州大学教授。

陶哲轩在数学竞赛方面也有突出的成绩。9 岁多时虽然未能入选澳大利亚队参加国际数学奥林匹克竞赛，但接下来的 3 年中，他先后 3 次代表澳大利亚参赛，并分别获得铜牌、银牌和金牌。他在 1988 年获得金牌时，尚不满 13 岁，这一纪录至今无人打破。

案例　一位母亲的求教信

我的小孩 13 岁，上初一，数学成绩常常徘徊在 60 分左右，我们给他报了补习班，没什么效果，更严重的问题是他不懂又不敢问老师。

我们问他，你不敢问老师，是有什么顾虑吗？是害怕老师批评你吗？

他说，不是。

我们又问，是老师显得很不耐烦吗？他说不觉得啊。

开家长会时，老师也对我说，"非常希望学生去问问题，中午和下午老师一般都在办公室，也有空闲时间，可是总不见你的孩子来问"。

由于我的小孩学不懂数学又不敢问老师，成绩不断下降。他是英语课代表，英语老师和数学老师在同一个办公室，他经常去找英语老师，尽管这样，也不会顺便问问数学老师。一开始回家后还会问我们，可有时我们也不会，就希望他去问老师、问同学或者请家教，但效果都不理想。最后逼急了，他说会做了，而实际上，我们知道，他既不会也没有问。

要考试了，他天天复习英语，因为他是英语课代表，却没有复习数学，听他的意思好像是，反正都这样了，就是再复习数学也考不好，干脆多复习英语或语文。

我应该怎么办？

作为一名数学教师，在教学实践中常常需要面对普通的学生，还需要面对数学天才生、学困生，以及来自升学、素质教育等不同视角的评价体系的要求。

理想的教育家指出，"没有教不好的学生，只有教不好的教师"，然而现实却没有这么乐观。近年来流行的多元智能理论让我们从多元的角度来评价学生的学业成绩。这是否又意味着教师只能"顺其自然"？教师在学生的数学学习过程中能否起到作用，起到什么样的作用？怎样才能发挥积极有效的作用？教师的知识怎样才能用于教学实践、帮助学生学习，教师原有的学习经验、专业工作经验对数学教学研究的有效影响等，有很多这类需要研究的问题。[①]

近年来，数学教学论的研究成果不断丰富，在数学教育的理论和实践方面取得了一系列研究成果，但是还没有能够很好地回答来自实践者和政策制定者所需要解决的现实问题。[②] 正是在这种理论与实践双重力量的推动之下，数学教学论研究发展成为数学学科教育学中的重要分支学科之一。

1. 数学教学论发展的历史

数学教学历史悠久。据记载，中国周代典章制度的《礼记·内则》就有明确的要求："六年教之数与方名……九年教之数日，十年出就外傅，居宿于外，学书计"。又据《周礼·地官》："保氏掌谏王恶，而养国子以道，乃教之六艺，一曰五礼；二曰六乐；三曰五射；四曰五驭；五曰六书；六曰九数。"《汉书》："八岁入小学，学六甲、五方、书计之事。"尽管自周代以来，历代史书多有关于数学教育的记载，但是正规的数学教育制度的确立和数学专门人才的培养却是从隋代才开始，而且规模很小，效果并不好，稍有名望的数学家、天文学家，如刘焯、刘炫、刘佑、王孝通、李淳风、一行、边冈等，都不是经过正规的官学(数学)教育培养出来的。我国民间的数学教育起到了一定的作用，主要以师徒相传、民间书院中的数学教育、明代的商业数学等形式存在。如

---

① Ruhama Even，Deborah Loewenberg Ball. The Professional Education and Development of Teachers of Mathematics：The 15th ICMI Study[M]. New York：Springer，2008.

② Lyn D. English. Handbook of International Research in Mathematics Education[M]. New York：Routledge，2008.

北宋数学家贾宪是楚衍的学生，南宋数学家秦九韶"尝从隐君子受数学"，元初数学家王恂、郭守敬都是刘秉忠的学生。民间书院中的数学教育有：李冶封龙山书院，朱世杰扬州书院。清同治元年(1862年)我国开始兴办学堂，创办京师同文馆。中国古代的数学教育作为官方教育的一个组成部分，完备于隋唐，衰微于明清，其目的主要是培养管理型和技术型人才。

在西方，公元前3世纪，柏拉图就在雅典建立学派，创办学园。他非常重视数学，强调数学在训练智力方面的作用，主张通过几何的学习培养逻辑思维能力，因为几何能给人以强烈的直观印象，将抽象的逻辑规律体现在具体的图形之中。柏拉图学院培养出不少数学家，如欧多克索斯就曾求学于柏拉图，他创立了比例论，是欧几里得的前驱。柏拉图的学生亚里士多德也是古代的大哲学家，是形式逻辑的奠基者，他的逻辑思想为日后将几何学整理在严密的逻辑体系之中开辟了道路。

在数学教育发展的历史进程中，相当一段时间内主要是由数学家在从事数学研究的同时兼教数学。这主要是因为学数学的人并不多，没有(也没有必要)形成专职数学教师队伍，自然就不需要对数学教育(学)进行系统的研究。数学教师除了需要掌握数学知识，还要懂得教学法才能胜任数学教育工作，这一点直到19世纪末才被人们充分认识到。"会数学不一定会教数学""数学教师是有别于数学家的另一种职业"这样的观念开始逐渐被认同。最早提出把数学教育过程从教育过程中分离出来，作为一门独立的科学加以研究的是瑞士教育家别斯塔洛齐(J. H. Pestalozzi)。[①]

1911年，哥廷根大学的Rudolf Schimmack成为第一个数学教育的博士，其导师便是赫赫有名的德国著名几何学家、数学教育学家F. 克莱因。有关数学教育、教学方面的课程逐渐在大学数学系(学院)开设，有些国家专门成立了数学教育系，有些设在教育学院，有些则设在数学学院。

我国最早的关于数学教育的学科称为"数学教授法"。在清末，京师大学堂里开始设有"算学教授法"课程。1897年，清朝天津海关道盛宣怀创办南洋公学，内设师范院，也开"教授法"课。之后，一些师范院校便相继开设了各科教授法。1917年北京大学就有专门研究数学教授法的学者胡睿济，20世纪40年代商务印书馆还专门出版了中国人自己编写的数学教学法书籍。20年代前后，任职于南京高等师范学校的陶行知先生，提出改"教授法"为"教学法"的主张，虽被校方拒绝，但这一思想却逐渐深入人心，得到社会的承认。"数学教学法"的名称一直延续到50年代末。无论是"数学教授法"还是"数学教学法"，实际上只是讲授各学科通用的一般教学法。30年代至40年代，我国曾陆续出版了几本关于数学教学法的书，如1949年商务印书馆出版了刘开达编著的《中学数学教学法》。但是这些书大多数是对前人或外国关于教学法的研究成果，根据自己教学实践进行修补而总结的经验，并没有形成成熟的教育理论。

中华人民共和国成立后，通过苏联教育文献的引入而使数学教学法得到系统的发展。我国的《中学数学教学法》，用的是从苏联翻译的伯拉基斯的《数学教学法》，其内

---

① D. A. 格劳斯. 数学教与学研究手册[M]. 陈昌平，等，译. 上海：上海教育出版社，1999：4—78.

容主要介绍中学数学教学大纲的内容和体系，以及中学数学中的主要课题的教学法，这些内容虽然仍停留在经验上，但比以往只学一般的教学方法有所进步，毕竟变成了专门的数学教学方法。数学教学法一度以"数学教育学"的名称出现，涵盖更为广泛的内容，近年来则又进一步细分为数学教学论、数学课程论、数学教育心理学、数学教育测量与评价等方向。

20世纪70年代，国外已把数学教育作为单独的科学来研究，我国的《数学教学论》《数学课程与教学论》《数学教育概论》一直是高等师范院校数学系（科）体现师范特色的一门专业基础课。1979年，北京师范大学等全国13所高等师范院校成立协作编写组，编写了《中学数学教材教法》（《总论》和《分论》）一套书，作为高等师范院校的数学教育理论学科的教材，是我国在数学教学论建设方面的重要标志。协作编写组先后于1980年（广西桂林）、1981年（江苏苏州）、1982年（福建福州）、1983年（贵州安顺）举办了数学教育理论学术讨论会。1985年12月，在湖北襄樊举行的协作编写组会议上，决定以协作编写组为基础，成立全国高等师范院校数学教育研究会（2009年起，更名为全国数学教育研究会，学会网站：www.camedu.org.cn），该研究会定期召开会议，对数学教育相关问题开展广泛深入的研究。

20世纪80年代，在数学教材教法的基础上，开始出现数学教学的新理论。国务院学位委员会公布的高等学校"专业目录"中，在"教育学"这个门类下设"教材教法研究"（后改为"学科教学论"）。事实上，我国早在1962年就开始招收数学教育方向的硕士研究生，1998年开始招收学科教学（数学）方向教育专业硕士研究生，并于2004年启动实施"农村学校教育硕士师资培养计划"（简称"硕师计划"），该计划是通过推荐免试攻读教育硕士、"特岗计划"等政策导向，鼓励和吸引优秀大学毕业生服务农村教育事业的重要途径，也是创新教师培养模式、造就大批高层次、高素质骨干教师的重要举措。截至2009年，全国共有4 400多名"硕师计划"研究生赴国家级和省级扶贫开发工作重点县的农村中学任教。20世纪末，开始招收数学课程与教学论方向博士研究生，2010年开始计划招收学科教学方向教育专业博士。教育专业学位研究生的培养成为未来高层次数学教学与研究人员培养的主渠道。

2. 数学教学论研究的对象及其特点

数学教学论是研究数学教学过程中教和学的联系、相互作用及其统一的科学。广义地说，数学教学论所要研究的是与数学教育有关的一切问题，包括：数学教学原则、数学教学组织形式、数学教学设计、数学教学模式的选择与应用，现代化技术手段的使用，数学教师的素养与培训，数学教材的编写与评价，学生学习规律的研究，数学思维的结构与培养，数学能力的含义与培养，数学教学过程的实质与规律，数学教学研究方法等。

狭义地讲，数学教学论以一般教学论和教育学的基本理论为基础，从数学教学的实际出发，分析数学教学过程的特点，总结长期以来数学教学的历史经验，揭示数学教学过程的规律，研究数学教学过程中的诸要素（教学方法、教学组织形式、教学的物质条件等)及其相互间的关系,帮助教师端正教学思想和形成教学技能,并对数学教学的效果开展科学的评价。目前主要有两种展开讨论的形式:一种是以教学方法为主线,通过对概念、定理、解题教学研究来展开;另一种则以知识内容为主线,通过对代数、几何、统计与概率等知识领域的教学研究来展开。① 当前的数学教学论研究应紧密结合国内外数学教育改革背景,特别是新一轮基础教育课程改革的现状,突出时代特色,使之适应当前基础教育课程改革的新要求。

数学教学论是一门与数学、教育学、心理学、思维科学等学科相关联的综合性学科。但其并不是这些学科的随意拼凑与组合,而是从数学与数学教学的特点出发,运用这些学科的原理、结论、思想、观点和方法来解决数学教育本身的问题。数学教学论的研究以实践为基础,所研究的问题来自实践,例如如何进行数学概念的教学,如何进行数学课堂教学设计,如何培养学生能力,如何应对新课程的挑战、更新教育观念、改进教学方式等。数学教学实践始终是数学教学论研究的源泉,离开实践,数学教育就会成为无源之水,无本之木。

数学学习是一个特殊的认识过程,它当然要受制于一般的认识规律。但是数学学习的对象有其自身的特点,如抽象性、概括性较高,知识的前因后果联系比较紧密等。因此,数学学习又有其特殊性。数学教育的综合性就是这种一般性与特殊性的高度统一。这种统一不是简单地把特殊性作为一般性的肯定例证,而是在一般理论的指导下,从数学教育的特殊性出发引出适合于数学教育的必要的一些结论,从而充分丰富一般性结论。

数学教学的科学性一般体现在数学教学要符合数学教育发展的一般规律,符合事物发展的趋势,符合实际。数学教学的一般规律是客观存在的,问题在于是否已被人们所认识,认识的深度如何。由于人们认识的深度、角度不同,对于同一个问题可能会有不同的看法,这是非常自然的事。数学教学研究不像数学那样,对于同一个问题,虽然方法不同,但正确的结论是唯一的。而数学教学中的问题却不一样,对于同一个问题,可能有许多种处理方法,而这些方法都可能得到不同的、较为理想的结果。

数学教学论作为一门教育学科,应充分发挥它对各级各类数学教育人才的培养功能,为基础教育服务。数学教育肩负着培养创新人才的重任,应该在培养高等师范院校学生具有深厚的教育理论功底与较强的教育教学能力,以及创新能力方面发挥它的作用。

3. 数学教学论课程的教学意义

新的教育观念的落实,数学教学目标的实现,最终都要靠教师来完成。教师素质的提高是教育改革的关键所在。毋庸置疑,必要的数学修养是成为一名优秀中学教师的首要、先决条件。改革我国中学数学课程陈旧、落后的局面,更新内容、思想、方法,使其适应现代社会的需要,力求为学生的全面发展打下良好的基础,已成为社会各界的共识。新的数学课程标准不论在基本理念、课程目标方面,还是基本框架、课

---

① 黑田恭史.数学科教育法入门[M].东京:共立出版社株式会社,2008.

程内容的构成上，都已发生了巨大的变化。数学课程改革的成功，教师素质的高低在很大程度上决定了课程改革的贯彻、实施及成败。数学课程改革对中学数学教师的素质提出更新、更高的要求。不仅是对传统的数学知识，还要对近、现代数学知识、思想、方法都能理解和掌握，更深一步，能对各类知识融会贯通，能从现代数学的高视角下审视、指导中学数学的教学。然而，是不是教师掌握了现代的数学知识，学完大学所开设的数学类课程，数学教学中所遇到的问题就迎刃而解了呢？

数学教师的数学专业知识对学生学习的影响存在一个"阈限问题"，即教师的数学知识达到某种水平后，数学知识的提升对课堂教学的影响很小，这是因为多数大学的数学课程与中学数学课程之间并没有直接的联系，有一些课程则主要通过数学思想方法、数学文化、正确数学观的形成来间接影响并作用于中学数学教学。

教学是一项复杂而艰巨的任务，要求执教者具有一些特别的能力。[①] 教师的数学教学知识对数学教学行为的影响是直接的。已有的研究表明，在中国由于教师水平的差异，学生的数学学业水平，在较低层次水平上没有显著差异，而在高层次的认识水平上的差距非常大。作为一名合格的数学教师，不仅需要有扎实的数学学科知识，而且还要有其他方面的知识。美国的一项研究表明，教师所学过的数学课程的数量，与学生的学习成绩之间并没有直接的关系。显然这里研究者所说的数学课程的数量是指教师在大学里所学的数学课程，不是测量教师掌握了多少数学知识。但这也从一个侧面反映出，并不是教师的数学知识越多，学生的数学成绩就越高。要提高数学教育质量，教师要具备多方面的知识，全美数学教师联合会1991年制定了以下标准：

(1)关于包括技术在内的教学材料与资源的知识。

(2)关于表达数学概念和过程的知识。

通过实物、视觉、图像、符号表象进行数学思想的模型化表述是数学教学的中心工作。教师对各种数学概念和过程的建构方式的表述方法需要有丰富、深入的知识背景，以便能在选择不同的模型时理解其在数学及其促进学生认识发展上的优缺点。另外，教师也要能够对各种表象模式进行转换，促使学生能够理解数学思想的意义。

(3)关于教学策略及课堂组织模式的知识。

教师需要运用多元的教学方式，让学生建构自己的数学知识体系，培养学生理解数学概念，提出问题、探索发现、解决数学问题的能力。有效的教学模式需要师生间的合作交流，交互作用。教师通过提问、引导、猜想以及示范开展数学交流，而不是呈现完美无缺的结论。

(4)关于促进课堂合作交流，培养数学集体意识的途径的知识。

(5)关于评定学生数学理解的方法的知识。

这些教学知识不是可有可无的，也不是在教学过程中可以自然而然掌握的，而是需要教师有意识地学习和在自己的教学实践中不断积累。针对不同的教学任务，选择合理的教学活动方式，以更有效的方式进行教学，这就要求数学教师一方面要学习教育科学理论，随时吸收、借鉴新的教育观念、教育方法；另一方面要不断将这些理论

---

① 加里·D. 鲍里奇. 有效的教学方法[M]. 易东平，译. 南京：江苏教育出版社，2002：1.

知识有意识地运用于数学教学活动之中，使理论与实践相互促进、相互提高。而且还应具有一定的人文修养、高尚的情操，具有将数学应用于现实生活的能力，并能引导学生开展数学建模、数学探究、数学阅读等数学活动。未来的数学教师不仅是一个学科知识专家，更是一个以其广泛而全面的知识、深邃地洞察并透析社会历史发展的丰富阅历、高尚的审美情趣以及健康的人格来影响、指导学生发展的教师。进一步地说，数学教师将是一个"科研型的教育专家"。崭新的数学课程内容，必然要求数学教师不断地加强专业知识领域的修养；全新的教育观念，必然要求数学教师不论是在职前，还是在职后，都应该不断汲取教育科学、心理学的营养；不断地改进教学方法，能对教学中的现象与问题不断反思，探索教育、教学规律；不断自我成长，成为具有渊博知识的复合型人才。

数学教师应具备的数学专业、教学、学生及其特征和实践四个层面的知识并非单独存在，而是相互依存构成教师完整的知识结构体系。教师具有这些方面的全部或大部分知识，就能够比较自如地、充满信心地设计教学方案，处理教学过程中出现的各种问题。也只有具备这些方面的知识，并且在自己的教学实践中不断积累和更新，才能保证不断提高数学教学的质量。数学教学行为常受到两个或两个以上不同知识层面的影响。在教师的数学教学中，对于学生及其特征的知识，是影响文字符号概念呈现的最重要的因素。师范生实习教师的数学教学知识的主要来源是大学的数学教育课程以及过去的学习经验，另有一部分来自请教资深教师的教学经验、家教经验。资深教师的数学教学知识主要来自过去的教学经验、教育子女和学生的经验及回馈，部分来自研习和进修。实习教师数学教学知识的改变，主要是由原有的数学教学知识影响教学行为，通过教学行为得到回馈，经由回馈修正行为。当修正的行为一再得到增强时，教师便修正原有的数学教学知识和教学经验。教师个人特质是造成个案教师在文字符号单元数学教学知识差异的重要原因。

教师的专业成长是一个不断发展的渐进过程，在此过程中，教师各方面专业能力的发展顺序及其相互间的关系不尽相同。一名优秀的数学教师必须在数学专业知识、教学知识、对学生及其特征的了解、实践知识等方面协调发展。多层次性是教师专业化发展中的一个重要特征。能干型实践者是教师专业化发展中最基础的一个阶段。因为作为一种社会实践活动，教师的教育实践能力是其各项专业能力中最基本也是最核心的内容。在能干型实践者的基础上增强教育研究能力的培养与提升，在教育实践能力发展的同时，促进其教育理论水平和教育研究能力的提高。将教育实践与教育研究相结合，由能干型实践者逐渐成长为研究型教师，这是教师专业化进程中的一个新台阶。教育研究应该是围绕着教育实践活动而展开的，而反思则是教师在教育实践活动与教育研究中都不可或缺的一项重要内容。教师必须对其教育实践活动进行不断的反思和总结，对教育实践进行研究，必须首先对自身的教育实践活动进行反思，反思是一种理论指导下的理性活动。开展教学反思是教师专业化成长的重要途径。

数学教学论课程的教学目的是让学习者掌握从事中学数学教育的基本理论，熟悉中学数学教材体系；通过教学案例的分析与研究，深入探讨数学教学的过程与环节，提高数学教学技能以及从事数学教学与研究的能力，促进教师的专业化发展，走向"专家型教师"。

　　数学教学论是一门不断发展、不断完善、实践性极强的理论学科。随着数学新课程在课程目标、课程功能、课程结构、教学内容、教学方法、教学评价等方面的改革，数学教学论的研究日益受到人们的重视，不断焕发出新的生命力。

第1章 现代数学教育发展概况

泰勒斯是希腊几何学的先驱，他把埃及的测量几何演变成平面几何学，并开创了演绎证明，如"直径平分圆周""等腰三角形底角相等""两直线相交，其对顶角相等"等。它的重要意义在于：通过演绎证明揭示各定理之间的内在联系，使数学命题具有充分的说服力，令人深信不疑。引入证明在数学史上是一次不寻常的飞跃，这是希腊几何学的基本精神，也是几千年数学研究的基本方法。

"四色猜想"的获证似乎打破了这一传统。1852年，毕业于伦敦大学的弗南西斯·格思里（Francis Guthrie）在地图着色时发现："每幅地图都可以只用四种颜色着色，使得有共同边界的国家着上不同的颜色"。能不能从数学上严格证明这个结论？许多一流的数学家对此绞尽脑汁，几次宣布证明以后又被人们否定。这个貌似容易的命题其实是一个可与费马大定理、哥德巴赫猜想相媲美的难题。

1976年，美国数学家阿佩尔（Kenneth Appel）与哈肯（Wolfgang Haken）在美国伊利诺伊大学的两台不同的电子计算机上，用了1 200 h，作了100亿次判断，终于完成了四色定理的"证明"。"四色猜想"的计算机证明轰动了世界，它不仅解决了一个历时100多年的难题，而且有可能成为数学史上一系列新思维的起点。

四色定理是第一个主要由计算机证明的理论，这种证明方式的出现和两千多年来数学中的演绎证明的传统迥然相异，到目前为止还有一些数学家不能接受，因为它不能由人工直接验证，人们必须对计算机编译的正确性以及运行这一程序的硬件设备充分信任。

人们进一步提出：数学会因为计算机的出现发生革命性的变化吗？对数学教育而言，也会因此而产生改变吗？是现在，还是将来的10年或20年？

1.1 数学观及其现代发展

数学观是人们对数学本质、规律和活动的各种认识的总和。数学观是在一定的历史条件下形成和演化的，与数学知识发展水平有密切关系，反映了特定时期人们对数学性质和特征的见解。

数学是从数数、测量等人类生活的实际需要中发展起来的。在数学成为一门有组织的、独立的和理性的学科以后，便逐渐从数学的内部，通过演绎的方式产生问题开展研究，只要满足系统内部的无矛盾性，就可以从一组公理出发来构建一个数学系统。这样得出的许多数学概念虽然很抽象，如群、环、域、纤维丛，理解起来也比较困难，但都是清楚的、明确的。

中小学所涉及的数学大多数都是16世纪末之前的内容，主要以算术、代数、几何（平面几何、立体几何）和三角为主，一般也称为经典数学（古典数学），以古希腊数学传统为代表。他们对数学看法的一个重大贡献是有意识地承认并强调：数学（数和图形）是思维的抽象，同实际事物或实际形象是截然不同的。他们认为，数学结果必须根据明白规定的公理用演绎法推出。柏拉图的数学观对整个数学发展影响深远，他认为数学的概念不依赖于经验，而自有其实在性。归纳、观察和实验一直是人们获得知识的重要来源，为什么希腊人喜欢在数学中使用演绎推理而排斥其他一切方法？这是因为古希腊人（人们称之为有哲学思想的几何学家）喜欢推理和设想，他们关心的是获得真理，归纳、观察和实验及根据经验作出的一般结论只能给出可能正确的知识，而演绎法在前提正确的条件下则可以给出绝对肯定的结果。在古希腊社会中，数学是哲学家所追求的真理总体的一部分，因而认为必须是演绎性的。①

公元 5 世纪，西罗马帝国开始瓦解，欧洲处在基督教神学思想统治下，数学只是为神学服务，占星术成为数学的一个分支，当时的数学家被称为巫师，数学成为占卜的工具，为王公大臣的决策提供"理论依据"。结果有一些人以占星术不科学为借口，把真正的数学内容也给否定了，数学不可能有所发展。② 文艺复兴、资产阶级工业革命促进了科学技术的发展，特别是力学的发展促进了数学的发展，微积分就是在解决力学问题的过程中创立的。17 世纪，微积分和解析几何的创立标志着数学由常量数学时期进入了变量数学时期。牛顿、莱布尼茨以后，微积分成了研究数、形及运动变化的强有力工具。

数学经过两千多年的发展，近年来发生了前所未有的巨大变化，数学研究的范围要比我们看见的和摸得着的经验世界远远宏大。③ 数学分工越来越细，每个分支都有不少难题，充满了吸引力。公理化时代，人们倾向于把数学分成专门的分支，每一个分支局限于从给定的一套定理发展出一套推论，使得许多数学家只在狭窄的范围内从事研究，他们当中有些人对于别的分支知之甚少，对于数学全貌则如"盲人摸象"，莫衷一是。这种过于专门化的倾向对于数学科学的健康发展是十分有害的。④ 19 世纪中叶以来，随着非欧几何和非交换代数的诞生，以及一系列具有革命性意义的数学知识的发展，关于数学的基本观念、数学基础的本质和数学知识的性质，数学家的认识开始发生许多转变。现代数学的发展在各分支领域出现了前所未有的内在统一性。

近 50 年来，由于计算机的出现，计算数学有了迅速的发展。计算机的高速计算使得许多过去无法求解的问题成为可解，从而大大扩展了数学的应用范围。例如，短期天气预报、高速运行器的控制，离开计算数学和计算机是不可能的。计算机模拟、计算辅助证明（如四色问题的证实）在人工智能中的应用，以及计算力学、计算物理、计算化学、计算几何、计算概率等新学科的诞生，使得计算数学雄风大振。今天，人们已把计算作为与理论、实验鼎足而立的第三种科学方法而引入科学界。今天的数学研

---

① M. 克莱因. 古今数学思想：第一册[M]. 张理京，等，译. 上海：上海科学技术出版社，2002：33，39，53.

② 林夏水. 数学哲学[M]. 北京：商务印书馆，2003：64，73.

③ 胡作玄. 数学是什么[M]. 北京：北京大学出版社，2008：3.

④ 张恭庆. 数学的有机统一是数学科学固有的特点[J]. 高等数学研究，2001(3)：7-8.

究已不再是仅仅靠一张纸、一支笔便可完成的，计算机对于数学家已经像显微镜对于医学家、望远镜对于天文学家一样不可缺少。计算机是数学家的实验室，数学实验已成为大学生的必修课。[①] 这预示着数学与其他科学更密切联系的时代已经到来，这种发展必将进一步影响和推动人类社会的进步。

1.2　数学教育观及其发展

数学教育观是人们关于数学教育本质认识的集中体现。在不同的历史时期，受数学发展的制约和一定政治、经济、文化、价值观的影响，人们在数学教育和数学教学的理论与实践过程中，总会形成对数学教育的不同认识和看法，这些认识和看法的集中体现就形成特定的数学教育观。数学教育观是指导具体数学教育活动的风向标，在很大程度上决定数学教育的走向。

1.2.1　数学教育观的历史嬗变

数学教育观从根本上影响和制约了数学教育的各个方面，是教师、学生以及家庭社会对数学教育感知、认识的重要内容，也是指导、支配和评价数学教育活动及其功能的核心观念，反映了人们对数学教育及其相互关系的根本看法。对数学教育观的研究越来越受到人们的重视，并成为世界数学课程改革进程中常议常新的话题。

数学教育观有两大主流：一种是源于古希腊数学（更广义地为经典数学、纯粹数学）及其精神的人文主义的教育观；另一种则是主要源于现代数学（应用数学）经验主义、实用主义的科学主义的教育观。

古希腊是数学及其教育思想的重要源头之一。数学的心智训练、形式陶冶价值一直受到人文主义教育者关爱。在西塞罗，最早提出人文科学这一概念时数学原属于人文科学。柏拉图"理念世界"和"现实世界"的划分与数学密切相关。在柏拉图主义看来，数学的研究和学习并不是为了要有实用价值，而是为了最高形式的理性训练和对绝对理念的感悟和认识，以及对哲学研究有益。即使是改进的现代柏拉图主义仍然否认数学同感性世界的联系，片面强调心智在思维中的重要作用。这种数学教育价值观的形成是一个特定时期历史文化的产物。这种独特的人文主义价值观，则源于当时社会对人的独特的理解。因为另一种生物意义上的"人"——奴隶是被排除在外的。奴隶创造物质财富，而又不被看成"人"，所以作为"自由的人"的所思所为是远离物质世界，而进入理念世界的。数学的研究与学习毫无例外地只能是与现实无关。

虽然自古埃及开始，数学一直从自然界、物理科学中获取主要的启示和课题，并服务于现实世界，但对现实世界、生活世界的关注在数学界一直受到鄙视。希腊亚历山大时期，数学家开始同哲学断交，同工程结盟，其代表性人物首推与牛顿、高斯并称为最伟大的三个数学家的之一的阿基米德（公元前287年—前212年）。他制造了天象

---

① 张继平. 数学的发展与未来. 在中国青年科技论坛上的讲话. http://www.cycnet.com/cysn/kijj/luntan/forum99/000929146.htm.

仪、水泵、滑车、投石器、聚光镜，研究出浮力定律。不过他始终认为，这些发明只是"研究几何之余供消遣之用"。18世纪微积分诞生以后，尽管数学在应用方面的成就层出不穷，但是19世纪著名数学家哈代的观点"数学如果要有用只能供人愉悦，应用数学是坏的数学，是外行们的事"至今仍有一定的影响力。

自19世纪以后，人文科学作为一个独立的知识领域，与自然科学相对立，数学与人文科学的鸿沟在19世纪以后开始显现，此后，人们开始认同数学是一门自然科学。这是因为数学在实践领域中越来越显示出巨大的实用功能，应用数学得到了空前的发展，更多的数学家在天文学、航海业、物理学等领域发挥重要作用。如人们所熟悉的大数学家高斯，担任过哥廷根天文台台长一职，并在物理学等方面卓有成就。随着物质文明的不断发展，科学技术的进步，在整个教育领域中，实用主义、进步主义的教育观逐步取代了古典人文教育观，并在国际教育舞台上占据了主导地位。数学教育毫不例外地走上了以传授"实用"知识为主的，具有浓厚功利主义色彩的道路。之所以如此，首先是因为数学教育具有巨大的经济价值，工业革命和生产力的发展需要大量的数学知识，工业化的进程迫切需要培养出具有一定应用数学知识的专门人才；其次是数学的发展，特别是计算机的广泛运用，为数学的应用提供了更为广阔的天地，数学的力量已成为现代人发挥本质力量，通向美好生活不可或缺的重要组成部分；再次，由于西方文化中心、功利主义的导向，使得数学知识的学习成为谋职、就业的必要准备。数学教育的实用价值越来越受到人们的重视。特别是在美国，继"新数运动""回到基础"以后，自20世纪80年代以来，加强数学应用教学，提高数学教学解决实际问题的能力成为课程改革中一个响亮的口号。这种价值观，正不断在世界范围内得到回应，数学教育中，功利主义、实用主义倾向排斥人文主义的教育功能的现象日益凸显，以至于近年来人们日渐淡忘了数学中另一种更为重要的文化品格。数学中的文化价值则变成了少数"保守"的纯数学家、（数学）教育理论工作者和哲学家研究的内容。

20世纪以来，人文主义与科学主义教育观的冲突在数学教育中以独特的形式日益凸显。无论是"新数运动"，还是近年来国际上所进行的课程改革运动，如何选择适当的内容进入中小学课堂，一直是数学课程改革争论的焦点。从表层看，争论相对集中在如何处理平面几何教学；如何处理好数学的学科体系与儿童心理发展规律等问题上，从深层意义上看则是人文主义与科学主义数学教育价值观的对峙。人文主义的数学教育价值观的核心是重视纯数学，把数学逻辑的严密性、语言的抽象性和表达形式的优美性等奉为圭臬；认为数学是人类文化的核心，数学是一种理性精神，而理性精神只有通过逻辑和数学语言才能培养，平面几何的学习是最佳的载体，轻视甚至反对数学应用，倡导学生要学"真正（纯正）的数学"。科学主义的数学教育价值观的核心是重视应用数学、问题解决、活动探究、数学与生活的联系，反对只在笔和纸上做毫无意义的形式化的数学符号游戏，认为学习数学的意义在于找到数学的现实意义，与现实无关的数学在基础教育中是没有意义的，因为基础教育不是培养数学家的教育，而是"大众教育"。

1.2.2　当代数学教育观的重构

两种数学教育观的彼此对立往往是理论工作者人为所致。一些片面的观点、言论则让实践者无所适从。事实上，数学教育不仅具有科学价值，而且具有人文价值。"数学是科学与人文的共同基因"。当今必须从整体上来考察数学教育，从知识与能力、认知与情感、理性与非理性、内容与形式等方面综合建构数学教育的价值体系，充分发挥数学的教育价值，为学生完美人格的形成和素质全面和谐发展服务。

在极端的科学主义教育者和人文主义教育者的思想中，始终把一对超然的中心地位留给一对超然的概念：事实与价值，并将其分离，倾力追求单一的确定性。在极端的科学主义教育者的眼中，演绎法为数学知识提供了可靠的保证，数学是科学的工具，实际应用是数学研究、学习的目的和评价标准。数学的方法是绝对可靠的科学方法，可以成为对人类所有方面负责的唯一立足点。例如像笛卡儿这样的数学家、哲学家坚持认为，科学是唯一的知识、永恒的真理，并试图提出一个万能的方法，把所有的问题都转化成数学问题来解决。在极端的人文主义视野中，认为纯粹数学本身具有内在价值，是文化的核心，数学是科学的皇后，是人类知识的精华和完美的结晶，数学教育只需要为数学本身服务，以学习、交流和研究为目的，进而获得纯粹的超然美感和价值。这两种极端的观点都不能完整反映数学教育的价值。

数学教育对提高公民科学文化素养、培养理性精神、形成完美人格具有重要的作用。这不仅反映了数学本身的特性，同时也是社会与个体多样化与多层次、个性化发展的需求。

1. 从数学的本身来看

数学具有工具性、实用性的显性价值与文化性等隐性价值，这是综合建构当代数学教育的价值体系的必要前提。"数学分为精神上几乎相互对立的两个方面：一方面，它提供了几乎无穷无尽的方法以实施日常计算，这些计算现在往往用计算器、现金出纳机和计算机来完成；另一方面，数学要以提供极精密的语言，使我们以有条不紊的方式思考复杂的决策，而不是只凭轶事、猜测和雄辩。"数学以严密的演绎思维、逻辑推理为手段，研究方式充分发挥了人的心智的功能，满足了人们求真、向善、唯美并乐于接受挑战的美好天性，从而又使数学具备了抽象的理性价值或者文化价值。同时，由数学的经验性和实践性衍生出来的数学应用的广泛性，直接决定了数学的科学价值或者说实用价值。从古埃及时代的土地测量，到当今的信息技术、数字化生存，数学的应用价值自始至终与人类文明的发展紧密相连，发挥着越来越重要的作用。现代科学技术的发展越来越依赖于对数学工具的充分应用，数学已成为一种现代技术，从工具性(思维工具、科学工具)学科发展成为一种直接的数学技术，创造出巨大的经济效益。

2. 从教育的视角来看

数学教育是联结"科学"与"人文"教育的桥梁。从其人文意义上看，数学不仅作为探索真理的事业，同时还造就一种独特的人格气质。在数学的探索过程中，数学家尊重事实、实事求是的求实精神，勇于坚持真理、勇于怀疑和自我否定的批判精神，勇于创新为真理而献身的精神蕴涵着极其丰富的文化教育价值。科学精神是整个人类文化精神的不可缺少的组成部分，它同艺术精神、道德精神等其他人文精神，不仅在追求真、善、美的最高境界上是相通的，而且不可分割地融合在一起。必须看到数学为人类的精神文明提供了一种独特的思维方式以及客观、公正和实事求是等理性精神。数学在为人类社会创造了巨大的物质财富的同时，也丰富了人的精神世界，也为人类提供了最崇高的"善"。

强调数学的应用不应该仅仅局限于实际应用，特别是现实生活中的应用、知识的应用。数学知识是其思想、精神的载体，数学的应用是多层次的。从表层意义上来讲，是知识的应用，以知识的传授为最基本的要求，任何人都不可否认知识的力量。从深层意义上来讲，是思想、精神和方法的运用，反映出深蕴其中的文化价值，影响人们的思维方式、智力发展、审美情趣和伦理道德。这也是数学教育隐性价值的重要体现。

3. 从数学教育改革的发展走势来看

数学教育价值的多元化、综合化成为追求的目标。近年来，数学教育不断演变着的核心概念——"双基教学""能力培养""问题解决"，都只是从某一个侧面强调了数学教育的价值，这也表明了数学教育理论与实践中对数学的教育价值观的理解和认识的片面性、局限性。课程标准一方面从教学内容上改变了传统的以演绎体系为核心的数学，重视了数学中算法体系的构建，倡导算法的多样性以及与信息技术的整合，加强概率统计等内容，试图让学生从不同的侧面更好地认识数学的本质；另一方面，在知识呈现方式上更注重从学生的生活经验出发，创设问题情境；同时，从学习方式上倡导活动探究，重视知识的形成过程，这表明数学教育的科学价值和文化价值同时受到了重视。课程改革进步的一面值得充分肯定，但过多"实用"倾向，没有多少科学价值或文化价值的浅层次、重复性的"活动探究"，必然导致忽视（或削弱）对数学逻辑、理性等内在"文化"性的价值追求，这一点必须引起足够的重视。

应对时代的挑战，合理重构当代数学教育价值体系，有助于正确把握数学教育改革的方向。当代数学教育必须以科学主义教育观重视知识、理论、方法、技能和应用为特征，密切联系生活，关注应用，培养学生用数学的意识和创新能力；同时在人文主义的影响下，不忽视社会的需求与个人的兴趣爱好，让学生在数学学习中体验到数学的美和本质力量，培养科学精神，陶冶情操，从而建立一种使人性、理智、情感和社会相互协调的教育价值体系。数学教育中尤其要明智地持有人性浓郁的数学观，重视数学的文化价值，缺乏这一点就会疏远学习者或阻碍其能力的培养。21世纪的数学教育的终极目标应放在人的培养上，强调从学生自身的体验和感悟出发，激发学生喜爱数学、学好数学并善用数学的思想、方法去探索自然和人类心灵两大世界，充分实现数学教育的科学价值和文化价值。

1.2.3　数学教师的数学观和数学教育观

数学教师的素质是决定数学课程改革成功的一个至关重要的因素。作为数学教师素质结构的先导性成分，数学教师的数学观对其数学教育观有重要影响。

由于社会进步、时代发展和数学课程改革的深化对高素质数学教师的普遍需求，数学教师的数学观和数学教育观日益成为数学教育研究的一项紧迫课题。在新的社会、文化和历史条件下，作为数学教师整体素质的一个重要组成部分，数学教师应该具有怎样的数学观和数学教育观，不仅是决定新一轮数学课程改革成败和培养什么样的数学人才的决定性因素之一，也是数学教师职业化的必然要求。

1. 知识结构与数学观

数学教师的理论知识结构主要包括数学的学科知识与教育学、心理学、教学论和教学法相关的教学知识，当然还有各学科的综合知识、实践知识等。数学教师的知识观也就是对上述领域知识的基本看法和观念。

数学教师的数学知识及其观念与其他科学知识一起共同构成了数学教师的整体知识结构。数学教师除了要具备一定的数学史知识积淀，并对现代数学知识、方法有一个基本的了解之外，还要关注数学未来的发展。例如作为中学数学教师，不能仅仅满足于熟悉并掌握中学数学的知识和内容，还要对高等数学的基本知识和体系有一个通彻和整体的了解。要能建立不同知识之间的联系，能够形成统一的数学知识观。因此，必要的、优化的、关联的和动态的数学知识观，就是一个优秀的数学教师必备的专业资质之一。

除了基本的数学知识结构之外，一个决定数学教师素质极为重要的因素就是数学教师对数学本质的认识。这是因为如果教师对数学本质的认识仅仅停留在关于数学的素朴理解上，无论是对于数学研究工作，还是数学教育的实践而言，都是远远不够的。从理论与实践的关系看，具体的、实际的数学研究和数学教育活动应该被视为数学与数学教育的实践性活动，而关于数学的观念就构成了从事数学教育实践性活动必要的理论基础。没有理论指导的实践将是盲目的，而现实情形又确实表明我们在以往的数学教育实践中对这个问题是忽视的。早在 20 世纪 70 年代，罗宾逊就有一个判断："过去一百年中，数理逻辑和数学基础的技术方面的进展是惊人的，很难设想这些领域中的任何未来进展能够不利用这些进展中的某些结果……相形之下，人们对于数学的本质属性的理解的发展却是徘徊不前的，含混的"。

时至今日，在数学界和数学教育界，情况大致是类似的。对数学本质理解的这种滞后性及其对数学教育的负面和不良影响，我们的估计还不够充分，因而更应该有一个清楚的认识。

2. 数学观与数学教学观

对数学教学活动的认识离不开对数学的认识。从静态来看，数学是一个严密的知识体系，从动态来看，数学是数学家探索、发现的创造过程，是一个由问题、方法、语言、命题及理论等多种元素组成的复合体。数学既不像有些数学家所认为的是与经验无关的纯逻辑体系，也不完全是经验的总结。在数学哲学史上，对数学性质进行概括、研究都要兼顾到经验性和演绎性这两个方面。[①]

在许多人的思想观念中，数学只是用纸和笔所做的符号游戏。数学(教育)界一直流传着阿基米德专心于沙地上的几何图形而不顾生命之危的动人故事。这给人们的印象是："数学研究只需要用极少数的工具：或许只要一堆沙子，再加上一个非凡的头脑。"长期以来，人们对数学教学的认识就是概念、定理、公式和解题。数学活动只是高度的抽象思维活动，"有些数学家甚至认为，一个孤独的人借助卓越的柏拉图式的智

---

① 曹一鸣. 从数学本质的多元性看数学教育的价值[J]. 中国教育学刊，2005(2)：41—43.

力资源，在黑屋子里也能搞数学。"①确实，数学与物理、化学和生物等自然科学有着很大的差别。数学不需要大量的实验设备，所需要的主要是"思想实验"。传统的数学教学认为，如果数学需要实验也只不过是纸上谈兵，教学过程中，学生的数学活动只是"智力活动"，或更为直接地说是解题活动。数学家在纸上做数学，数学教师在黑板上讲数学，而学生则每天在课堂上听数学和在纸上做题目。H. 弗赖登塔尔早就提出："要实现真正的数学教育，必须从根本上用不同的方式组织教学，否则是不可能的。在传统的课堂里，再创造方法不可能得到自由的发展。它要求有个实验室，学生可以在那儿个别活动或是小组活动。"数学不仅促进了逻辑思维能力的发展，而且要通过数学的活动，让学生成为数学学习过程中积极的参与者、探索者，真正成为学习的主人，培养学生的自主意识、创新精神。② 数学知识的创生与发展是个体参与下的"探究—建构"过程，学生数学知识的增长不再是接受"权威者"既定的知识、"旁观者"的知识，而是个体直接身临其境参与、体验、生成的知识。

需要指出的是，要完成上述观念的转变，需要教师具备相应的数学知识基础。比如，如果中学数学教师的数学知识结构仅局限在中学数学的范围内，那么就很难体味数学观的上述转变。此外，还要充分认识到数学教师数学观是由多种成分、多种因素构成的一个综合体。

3. 角色转变和观念更新

20 世纪以来，数学教学深受希尔伯特形式主义数学哲学的影响，认为数学是由一组自明的公理，依照严密的逻辑规则推演出来的命题体系。曾经盛行一时的布尔巴基学派，主张数学是由一些结构的叠加和组合所构成。数学无关乎内容，只关注它的形式。于是，形式化演绎成为数学教学的主流诉求这种观念也渗入了中国的数学教学。例如，把逻辑思维能力的培养当作整个数学教学的核心，甚至认为"数学应用是实用主义和短视行为"。

1996 年，姜伯驹院士在数学与力学教学指导委员会上说："20 世纪下半叶数学的一个最大进展是它的广泛应用，'谁用得好，谁就赢了'"。事实上，今日之数学已经从幕后走到台前，成为能够直接创造经济效益的数学技术。这些观念的传播，以及"数学建模"的推广，渐渐走出了数学绝对主义的误区。

进入 21 世纪，国家教育经费有了大幅度增加，学校里使用多媒体技术辅助教学已经蔚然成风。数学教师使用"几何画板"制作课件成为教学的基本功之一，张景中院士自主开发的"超级画板"教学软件、图形计算器、科学计算器在教学中的运用越来越广泛。

面对课程改革的要求，数学教师应该树立新的数学教育观念，并对自身角色有一个重新定位和转变。

(1)数学教学观、数学学习观和数学活动观与数学教育评价观的重新认识。要看到数学教学活动的交互性作用。从传统的教师主导性、学生主体性向双主体、多主体、

① 戴维斯 M. J，赫什 R. 数学经验[M]. 王前，等，译. 南京：江苏教育出版社，1991.
② 曹一鸣，等. 从数学本质解读数学课程改革[J]. 数学教育学报，2005(2)：42—45.

师生互动及主体间性的转变。教师与学生应成为数学教学活动的共同设计者。例如对数学教育评价观而言，我们应该采用什么样的评价标准和评价方法。例如什么是好学生？怎样才算数学学习的成功？教师和学生应该成为教学活动的共同评价者。

（2）从教书匠的角色定位向既是教书匠又是教育家的双重角色转变。这就要求教师不仅仅是知识的传播者，而且还应该是知识的创造者。教师不应仅仅是优秀的讲授者，还要成为数学教育的研究者。中国的数学教育呼唤更多的研究型教师。相应地，对数学教学能力我们也应予以重新理解。数学教学能力将不仅仅是知识表述和讲授的能力，而且是一种数学思想与语言交流的能力；是一种适应变化、敢于创新的能力；是一种锐意改革、不断解决新问题的能力。

（3）从知识的传输者向知识的解释者的转变；从至高无上的知识的终极权威向展示知识的形成建构过程的转变；从绝对数学真理的代言人向演化的、动态的、相对的数学真理探索者的转变。

（4）从学生数学思想方法和学生思维活动的决定者、控制者向引导者、参与者的转变；从数学教学管理方式上的管理者、灌输者、命令者向合作者、质询者、对话者的转变。特别是当考虑到计算机作为新的教学要素并入教学结构，形成新的教学关系时，教师应重新定位在信息技术条件下，各种新的教学媒体的教学功能。例如计算机作为教师的助手，如何更好地发挥其作用。

（5）无论在课程设置、教材处理还是教学过程中，教师都要对数学不仅有一个横向的透视，而且要有纵向的穿透。要"前瞻后顾"，寻求数学的源与流。在教学中力求呈现数学动态统一的、有机关联的、鲜活生动的、具有探索性和全息性知识特征的科学与文化形象，而不是固定不变的、僵化教条的、片断局部的、彼此分割的知识条块和记忆库。课程体系和教学活动要不断从封闭性走向开放性。

（6）数学教师应具备初步的数学教育哲学思想，是其数学教育观从经验上升到理论的必要阶梯。也是从传统的"教书匠"角色定位向"教书匠—教育家"双重角色定位转变的客观要求。

1.3　国际数学教育的发展

数学教育的国际化程度是所有学科教学中最高的。这其中也许有一个重要的原因：现代数学运用的是一套通用语言系统，在数学教育领域内就有了共同关心的话题。更为重要的是，数学是现代科学技术的基础，数学教育往往成为各国政府最关注的教育领域。

1. 国际数学教育委员会(ICMI)

从总体上讲，对数学教育产生最根本的影响是来自数学学科内部。国际数学联合会(IMU)是国际数学界最高学术机构，1908 年在罗马举行的国际数学家大会，成立了国际数学教育委员会(International Commission of Mathematics Instruction，ICMI)，它是国际数学教育界最高学术机构，了解国际数学教育的发展不能不从 ICMI 谈起。

ICMI 第一任主席是著名数学家 F. 克莱因，ICMI 成立之初学术交流主要限于各国数学教学计划、教学大纲的交换。国际数学教育委员会的工作在第一次世界大战时被迫中断，一直到1928年都没有恢复工作。后来虽然重建了执行委员会，但是没有开展多少工作又因第二次世界大战而中断。1952年新建的国际数学联合会（IMU）重建国际数学教育委员会时，组建了一个委员会，1954年这个委员会成为正式的国际数学教育委员会执行委员会。

2. 国际数学教育大会（ICME）

1967—1970年，荷兰数学家H. 弗赖登塔尔担任国际数学教育委员会主席。在他的组织和倡导下，召开了国际数学教育大会（International Congress on Mathematical Education，ICME）。第一届国际数学教育大会（ICME-1）于1969年8月在法国里昂召开，来自42个国家的650名正式代表参加了大会。

1980年8月，第4届国际数学教育大会（ICME-4）在美国伯克利举行，来自90个国家和地区的1 800名正式代表参加，中国第一次派了5名代表参加，华罗庚教授被邀在全体会上作了报告。以下为直至2012年ICME大会举办地：

- ICME-1，1969，Lyon（France）
- ICME-2，1972，Exeter（United Kingdom）
- ICME-3，1976，Karlsruhe（Germany）
- ICME-4，1980，Berkeley（USA）
- ICME-5，1984，Adelaide（Australia）
- ICME-6，1988，Budapest（Hungary）
- ICME-7，1992，Québec（Canada）
- ICME-8，1996，Sevilla（Spain）
- ICME-9，2000，Tokyo/Makuhari（Japan）
- ICME-10，2004，Copenhagen（Denmark）
- ICME-11，2008，Mexico City（Mexico）
- ICME-12，2012，Seoul（Korean）

我们可以通过对2008年ICME-11国际数学教育大会报告的了解，来了解国际数学教育研究的发展动态。

（1）ICME-11大会共组织了以下9个大会报告。

- 报告1：我们知道什么？我们是如何知道的？这是一个长达90 min的报告，由两位具有不同观点的国际知名专家合作完成。主要目的是回顾最近十年的数学教育研究的成果与方法。

- 报告2：我们需要知道什么？——来自实践者和决策者的观点。这是一个60 min的对话活动，由4人组成。对话的焦点问题提前6个月左右在ICME-11的官方网站上公布，目的是广泛倾听来自第一线教师和教育管理决策部门的心声。

- 报告3：当前数学研究的趋势。这也是一个60 min的报告，将邀请一位国际知名数学家报告当前数学研究的一些新进展和发展趋势。

- 报告4：拉丁美洲数学教育的发展史。这是一个90 min的报告，由3～4位来自拉丁美洲不同国家的专家共同完成。

·报告 5：公平享受优质数学教育。和第 2 个报告一样，采用的也是大会焦点讨论组（Panel）的形式，历时 90 min。优质教育的公平性问题是目前许多国家都面临的焦点问题，大会通过这样的讨论希望能够提供一些有用的建议。

·报告 6：数学教学知识。这是一个 60 min 的报告，侧重于讨论"数学内容知识"和"数学教学知识"等教师专业发展中的一些核心问题。国际上的一个共识是：课程改革成功与否，教师是关键。因此，围绕教师的知识结构、专业特征和培养模式的研究目前已经成为一个国际性的热点。

·报告 7：数学教育研究成果对改进学生数学学习的影响。这是来自 ICME-11 调研组（ST3）的报告，60 min。从 20 世纪 90 年代开始，数学教育研究的一个趋势是"走进课堂"，关注学生的数学学习。由此带动了一大批旨在描述课堂教学现象、揭示教学中存在的问题以及改进教与学的行为的质的研究。

·报告 8：技术与数学教育。这也是一个由单人演讲的 60 min 的报告，侧重于讨论计算机与信息技术在数学教育中的作用。这是目前国际数学教育界最活跃的研究领域之一。

·报告 9：数学教学中的概念、对象和过程的表征。和第 7 个报告一样，这也是来自调研组（ST4）的总结报告。

·该调研组的目的是考察数学教育心理研究的一个核心问题：数学概念、对象和过程的表征及其对数学教学的影响。

（2）调研组（Survey Team，ST）。

调研组是 ICME-10 首次设置。目的是用较长的时间，在大会召开之前组织一些专家对当前数学教育中的重大问题进行专门的调查研究，然后以大会报告（Plenary Presentation）或者常规报告（Regular Lecture）的形式向与会代表展示调研的结果。由于 ST 在 ICME-10 上取得相当的成功，因此，ICME-11 沿用了这一活动，并从 ICME-10 的 5 个 ST 扩展到 7 个。

2008 年 ICME-11 的 7 个调研组分别包括以下几方面：

·ST 1：各国大学数学专业学生的招生、录取和培养。成立这个调研组的原因是：近年来各国进入大学从事数学专业学习的学生人数在不断减少。调研组的任务就是考察造成上述现象的主要因素，以及大学的应对策略，并最终提出一些可供参考的建议。

·ST 2：发展中国家的数学教育研究所面临的挑战。发展中国家的数学教育受到越来越多的关注，其数学教育研究人员也越来越多地参与国际性的学术活动。但由于起步相对较晚以及研究经费的不足，发展中国家的数学教育研究目前都面临着诸多挑战。这个调研组的目的就是去发现其中的一些共同问题及其解决途径。

·ST 3：数学教育研究成果对改进学生数学学习的影响。本调研组的工作在一定程度上是梳理研究与实践的关系，其中涉及的实践部分包括课程、课堂的结构与组织、课堂活动、教学材料、学生作业、评价、考试与测验等。调查中还将对一些基本的研究术语及其性质进行界定，如什么叫"影响"，凭什么说"产生了影响"，哪些才算"研究成果"，如何评估"改进"的程度等。

·ST 4：数学教学中的概念、对象和过程的表征。数学概念、对象和过程的表征在数学教与学中扮演着关键的角色。调研组的任务是了解和回顾近十年来在不同年级水平上有关数学表征的研究进展。

·ST 5：多元文化和语言环境下的数学教育。这个调研组的工作就是考察在不同国家、地区、民族中，文化和语言环境对数学教育研究和实践的影响。调查的内容将包括国家与地方的教育体制、农村与城市的差别、不同环境中数学教育研究和实践所面临的问题和挑战等。

·ST 6：各国数学教育所面临的社会挑战。考察问题包括：在不同国家中，数学和数学教育的地位发生了什么变化，数学应用对政府决策产生了什么影响，而社会、经济背景反过来又对数学和数学教育产生了什么影响等。调研组还将对未来社会对数学和数学教育的影响进行预测。

·ST 7：理论在数学教育研究中的含义及作用。和所有学科一样，理论在数学教育研究中扮演着关键的角色。但什么是"理论"，"理论"的特征是什么，"理论"在数学教育研究中有什么作用和应用等，至今仍难有统一的认识。本调研组的任务是调查和分析"理论"在数学教育中的各种含义与作用，以及某些已为大家所接受的理论的起源、性质和应用。

(3)专题(课题)研究组(Topic Study Groups，TSG)。

2008 年 ICME-11 的 38 个专题研究组如下：

TSG 1：学前数学教育的发展与趋势。

TSG 2：小学阶段数学教育的发展与趋势。

TSG 3：初中阶段数学教育的发展与趋势。

TSG 4：高中阶段数学教育的发展与趋势。

TSG 5：中学后阶段数学教育的发展与趋势。

TSG 6：为数学资优生设计的课程与活动。

TSG 7：适用于有特殊需要的学生的数学活动与课程。

TSG 8：成人的数学教育。

TSG 9：与工作场所有关的数学教育。

TSG 10：数与运算的教与学的研究和发展。

TSG 11：代数的教与学的研究和发展。

TSG 12：几何的教与学的研究和发展。

TSG 13：有关概率的教学研究与发展。

TSG 14：有关统计的教学研究与发展。

TSG 15：有关离散数学的教学研究与发展。

TSG 16：有关微积分的教学研究与发展。

TSG 17：有关高等数学课题的教学研究与发展。

TSG 18：数学教育中的推理、论证与证明。

TSG 19：数学教育中的问题解决的研究与发展。

TSG 20：数学教学中的直观化。

TSG 21：数学教学中的数学应用与建模。

TSG 22：新技术在数学教学中的应用。

TSG 23：数学史在数学教育中的角色。

TSG 24：有关课堂教学的研究。

TSG 25：数学在整个中小学课程中的角色。

TSG 26：数学学习与认知，数学概念、术语、策略与信念的形成。

TSG 27：用于教学的数学知识。

TSG 28：数学教师的在职培训、职业生活与专业发展。

TSG 29：教师的职前数学教育。

TSG 30：学生对数学及其教学的动机与态度。

TSG 31：数学教育中的语言与交流。

TSG 32：数学教育中的性别差异。

TSG 33：多语言和文化环境中的数学教育。

TSG 34：有关任务设计与分析的研究与发展。

TSG 35：有关数学课程发展的研究。

TSG 36：有关数学教育中的评价与测试的研究与发展。

TSG 37：数学教育研究的新趋势。

TSG 38：数学教育史。

2012 年 ICME-12 的专题研究组也已公布，其中有很多热点问题与 ICME-11 是相同的，有些问题是 ICME-11 中课题的延伸与拓展，当然也有一些问题是新提出的热点问题。37 个专题内容如下，其中标注"★"的课题是 ICME-11 中没有或拓展变化的课题：

TSG 1：学前数学教育。

TSG 2：大学阶段及接近大学阶段水平的数学教育。★

TSG 3：为数学资优生设计的课程与活动。

TSG 4：适用于有特殊需要的学生的数学活动与课程。

TSG 5：与工作场所有关的数学教育。

TSG 6：数学阅读能力。★

TSG 7：数系与算术的教学——特别是关注小学教育。★

TSG 8：测量——特别是关注小学教育。★

TSG 9：有关代数的教学。

TSG 10：有关几何的教学。

TSG 11：有关概率的教学。

TSG 12：有关统计的教学。

TSG 13：有关微积分的教学。

TSG 14：数学教育中的推理、论证与证明。

TSG 15：数学教育中的问题解决。

TSG 16：数学教学中的直观化。

TSG 17：数学教学中的数学应用与建模。

TSG 18：关于技术应用在数学教学中的分析。★

TSG 19：关于技术应用在数学学习中的分析。★

TSG 20：数学史在数学教育中的角色。

TSG 21：有关课堂教学实践的研究。

TSG 22：数学学习与认知。

TSG 23：用于小学教学的数学知识。★

TSG 24：用于中学教学的数学知识。★

TSG 25：数学教师的职前培训、职业生活与专业发展。

TSG 26：教师的职前数学教育。

TSG 27：学生对数学及其教学的动机与态度。

TSG 28：数学教育中的语言与交流。

TSG 29：数学教育中的性别差异。

TSG 30：多语言和文化环境中的数学教育。

TSG 31：有关任务设计与分析。

TSG 32：数学课程发展的研究。

TSG 33：数学教育中的评价与测试。

TSG 34：数学竞赛及其他高难度内容在数学教学中作用。★

TSG 35：数学教育史。

TSG 36：民族数学在数学教育中的作用。★

TSG 37：数学教育中的理论问题。★

ICME 专题研究组的主题几乎涉及了数学教育研究的所有领域。我们透过 2008 年 ICME-11 及 2012 年 ICME-12 的 TSG，可以感受到当今数学教育领域最前沿的研究动向和热点问题，这为我们今后的研究提供了很多有价值的信息和研究思路，有很多问题值得探讨研究。

3. 国际教育评价研究和评测活动（TIMSS）

TIMSS 是由国际教育成就评价协会（the International Association for the Evaluation of Educational Achievement，IEA）发起和组织的国际教育评价研究和评测活动。

成立于 1959 年的 IEA 曾经在 20 世纪 60 年代初组织了有十多个国家参加的第一次国际数学评测和第一次国际科学评测。70 年代末 80 年代初，IEA 又组织了第二次国际数学评测和第二次国际科学评测。

1994 年，国际教育成就评价协会 IEA 在美国国家教育统计中心（National Center for Education Statistics，NCES）和国家科学基金会（National Science Foundation，NSF）的财政支持下，发起并组织了第三次国际数学和科学评测（Third International Mathematics and Science Study），这次活动简称 TIMSS，1999 年这项活动继续进行，并被称为 TIMSS-R 或 TIMSS-REPEAT。

2003 年，TIMSS 成为国际数学和科学评测趋势（The Trends in International Mathematics and Science Study）的缩写，从而使 1995 年、1999 年、2003 年、2007 年的测试有了统一的名称。

TIMSS 官方网站：http://www.timss.org。

4. 亚洲数学技术年会（ATCM）

亚洲每年召开一次国际性大会——亚洲数学技术年会（Asian Technology Conference in Mathematics，ATCM）。亚洲数学技术年会由现任教于美国弗吉尼亚州 Radford 大学的 Wei-Chi Yang 教授发起，于 1995 年在新加坡召开了首届学术年会。根据该会议的决议，以后每年主要在亚洲召开一次国际性的学术会议，对现代数学技术、教育技术与数学教学的相关问题，特别是如何使用信息技术来辅助数学的教学与研究进行探讨、交流。

目前，ATCM 已成为包括中国、日本、新加坡、韩国、马来西亚、泰国、利比亚、土耳其、菲律宾、美国、澳大利亚、俄罗斯等近 30 个国家的著名专家、学者参加的颇具影响力的数学技术与数学教育研究领域的盛会。其中，ATCM 2004 年、2005 年、2006 年分别在新加坡、韩国和中国香港举办。2009 年 12 月 17 日—22 日，第 14 届亚洲数学技术大会在北京师范大学数学科学学院成功举办，本次会议共有来自世界各地的 33 个国家和地区的 400 余名数学教育专家与数学教育工作者参加，充分展示了中国对世界数学教育的影响力。

ATCM 官方网站：http://www.atcminc.com。

5. 国际数学教育心理学组织（PME）

国际数学教育心理学组织（The International Group for the Psychology of Mathematics Education，PME）于 1976 年正式成为 ICMI（The International Commission on Mathematical Instruction）的一个研究小组，提出以数学教学的实践为基本出发点建立自己的理论观点及其体系的研究倾向，从认知理论的立场探究、分析和评述了数学教育心理学各个方面的理论及实践问题。

PME 官方网站：http://www.igpme.org。

6. 国际学生评估项目（PISA）

国际学生评估项目（The Programme for International Students Assessment，PISA）是一项由经济合作与发展组织（Organization for Economic Cooperation and Development，OECD）统筹的学生能力国际评估计划。主要从各个国家中抽取 4 500～10 000 名接近完成基础教育的 15 岁学生进行评估，测试学生们能否掌握参与社会所需要的知识与技能，因此试题着重于应用及情境化。评估主要分为 3 个领域：阅读素养、数学素养及科学素养，对这三方面的考察并不限于书本知识，还包括成年人生活中需要的知识和技能。第一次 PISA 评估于 2000 年首次举办，之后每三年举办一次。

PISA 官方网站：http://www.pisa.oecd.org。

7. 美国数学教师协会（NCTM）

美国数学教师协会/全美数学教师协会（The National Council of Teachers of Mathematics，NCTM），成立于 1920 年，是全美最大的数学教育专业团体。目前，美国数学教师协会已有 124 000 名成员（包括团体成员），260 个遍及美国和加拿大的附属组织（如地区性数学教师协会），另有常设的庞大的行政总部。它的主要目标之一是"在促进数学教育方面提供领导作用"；其影响不仅在美国数学教育领域无可比拟，也波及整个美国教育改革，以至美国联邦政府也把它看成是教育改革的一名领导者。[①]

NCTM 官方网站：http://www.nctm.org。

总之，国际性的数学教育研究活动非常广泛，数学教育已逐步走向成熟。我国的数学教育研究也正步入前所未有的繁荣时期。我们需要立足本土，开展广泛深入的研究。

1.4　我国数学教育的反思与发展

改革开放 30 多年来，全国普及九年义务教育，"大众数学"、素质教育、创新教育成为数学教育的指导思想。中国数学教育在继承我国优良传统的同时，学习先进国外经验，进行了大胆的改革和探索。21 世纪初根据《中共中央、国务院关于深化教育改革，全面推进素质教育的决定》和教育部《基础教育课程改革纲要（试行）》的精神，一轮新的课程改革自上而下，超常规跨越式地在全国整体推进。数学课程改革成为课程改革的先锋。2001 年公布《全日制义务教育数学课程标准（实验稿）》（简称义务教育课程标准）之后，短短 3 年时间，按照义务教育课程标准编写的教科书已经推向全国。这次改革，基本理念是贯彻素质教育和创新教育的方针，以学生的发展为本，强调"自主探究、合作交流"，对教学内容进行了较大调整，特别是将概率统计列为基本数学领域，从小学开始就接触数据处理方法和随机观念。

义务教育课程标准公布以后，中国数学会教育工作委员会召开多次座谈会，邀请参与义务教育课程标准的制定者，以及数学家和数学教育工作者畅谈不同意见。2005年 3 月，以北京大学教授、中国科学院院士姜伯驹为代表的一些全国人大代表、全国政协委员对义务教育课程标准提出批评，并在报刊公开发表。不可否认的是，义务教育课程标准中有一些提法未免矫枉过正。例如，教师主导作用、启发式教学、注重数学双基等中国数学教育的优良传统被忽略了。一些西方的"以学生为中心"的教育理论，在吸收借鉴时有些简单化，脱离中国实际。对"平面几何"的过度削减，更引起数学家的强烈反对。[②] 于是，从 2006 年开始，教育部组织专家组对义务教育课程标准进行修订。

国外大量的数学教学理论的引进，给我国的数学教育输入了新鲜的血液。同时不容忽视的是，我国数学教育中成功的经验正越来越受到来自美国等西方国家的关注。著名的学者杨振宁认为，以中学和大学的教育来说，中国的传统教育比较好，因为它强调谨慎的求学态度。他本人在赴美国芝加哥大学做研究生之前，在国内接受了 4~5 年的中等教育，从中获益匪浅，使他比美国学生有更深厚的基础，能比美国学生更易入门。杨振宁进一步指出，美国学生，特别是初中生，往往以比较草率的态度做学问，学习上过目即可，但比较大胆，不认同家长式的教学方式，感觉上较有创意。相反，中国的教育制度比较保守，学生不能任意发表意见，缺乏创造性，认为老师说的都是

---

①　范良火．美国数学教育发展现状述评（兼和中国之比较）[J]．数学教学，1995(5)：1－2．

②　曹一鸣．义务教育数学课程改革及其争鸣问题[J]．数学通报，2005(3)：14－16．

第 2 章 我国基础教育数学课程改革概要

自中华人民共和国成立以来，我国基础教育取得了辉煌成就，基础教育课程建设也取得了显著成绩。但是，我国基础教育总体水平还不高，原有的基础教育课程已不能完全适应时代发展的需要。为贯彻《中共中央、国务院关于深化教育改革，全面推进素质教育的决定》(中发〔1999〕9 号)和《国务院关于基础教育改革与发展的决定》(国发〔2001〕21 号)，教育部于 2001 年 6 月颁布了《基础教育课程改革纲要(试行)》(以下简称《纲要》)，决定大力推进基础教育课程改革，调整和改革基础教育的课程体系、结构、内容，构建符合素质教育要求的新的基础教育课程体系。依据《纲要》，在充分论证调研的基础上，于 2001 年和 2003 年正式试行《全日制义务教育数学课程标准(实验稿)》和《普通高中数学课程标准(实验)》，拉开了我国新一轮基础教育数学课程改革的序幕。这次基础教育数学课程改革与以往历次课程改革相比，无论是在课程理念、课程目标，还是课程内容、课程要求上都发生了巨大的变化。因此，了解我国数学课程发展的历程，了解基础教育数学新课程，对于广大师范院校的师生，一线中学数学教师，以及其他方面从事数学教育的人员来说，都是十分重要的。在这一章中，我们将对我国数学课程发展的历程、基础教育数学新课程的理念、目标、内容进行综述和分析。

2.1 我国基础教育数学课程的发展

我国基础教育数学课程标准最早见于 1902 年的《钦定学堂章程》，之后不断改革、完善。中华人民共和国成立前中学数学课程标准分初级中学和高级中学，中华人民共和国成立后直到 1986 年《中华人民共和国义务教育法》颁布之前一直是将初中和高中数学合在一起编制教学大纲的，之后又将初中与高中数学分开阐述了。

研究数学课程标准和教学大纲，能够使我们了解我国基础教育数学课程的发展历程。

2.1.1 中华人民共和国成立前基础教育数学课程的发展

我国古代的数学课程非常强调技术实用性，注重统一的算法形式，最典型的是秦汉时期我国使用最早的数学课程《九章算术》，直至宋、元时期，仍然表现出程序化算法为核心的数学体系。鸦片战争以后，清朝政府"废科举、兴学堂"，逐步建立了近代的教育制度和课程结构。

清同治元年(1862 年)，中国开始兴办学堂，当时创办的学堂有多种类型，如专门学堂、普通学堂等。此时没有关于学校教育目标和学制的规定，有些学堂开设数学课，但没有国家统一要求。

"金科玉律"。他认为两者之间不存在谁好谁坏，两者是相辅相成的，应先打好基础，才能从这根基上提出一些具有创意的问题和独特的见解。

就中国的数学教学而言，西方学者的研究发现了一些"内部人士"习以为然之事。"不识庐山真面目，只缘身在此山中"，不识其真面目就是因为身在此山中。明明自己就拥有"自我"，却偏偏不能自悟，或者仅有模糊认识的"苏东坡效应"同样有可能会发生在对中国数学教育的认识上，"他山之石，可以攻玉"成为近年来对中国数学教育改革及其发展研究的一个动向。

从西方学者的视角看来，中国学生的数学学习环境存在许多缺陷，尤其在数学课堂教学方式上，具体表现在如下几个方面（顾泠沅，杨玉东，2007）：

单一讲授的上课方式，教师灌输，学生被动接受；

班级规模大，一般超过 40 人，多至 70 人以上；

低认知水平的频繁考试和高度竞争，造成教师、学生负担沉重；

Ginsberg（1992）发表报告认为，中国的教学特点是"一个受尊敬的长者传输知识给处于服从地位的年少者"。

另外，从学生学业成就评价的角度来看，中国中小学数学教学具有明显的优势，而且大量的研究表明如下：

海外的中国学生一般取得比其实际智商预期更好的成就；

IMO（国际数学奥林匹克竞赛）中，中国队一贯名列前茅；

Stevenson（1992）在《学习的差距》中揭示，美国学生的学习成绩明显低于中国甚至东亚学生，1～11 年级，这种差异明显存在。

国外学者对中国数学教育的这些评价是否恰当，或者说进入 21 世纪的中国数学教育是否还是如此，是否已经发生了变化，这需要从以下几个方面进行更为深入的研究。①

1.4.1　儒家文化传统中家族观念、考试文化的影响

教育必定担当起传承文化和负载文化的双重使命。儒家文化对华人（数学）学习的影响近年来已受到了广泛的关注。如家长对子女学习的重视凸显出其差异。"望子成龙""光宗耀祖，出人头地"被深深地烙在人们的心底。近年来，一批华人学者已经关注到这方面的研究。科举考试甚至被誉为中华民族的"第五大发明"，而今则又被演绎成新时代的一个广为流传的口号——"知识改变命运"，更为鲜活地彰显出大众的教育价值取向。如果你有兴趣，还可以做一些调查，教师（家长）鼓励学生（子女）读书最常用的话语基本是"吃得苦中苦，方为人上人""书中自有黄金屋，书中自有颜如玉"的翻版。

当然也许没有这么直白，但基本上都是在根深蒂固的封建等级观念束缚下的生存观、价值观，对科学（学习）本身的热爱和追求是很少提及。学生个体存在的意义及其自我价值的实现更是次要的、不被提倡的，甚至是要受到批判的。学生从小学到高中，

---

① 曹一鸣. 数学课堂教学实证系列研究[M]. 南宁：广西教育出版社，2009.

甚至到大学，各种各样的考试、评奖（在家庭、社会的推波助澜下）让学生养成了对名利、虚荣的追求。科学精神、创造性在这种追求下逐渐退居次要位置。这在某种程度上造就了中国学生成为一流的"考试者"，而不是"学习者""创造者"。

这是 2008 年 1 月份我到某县城的中学调研，偶尔听到的一位学生家长与他读八年级女儿的对话（其实类似的对话经常发生在当今中国的父母与子女之间）：

父：这次考试成绩怎么样？

女：还可以。

父：语、数、外得了多少分？

女：语文 142 分，数学 138 分，外语 112 分。

（语文、数学的满分是各 150 分，外语 120 分，这在大多数地方都是从初中开始就与高考接轨的，这个成绩应该是不错的了，占位都在 90% 以上）

父：数学怎么被扣了 12 分？错在哪儿了？你们班上这次数学考试最高分是多少？比你考得好的有几个？你的总分在全年级排名是多少？（如同大多数中国学生的家长反应一样）

然后再根据年级排名，对近年学校中考升学情况进行分析，最后结论要利用假期再好好补补课。

而西方的学生如果取得这样的成绩，大多会得到父母的嘉奖，愉快地度假去了。这也就造成了在一些国际比较研究中的另一个谜，"中国学生在数学考试中成绩是最好的，但是自信心却是较差的"。

1.4.2　评价标准的文化背景

绝对性、统一性的解构，灵活性、多样性的文本多重解读范式正被越来越多的人所接受。面对不同的文化，中国的数学课堂的特点具体体现在何处需要进行更为深入的分析。澳大利亚墨尔本大学 D. Clarke 教授明确提出，国际比较研究要对基本假设的质疑提供证据，就必须对文化根源、代表性和发言权等问题十分敏感。他举例说，由经济合作与发展组织发起的国际比较研究计划扩大时，正像 Cohen 所指的"是世界上最富裕的 29 个国家的俱乐部"，即便欠发达国家加入了比较研究，也常常是被研究对象，而不是研究伙伴。研究只是在"西方"观点的指导下，用"西方"的标准评价其研究实践。

国际数学教学的比较研究也存在着这种明显的倾向。关于中国学习者悖论正是在这样一种不恰当的前提之下提出的。其中一些基本假设是建立在西方文化、传统、价值观的基础之上，而中西方在这些基本问题上是存在着或多或少的差异的（尽管对这种差异的认识不尽一致），因而一些关键性的结论成立的基础、前提也就值得怀疑。例如，在哲学界乃至一般文化界中，通常认为，西方人善于分析，东方人则善于整合；西方的哲学研究乃至一般思维，往往表现出极端化取向；与此相对照，东方的哲学研究以及一般思维，则往往表现出了辩证的取向。深受儒教和道教影响的东方传统，在思维方式上以辩证和整体思维为主要特征。用辩证思维来描述东方人，尤其是中国人的思维方式；用逻辑思维或者分析思维来描述西方人，尤其是欧美人的思维方式。对中国人来说，"中庸之道"经过数千年的历史积淀，甚至内化成了自己的性格特征。体现在课堂教学上，中国数学教师往往在理论认同和课堂实践中都很少坚持"教师中心"或"学生中心"这种极端化对立的观点，"以教师为主导，学生为主体"或"教师是教的主体，学生是学习的主体"这种折中的观点为中国的教师所普遍赞同。

正是因为思维方式取向的不同，在不少情况下，东方人和西方人在对人的行为归因上往往正好相反：美国人强调个人的作用，而中国人强调环境和他人的作用。从社会背景上讲，古希腊社会强调个人特性和自由，是一种以个人主义为主的社会；而古代中国社会却强调个人与社会的关系，是一种以集体主义为主要特征的社会。这种不同的强调重点决定了相应的哲学信念，并导致对科学和哲学问题的不同回答。这些问题包括：连续与非连续性；场与客体；关系和相似性到分类与规则；辩证与逻辑等。中国人生活中复杂的社会关系，使得他们不得不把自己的注意力用来关注外部世界，所以中国人的自我结构是依赖性的；相反，西方人生活的社会关系比较简单，所以他们更有可能把自己的注意力放在客体和自身的目标之上。在这个社会认知系统中，社会组织对认知过程有着直接的影响，辩证和逻辑思维就是这种认知过程的特性。更为重要的是这种特性一直保持下来，对生活在现在的人们的心理和行为产生了广泛的影响：中国人的认知以情境为中心，西方人则以个人为中心；中国人以被动的态度看待世界，西方人以主动的态度征服世界。

这种因素在中国的课堂文化上则表现为：课堂集体讨论，集体回答教师的提问，学生在教师的引导、启发下步步深入地分析、解决教师提出的问题，学生主动提问，张扬个性则较少。

杨振宁曾率一批诺贝尔奖获得者来华讲学，当有人问到他们当中有没有"高考状元"时，杨振宁笑说："按照中国的高考标准，我们都是差生，在中学里，都排在十名以后。"在诺贝尔奖获得者朱棣文看来，考试并不重要，学生也不要只满意一个解决方案，重要的是培养一种科学直觉的习惯，用不同方式看待问题。

1.4.3　中国学者的深入的实证研究

潜海底，可证龙宫之虚；登月球，更信玉兔之无。要弄清中国数学教学的本真面目，必须深入数学教学的一线课堂去求证。远远一瞟，雾里观花，隔岸看戏，是很难认清其真相的。国外学者对中国数学教育所提出的问题虽然能给我们以很好的启示，但是如果"内部人士"不能进行多视角、深层次的深入研究，则往往会出现偏差。

有一个基本的事实，根据 TIMSS（2003）研究，八年级班级学生人数国际平均数是30。西方的课堂学生人数基本在 25～30 人，亚洲的数学课堂基本人数在 40～50 人。中国的数学课堂小班化教学指的是35～40 人，正常的是 50 人左右，而在有些地方班级人数达到了 60～70 人，甚至 100 人。仅这些基本情况的差异就让西方社会难以想象，这确实是中国学习者的不利因素之一。

对于传统的数学教学的改革必须正确处理好以下几个关系。

1. 教师的讲授与学生的自主学习

学生是学习的主人，新课程倡导学生的自主学习，"学生的数学学习活动不应只限于接受、记忆、模仿和练习，高中数学课程还应倡导自主探索、动手实践、合作交流、阅读自学等学习数学的方式。这些方式有助于发挥学生学习的主动性，使学生的学习过程成为在教师引导下的'再创造'过程。同时，高中数学课程设立'数学探究''数学建模'等学习活动，为学生形成积极主动的、多样的学习方式进一步创造有利的条件，以激发学生的数学学习兴趣，鼓励学生在学习过程中，养成独立思考、积极探索的习惯"。① 提高教师数学课堂教学艺术，调动学生学习的能动作用，让学生在数学学习的过程中乐于学习数学是激发学生自主性的有效途径。教学过程中，学生的自主型学习活动总是相对的，是在教师有指导下的自主，不能把自主型学习与学生主动自发的学习活动画上等号。发挥学生的主体性作用并不是放弃教师在教学过程中对系统的数学知识的讲解作用。没有教师指导的学生自主性活动不能说是自主型学习活动。"自主性"教学要建立在学生自发的活动的基础上。当前数学教育改革进程中，存在着对教学过程中教师教的地位和作用片面理解的问题，认为教学的主导作用是只管教，不管学。其实即使只强调教师的主导作用，也必须是因材施教，主导作用的出发点和落脚点，只能是学生的学。教与学是以动态的形式呈现出来的，机械地认为教师的主导作用就是传授数学知识是不全面的。教师的主导作用有较广阔的含义：①教学内容、方式以及进程，不由学生决定，而由教师决定；②学生学习方法、思维方法是在教师主导下，由教师教给学生；③学生学习的态度，对知识的兴趣，学习的主动性、积极性等，不是学生自发产生的，而是在教学中教师培养教育的结果。

教师的主导作用，还体现在具体的数学教学过程中的教师的活动上，如讲授教材等。然而主导并非是整个教学过程中只是教师单向活动，学生始终处于从属、被动的地位。在班级授课制的教学形式下，教师的讲授作为最基本的方法，但并不是每个细节都由教师来讲解，即使是教师的讲解也不能等同地看成是灌输，排斥学生的主体性和能动性的发挥。如果把教师的"讲解—传授"理解为"注入"，把学生看成器皿，讲解就是将知识注入器皿中，注多注少，注入什么归因于教师的主导是不正确的。

实际上，任何主导作用下的教，都要落到一个相对独立的主体身上，教师教的一切内容都要通过一个独立的主体为载体和中介、中转而发生作用。仅从理论上来讲，教师讲解本身不是目的，而是为了唤起学生学习的愿望，启发学生浓厚的学习兴趣，培养学生良好的学习习惯的手段。注重数学知识教学的同时进行数学思想方法和情感方面的教育以及学生的自主探索，使教师的要求转化为学生的学习的需求。其实这不是一个什么全新的思想，在我们一直批判的所谓"没有人的教育"，"教师为中心传统教育"的代表人物赫尔巴特的教学原则中就曾明确提出，"要注意学生的个性和积极性……教学的任务就是要使个性向多方面发展……教师要善于及时提出新问题，引人入胜，能根据教材本身的内在联系，使教材由浅入深，激励思维浪花，使学生获得求知的满足。教师讲课要根据学生的反映情况调整，否则'假如内容不能赢得学生的兴趣，那么就会产生恶性循环的结果'。""教师应不顾自己的体系，找寻危险最少的办法，尽可能培养探讨的能力，并从许多方面唤醒由个别问题所产生的推动他们进行思辨的感情……无疑最稳妥的方法是学习数学……让它尽可能地回到概念本身的思想方面去"。

---

① 中华人民共和国教育部. 普通高中数学课程标准(实验)[S]. 北京：人民教育出版社,2003：2.

数学教育心理学认为，学生数学学习的特点是"接受—建构"式的。它是一个在教师的启发引导下，接受前人已有数学知识的过程。当然，在这个过程中必须有学生自己积极主动的建构活动。因此，在新的教育思想指导下，寻找教师对学生数学学习的指导与学生自主探究式学习之间的平衡，把握好教师对学生数学学习的"干预度"，是数学教育工作者面临的一个关键性课题。传统的数学教育比较强调教师的主导，比较强调经过学生艰苦努力，经过反复的练习而达到对数学知识的理解，而对学生数学学习的情感体验、自主探究、合作交流等有某种程度的忽视。所以，在数学教育改革中，强调激发学生的学习兴趣，发挥学生的主体性，转变学生的数学学习方式，强调学生的自主活动，变被动学习为主动学习等，有重要意义。数学开放性问题教学模式、问题解决教学、研究性学习等新的教学理念，对我国教育改革的意义是巨大的。但这并不等于对过去的数学教学进行彻底的否定，更不是在脱离了基础知识的掌握和教师的必要指导下放手让学生进行一种所谓的全新的教学概念"研究性学习"。我们必须防止从一个极端走向另一个极端。过分强调学生自主，强调让学生开展课题讨论、独立活动、合作交流，降低教师在学生数学学习中的作用，不是数学教育的本质。

2. 关于数学思想方法与应用问题的教学

数学的思想方法是数学的灵魂和精髓，数学正是通过思想方法影响人们的思维方式，进而影响人们的生活方式直至生存方式，以此来体现数学教育的文化价值。对数学中的思想方法的教学是目前数学教学中的一个薄弱环节。在数学教学中重视数学思想、数学方法论的教学，不仅可提高数学教学效率、减轻学生负担，而且还有利于人才的培养、素质的提高。

把数学看成是一种文化，是一种思维的科学，数学教育的一个重要任务是进行思维训练，加强数学中的思想方法教学，历来是形式教育所倡导的数学教育的价值取向，而实用主义者历来关注的是数学的应用教学和问题解决，形式教育与实质教育，唯理论与经验论之争和对峙一直就没有停止过。事实上，任何一种极端之举都是不可取的。正是这种争论促进、发展和完善了数学教育。

从当今商品经济、知识经济社会和我国国情出发，大力发展经济是中心任务，数学教育特别要强调为经济建设服务，在数学教育中密切联系实际，适当降低数学形式化要求，注重实质，形成用数学的意识。但对数学的应用不能狭义地理解为仅仅是知识的应用。基础教育中的数学教育不是一种职业教育，作为知识的数学其应用价值只能是有限的，人们在日常生活中常常能用到的数学知识是极少的。数学的应用体现在多个层面上，不可彻底否定形式陶冶的作用，数学的思维方式，数学严密性、批判性等的思维品质对一个人一生的影响是深远的，有些数学知识即使是暂时没有实际应用价值也值得去学习。

近年来提出"淡化形式，注重实质，加强数学应用的教学"并不是完全不要教学的形式，但如何处理好数学教学中的"形式"与"实质"问题却使一线教育十分困惑。事实上，问题的关键不在于此，一方面，知识结构的合理性存在问题，某些传统的数学教学内容陈旧，事实材料零乱，把间接知识看作唯一的知识，排斥必要的实践活动，将应用性的知识停留于书本之中，不见诸实践，忽视了实践对技能技巧培养的作用，为此，就必须重视教学中实践性的环节，丰富学生的感性认识，扩大学生的视野，重视学生直接经验的作用。另一方面，又只是为了教而学，为了考而教，没有能把数学学习作为掌握文化的工具，进而获得智力的发展。因此，教师应在教学方法研究和改进上下功夫，加强教学设计研究，指导学生掌握知识的认识程序，把数学知识的传授与数学思想方法的教学有机地结合起来，在传授数学知识的同时，更突出数学思想方法的教学，可能是一个更迫切需要解决的问题。

3. 关于系统地传授数学知识与发展能力

知识与能力之争历来是形式教育与实质教育的分歧之一。随着新的技术革命的兴起，现代生产与现代生活的要求，在教学中发展学生的智力已经成为世界各国教学改革的一个共同的趋势。有人断言：传统教育的教学任务仅止于知识的传授，结果是"高分低能"。事实并非如此，知识和能力从来就不是非此即彼的。在夸美纽斯的《大教学论》中虽没有专门讨论能力问题，更多是模仿和记忆，但也在教与学的彻底性原则中提到"一切学科的排列全都顾及学生的智力和记忆，以及语言的性质""正确的教育不在于他们脑袋塞满从各个作家那儿生拉硬扯地找来的字句和观念，而是他们悟性看到身后世界"。

数学知识的整体性、系统性是其重要特点。希尔伯特特别强调："数学科学是一个不可分割的有机整体，它的生命力正是在于各个部分之间的联系……因此，随着数学的发展，它的有机特性不会丧失，只会清楚地呈现出来。"

掌握系统的数学基础知识与基本技能是学好数学的必备条件，重视"双基"教学也是我国传统教育的一大特色，并在这一方面有许多成功的经验。就学校的数学教育而言，主要是通过数学课程，系统地学习书本知识，并以系统地掌握数学知识为基础来发展能力，提升素质。传授知识与发展智力是教学的两个重要任务。关于知识与智力的关系，首先应认识传授知识的基础性以及与发展智力的统一性。它的统一性表现为：(1)就知识来说，它是以表象、概念、定理、原理、公式、结论等形式反映着客观世界的存在；就智力来说，它是以观察、判断、推理、分析、综合等思维能力的活动来认识客观世界。思维的内容和思维活动不可分，我国古代的教育家、思想家孔子从"学"与"思"的视角对此做出了论述，"学而不思则罔，思而不学则殆。""吾尝终日不食，终夜不寝，以思，无益，不如学也。"(《论语·述而》)没有无内容的"思维活动"，思是以知识为基础的，也总是有一定内容的，没有一定的知识去苦思冥想是无助的。同样，也没有无思维活动的"思维内容"，如果那样，知识就是人先天就有的了，就不是人在后天通过学习思考而获得的。(2)知识是智力发展的基础，只有有了某方面的知识，才有可能去从事某方面的思维活动。但是掌握知识并不能等同于发展智力。皮亚杰、奥苏伯尔、布鲁纳等人都认为，智力发展必须依赖于完善的认知结构，良好的认知结构是以在纵向上从上位到下位不断分化的方式和在横向上融会贯通的方式组织起来的。塑造这样的认知结构就是学校智育的目的。没有不传授知识而单纯发展智力的教学活动，把知识型与智力型人才对立起来的提法是不科学的。(3)智力发展是掌握知识的重要条件，智力是开发新知识的工具。掌握知识的速度与质量又依赖于一定的智力，两者之间是统一的。

数学由于本身的特性，抽象、概括、逻辑性强，因而历来被认为是进行思维训练、智力发展最好的内容。为了发展学生的智力，在数学教学中应改变只偏重知识而忽视智力发展的现状，加强对学生思维能力的培养，学生在学习数学的过程中，特别强调要提高分析问题和解决问题的能力，发展学生的智力。教学中应重视以下几方面：(1)注重激发学生学习的内在动机，让学生从数学学习中感受到学习数学的乐趣，以充分发挥学生的潜能。(2)注重策略性知识、规律性知识的教学，让学生在学习数学的过程中掌握数学的思想方法，提高学生的抽象概括水平。学生只有掌握了解决问题的策略和规律性的知识才能举一反三，触类旁通，才能实现知识的迁移，提高元认知水平。(3)最好的教学是让学生在自我探索过程中发现知识，教学中要采用启发式教学，让学生成为一名自主的学习者和探索者，激发学生学习兴趣和动机，让学生处在一种对知识的追求状态。(4)尽管理想主义教育家曾断言"没有教不好的学生，只有教不好的教师"，但就数学学习而言，学生对数学学习的程度、接受水平的差异是相当大的。班级授课优点是有利于系统地传授知识，然而，其弊端也十分明显。学生的资质各不相同，才能高低，误解迥别，用统一的教授法和管理方法去教学生，不利于学生的个性发展。因此，应在统一的要求下，坚持贯彻因材施教的原则，针对不同的对象，提出不同的要求，实施分层次教学，以利于各类学生的知识的掌握与智力的发展。(5)传统的数学课堂教学还有一个明显的弊端就是学生的参与程度不够，数学课外活动研究性学习的开展是对传统教学模式的有益补充，对提高学生的进取意识、开阔学生的眼界，培养学生的创造才能，充分发挥学生在教学中的主体作用，都有积极意义。数学历来被看成是一个严密的逻辑体系，数学在培养逻辑思维能力方面具有不可替代的作用。数学还是一个开放性文化体系。数学发展的进程离不开直觉、猜想、观察、实验、探索、美感等非逻辑方法。数学不仅促进了逻辑思维能力的发展，而且有助于提高形象思维和直觉思维能力。发明靠直觉，美感则是动力、源泉。数学不仅是一个抽象的演绎体系，还是美的乐园。传统的数学教育中，过分强调了数学中逻辑思维能力的培养，忽视了直觉思维能力和对数学美的鉴赏，因此应加强审美意识和直觉洞察力的培养。

我国的学校数学教育始于 1902 年。1902 年颁布了《钦定学堂章程》，它是我国第一个学校教育课程标准，但其影响甚微。

1904 年颁布的《奏定学堂章程》包括了我国第一个学制（癸卯学制），为：小学 9 年，中学 5 年，大学预科 3 年，本科大学 3～4 年，通儒院 4～5 年。《奏定学堂章程》中有关中学数学课程内容和课时数为：第一年开设算术；第二年开设算术、代数、几何、簿记；第三年与第四年均开设代数与几何；第五年开设几何与三角；每年课时数都是每周 4 学时。这个章程只规定了中学每年开设的数学科目，具体内容和教学要求没有明确规定，因此学校的灵活性非常大。此时的教科书大多是国外教材翻译过来的，其中美国的代数较多，日本的几何较多，英国的三角较多。

1912 年 1 月"中华民国"成立，1 月 9 日教育部成立，同年 9 月教育部颁布学校系统令，规定学制（壬子学制）为：小学 7 年，中学 4 年，大学预科 3 年，大学本科 3～4 年。学校系统令规定男生上课时数比女生上课时数每周多 1～2 节。1913 年，教育部颁布了《中学校课程标准》，该标准与前面《奏定学堂章程》一样，只是规定了中学 4 年的数学课程的科目，第一年开设算术和代数，第二年与第三年均开设代数和平面几何，第四年开设平面与立体几何、平面三角概要，没有具体内容和教学要求。此时大多学校都使用中国自编教材，其中较有代表性的是商务印书馆的"共和国教科书"与"民国新教科书"，中华书局的"新制教科书"等。

1922 年，北洋政府以大总统令公布了《学校系统改革案》，其中规定的学制（壬戌学制）是：小学 6 年，中学 6 年，大学 4～6 年。1923 年颁布"新学制课程纲要"，规定中学实行学分制，初中毕业要求 180 学分，必修课占 164 学分，数学是必修课程，占 30 学分。高中分文理，毕业要求 150 学分，文科组要求选择自然科学或数学之一，至少 6 学分，理科组必须学习数学至少 34 学分。1923 年还公布了由"新学制课程标准起草委员会"起草的"初中数学课程纲要"和"高中数学课程纲要"。"初中数学课程纲要"比较完整，包括目的、内容、方法和毕业最低限度的标准四部分，"高中数学课程纲要"比较简略，没有教学目的和毕业要求的规定。此时大多数学校使用中国自己编写的教科书，这些教科书是按照纲要编写的，并且通过了教材审定。

1927 年，南京国民政府成立，中学数学课程基本延续之前的课程。1929 年 10 月，南京政府教育部公布《初级中学暂行课程标准》和《高级中学普通科暂行课程标准》，它们包括"目标、教材大纲、时间支配、教法要点、作业要项、毕业最低限度"6 部分。《初级中学暂行课程标准》规定初中数学内容包括算术、代数、平面几何、平面三角；《高级中学普通科暂行课程标准》规定高中普通科数学内容包括代数、几何（含立体几何）、三角、解析几何。此时文理不再分科。

暂行标准实行 3 年后，陆续进行了修改，1932 年修改后成为《初级中学算学课程标准》和《高级中学算学课程标准》，1935 年修改后成为《修正初级中学算学课程标准》和《修正高级中学算学课程标准》，1941 年修改后成为《修正初级中学数学课程标准》和《修正高级中学数学课程标准》。改革的特点是：（1）取消学分制，改用时数单位制；（2）高中又恢复文理分科，学生分甲、乙两组上课，自高中二年级开始，甲组课程增加了立体几何、空间解析几何等大量内容，代数部分方程理论更加系统完整(后又在 1941 年被删除)，级数理论更加丰富，同时还增加了更多的高等数学内容；乙组的课程则减少了内容，要求也有所下降。

1946 年以后，我国基础教育数学教学有了统一的教科书，它是由国立编译馆教科用书组编写的，委托正中、开明等书局联合的"国立中小学教科书七家联合供应处"印刷发行。

从 1902 年《钦定学堂章程》到 1948 年《修订初级中学数学课程标准》和《修订高级中学数学课程标准》一共颁布了 35 个中小学数学课程标准(小学 13 个，中学 22 个)。这些标准从只规定课程科目到详细规定具体内容，逐渐形成了数学课程标准文本的基本框架：目标、时间分配、教材大纲、实行方法概要。在课程内容的编排方面的一个明显倾向就是：平面几何内容采用先实验几何后论证几何的展开形式。

2.1.2　中华人民共和国成立后基础教育数学课程的发展

1949 年 10 月 1 日中华人民共和国成立，同年 11 月教育部成立，次年颁布了中华人民共和国第一个小学数学课程标准《小学算术课程暂行标准(草案)》和第一个中学数学课程纲要《供普通中学教学参考适用数学精简纲要(草案)》，这两个课程标准对中华人民共和国成立前的中小学数学课程进行了精简，指出"精简的目的在于切实有效，而不是降低学生程度；删除不必要的或重复的教材，但仍须保持各科科学的系统性、完整性""数学教材应尽可能与实际结合，首先要与理化两科的学习结合，又要与经济建设需要的科学知识相结合"。"在流行的教科书上有许多太过抽象而不切合实际，且为学生所不易接受的材料应该精简或删除"，中学"数学课程仍规定为：初中有算术、代数、平面几何；高中有三角、平面几何与立体几何、高等代数、解析几何"。

1951 年 3 月，教育部召开了第一次全国中学教育会议，讨论通过了《中学数学科课程的标准草案》。将中学数学教学目标分为"形数知识""科学习惯""辩证思想""应用技能"四部分，强调"数学是学习科学的基本工具，锻炼思想的体操，中学主科之一"。草案规定的中学数学教学内容与 1949 年草案基本相同。

1952 年 12 月，教育部成立了中小学各科教学大纲起草委员会。当年就正式颁布了以苏联十年制学校中学数学教学大纲为蓝本编订的《中学数学教学大纲(草案)》。该大纲中明确规定中学数学教学的目的是"教给学生以数学的基础知识，并培养他们应用这种知识来解决各种实际问题所必需的技能和熟练技巧"，"贯彻新民主主义教育的一般任务，形成学生辩证唯物主义的世界观，培养他们新的爱国主义以及民族自尊心，锻炼他们的坚强的意志和性格"。该大纲强调函数的概念以及图像，要求在初中学习中就打下基础。根据这一大纲，人民教育出版社出版了供全国使用的教科书，其中代数、平面三角是苏联教科书的编译本，算术、几何是以苏联教科书为蓝本改编的。

之后的 1954 年与 1956 年对中学数学教学内容与要求进行修改，增加了发展学生"逻辑思维和空间想象力"和有关基本生产技术教育的内容，同时还要求学生完成"实习作业"，在教学建议中提出了"照顾到学生的年龄特征"，"应当广泛地应用直观性"，"应当避免烦琐而复杂的变形和习题，以及需要用特别矫揉造作的方法来解答的习题，因为它们不但没有教育意义，反而加重学生的负担，损害他们的自信心"，"必须发展学生的空间想象力、灵活性和创造性的才能"，"必须使他们注意到数学在文化史上的巨大价值"等。

1958 年，教育部下发通知，从当年 9 月起，把初中算术部分下放到小学。1959 年 11 月研究决定：小学学完算术，初中学完平面几何和代数的二次方程，高中增加近似计算、变数法与导数（导数后未增加），1961 年初获得通过。这成为当时非常重要的教育文件。文件规定：1961 年暑假前初中算术下放到小学，1962 年暑假前高中平面几何下放到初中，1962 年下半年高中增加平面解析几何。

1963 年，教育部颁布了《全日制中学数学教学大纲（草案）》，规定中学数学教学的目的是"使学生牢固地掌握代数、平面几何、立体几何、三角和平面解析几何的基础知识，培养学生正确而且快速的计算能力、逻辑推理能力和空间想象能力，以适应参加生产劳动和进一步学习的需要"。这个大纲首次提出了中学数学教学要培养三大能力，并且大纲的结构成为今后编写大纲的一个范例，它的影响非常久远。根据这个教学大纲，人民教育出版社编写了一套十二年制教科书，包括初中《代数》《平面几何》，高中《代数》《立体几何》《三角》《平面解析几何》等。正式出版的有初中《代数》第一至四册和高中《平面解析几何》。这套教材在我国影响甚远（史称"六三年教材"）。全国大多数学校都使用这套教材。课程要求统一，学生没有选择性。

之后的十几年是"文化大革命"时期，教育受到了很大的冲击，一些学校停课，全国没有了统一的教学大纲和教科书，教材由地方自己编制，许多教材严重削减了"双基"，思维能力、空间想象能力的培养都没有落到实处，学生的收获很少。然而，由于对实践的重视，各地教材编写者深入农村、工厂和学校进行广泛的调研，在教材改革中进行了一些有益的尝试，编写了不少有关测量、优选法、概率统计初步、正交设计、统筹方法初步应用、二进制和逻辑代数等方面的选修课程。

1976 年，"文化大革命"结束，教育逐渐恢复。1978 年初，教育部颁布了由"中小学通用教材数学编写组"起草的《全日制十年制学校中学数学教学大纲（试行草案）》，这份大纲在中学数学教学目的中增加了"逐步培养学生分析问题和解决问题的能力"。根据这个大纲，"中小学通用教材数学编写组"编写了一套中学数学教材，包括初中数学 6 册，高中数学 4 册，这是中华人民共和国成立以来把中学数学各分支综合在一起成为统一教材的首次尝试，这套教材在 1978 年秋供全国初中、高中起始年级使用，从而统一了全国中学数学教材。

两年的教学反映出一些问题，如部分教师无法适应混编教材，学生负担过重等。于是教育部于 1979 年 10 月和 1980 年 10 月两次召开中小学数学教材改革座谈会，会议草拟了《关于试行中小学数学教学大纲的过渡办法》等文件，认为"初中数学教学内容基本合适，可不做大的变动；但在体系安排上，根据目前的实际情况，混编教材不便教学，教学效果受到一些影响，建议把初中数学教材试用本按代数、几何两科分开，并从初二开始并行讲授，这种分科教材从 1981 年秋季作为试用本供应，并适当稳定一段时间；以后修改成正式本时，以分科编写的试用本作为基础"。会议还建议六年制中学"从高中二年级开始，采取选修课的办法或试行文理分科教学，解决要求不同的矛盾，以利于减轻学生负担和提高教学水平，保证在中学阶段打下牢固的数学基础"。

1981 年 4 月，教育部根据中共中央、国务院 1980 年 2 月颁发的《关于普通中小学教育若干问题的决定》，颁发了《全日制六年制重点中学教学计划（试行草案）》和《全日制五年制中学教学计划试行草案的修改意见》，决定将五年制中学逐步改为六年制中学。其中《全日制六年制重点中学教学计划（试行草案）》规定，中学数学教学内容采用分科编排；高二和高三采用单科性选修和分科性选修制，分科就是文理分开，单科性选修就是可以选修必修数学中所没有的理科数学的内容，这份大纲实行数学课程的统一性和灵活性相结合，试行课程设置与教学要求多层次的改革实验，开始了数学教学区分化的步伐。

1983 年 8 月，教育部颁布《关于进一步提高普通中学教学质量的几点意见》，同年 11 月，教育部又颁布《高中数学教学大纲（草案）》，把高中数学教学内容和要求分成"基本要求"和"较高要求"，基本要求的课本称"乙种本"，较高要求的称"甲种本"，"甲种本"与"乙种本"相比，增加了线性方程组、概率和微积分。这两种教材是从 1984 年秋季开始实行的。由于高考计分试题是按基本要求命题，因此较高要求的内容形同虚设，流于形式了。

1986 年，《义务教育法》颁布，为适应义务教育的需要，国家教委（原教育部）又按照"适当降低难度，减轻学生负担，教学要求尽量明确具体"的原则修改教学大纲，并于当年颁布《全日制中学数学教学大纲》，该大纲规定，中学数学教学内容分科编排，初中有代数和几何，高中必学内容有代数、立体几何、平面解析几何；选学内容有概率、行列式、线性方程组。该大纲首次明确给出了各年级教学内容的具体要求，不仅注明了要求什么，而且注明了不要求什么或只要求什么。这对于中学教师准确把握教材是有好处的。

1988 年，国家教委颁布了《九年制义务教育全日制初级中学数学教学大纲（初审稿）》，这份大纲首次明确阐述了教学要求的动词"了解、理解、掌握、灵活运用"的具体含义，同时由国家教委组织编写了适应不同学制（五四制、六三制）、不同地区的 8 套教材，真正实现了一纲多本。编写的教材在 1990 年开始实验，1993 年推广至全国。

1996 年，国家教委颁布《全日制普通高级中学数学教学大纲（供实验用）》，该大纲与九年义务教育数学教学大纲相衔接，内容比 1986 年有所增加，要求将代数、几何、概率统计与微积分初步知识综合编排；数学课程划分为必修课程、限选课程和任选课程三部分，前两年学习必修和限选课程，第三年学习任选课程，从而使我国的高中数学课程形成了"必修＋选修＋文理分科"的基本框架。

进入 21 世纪，我国又开始了一轮新的基础教育数学课程改革。数学新课程仍然采用各科综合编排制，高中采用学分制。

2.2　义务教育数学课程标准简介

2001 年 7 月，中华人民共和国教育部颁布了《全日制义务教育数学课程标准（实验稿）》。该标准首次将义务教育九年的数学课程进行通盘考虑，并且根据学生的年龄特征将九年的学习划分成 3 个学段，第一学段是 1～3 年级；第二学段是 4～6 年级；第三学段是 7～9 年级。经过修订，2011 年中华人民共和国教育部颁布了《义务教育数学课程标准(2011 年版)》。该标准从义务教育阶段数学课程的性质、基本理念、课程目标、课程内容、实施建议等方面进行了阐述。

2.2.1 义务教育数学课程的基本理念

《义务教育数学课程标准(2011 年版)》明确指出：数学是研究数量关系和空间形式的科学。数学是人类文化的重要组成部分，数学素养是现代社会每一个公民应该具备的基本素养。作为促进学生全面发展教育的重要组成部分，数学教育既要使学生掌握现代生活和学习中所需要的数学知识与技能，又要发挥数学在培养人的思维能力和创新能力方面不可替代的作用。

在课程性质部分，明确指出：义务教育阶段的数学课程是培养公民素质的基础课程，具有基础性、普及性和发展性。数学课程能使学生掌握必备的基础知识和基本技能，培养学生的抽象思维和推理能力；培养学生的创新意识和实践能力；促进学生在情感、态度与价值观等方面的发展。义务教育的数学课程能为学生未来生活、工作和学习奠定重要的基础。

课程标准提出了义务教育阶段数学课程设置的基本理念，包括以下几方面。

(1)数学课程应致力于实现义务教育阶段的培养目标，要面向全体学生，适应学生个性发展的需要，使得：人人都能获得良好的数学教育，不同的人在数学上得到不同的发展。

(2)课程内容要反映社会的需要、数学的特点，要符合学生的认知规律。它不仅包括数学的结果，也包括数学结果的形成过程和蕴含的数学思想方法。课程内容的选择要贴近学生的实际，有利于学生体验与理解、思考与探索。课程内容的组织要重视过程，处理好过程与结果的关系；要重视直观，处理好直观与抽象的关系；要重视直接经验，处理好直接经验与间接经验的关系。课程内容的呈现应注意层次性和多样性。

(3)教学活动是师生积极参与、交往互动、共同发展的过程。有效的教学活动是学生学与教师教的统一，学生是学习的主体，教师是学习的组织者、引导者与合作者。数学教学活动，特别是课堂教学应激发学生兴趣，调动学生积极性，引发学生的数学思考，鼓励学生的创造性思维；要注重培养学生良好的数学学习习惯，使学生掌握恰当的数学学习方法。学生学习应当是一个生动活泼的、主动的和富有个性的过程。认真听讲、积极思考、动手实践、自主探索、合作交流等，都是学习数学的重要方式。学生应当有足够的时间和空间经历观察、实验、猜测、计算、推理、验证等活动过程。教师教学应该以学生的认知发展水平和已有的经验为基础，面向全体学生，注重启发式和因材施教。教师要发挥主导作用，处理好讲授与学生自主学习的关系，引导学生独立思考、主动探索、合作交流，使学生理解和掌握基本的数学知识与技能，体会和运用数学思想与方法，获得基本的数学活动经验。

(4)学习评价的主要目的是为了全面了解学生数学学习的过程和结果，激励学生学习和改进教师教学。应建立目标多元、方法多样的评价体系。评价既要关注学生学习的结果，也要重视学习的过程；既要关注学生数学学习的水平，也要重视学生在数学活动中所表现出来的情感与态度，帮助学生认识自我、建立信心。

(5)信息技术的发展对数学教育的价值、目标、内容及教学方式产生了很大的影响。数学课程的设计与实施应根据实际情况合理地运用现代信息技术，要注意信息技术与课程内容的整合，注重实效。要充分考虑信息技术对数学学习内容和方式的影响，开发并向学生提供丰富的学习资源，把现代信息技术作为学生学习数学和解决问题的有力工具，有效地改进教与学的方式，使学生乐意并有可能投入现实的、探索性的数学活动中去。

2.2.2 义务教育数学课程的目标

在《义务教育数学课程标准(2011年版)》中，规定了学生通过义务教育阶段的数学学习，达到的总目标包括以下几个方面：

(1)获得适应社会生活和进一步发展所必需的数学的基础知识、基本技能、基本思想和基本活动经验。

(2)体会数学知识之间、数学与其他学科之间、数学与生活之间的联系，运用数学的思维方式进行思考，增强发现和提出问题的能力、分析和解决问题的能力。

(3)了解数学的价值，提高学习数学的兴趣，增强学好数学的信心，养成良好的学习习惯，具有初步的创新意识和科学态度。

总目标从知识技能、数学思考、问题解决和情感态度四个方面，对数学课程目标进行了具体阐述，见表2-1。

表 2-1　义务教育数学课程目标

知识与技能	经历数与代数的抽象、运算与建模等过程，掌握数与代数的基础知识和基本技能
	经历图形的抽象、分类、性质探讨、运动、位置确定等过程，掌握图形与几何的基础知识和基本技能
	经历在实际问题中收集和处理数据、利用数据分析问题、获取信息的过程，掌握统计与概率的基础知识和基本技能
	参与综合实践活动，积累综合运用数学知识、技能和方法等解决简单问题的数学活动经验
数学思考	建立数感、符号意识和空间观念，初步形成几何直观和运算能力，发展形象思维与抽象思维
	体会统计方法的意义，发展数据分析观念，感受随机现象
	在参与观察、实验、猜想、证明、综合实践等数学活动中，发展合情推理和演绎推理能力，清晰地表达自己的想法
	学会独立思考，体会数学的基本思想和思维方式
问题解决	初步学会从数学的角度发现问题和提出问题，综合运用数学知识解决简单的实际问题，增强应用意识，提高实践能力
	获得分析问题和解决问题的一些基本方法，体验解决问题方法的多样性，发展创新意识
	学会与他人合作交流
	初步形成评价与反思的意识

续表

情感态度	积极参与数学活动，对数学有好奇心和求知欲
	在数学学习过程中，体验获得成功的乐趣，锻炼克服困难的意志，建立自信心
	体会数学的特点，了解数学的价值
	养成认真勤奋、独立思考、合作交流、反思质疑等学习习惯
	形成坚持真理、修正错误、严谨求实的科学态度

总目标的这四个方面，不是相互独立和割裂的，而是一个密切联系、相互交融的有机整体。在课程设计和教学活动组织中，应同时兼顾这四个方面的目标。这些目标的整体实现，是学生受到良好数学教育的标志，它对学生的全面、持续、和谐发展有着重要的意义。数学思考、问题解决、情感态度的发展离不开知识技能的学习，知识技能的学习必须有利于其他三个目标的实现。

与 2001 年教育部颁布的《全日制义务教育数学课程标准（实验稿）》相比，此次义务教育数学课程目标主要有以下几方面变化：

（1）获得"四基"。过去的数学课程，非常强调"双基"，即要求学生基础知识扎实，基本技能熟练，这是正确的，但是还不够，所以《义务教育数学课程标准（2011 年版）》增加了两条，成为"四基"。这样继续保留了"双基"，并且把"双基"列为"四基"的前两条，从而也强调了"双基"。这里的数学"基本思想"主要是指：数学抽象的思想、数学推理的思想、数学模型的思想。数学基本活动经验是学习主体通过亲身经历数学活动过程，并所获得的具有个性特征的经验。需要注意的是，"四基"是一个有机的整体，是互相联系、互相促进的。基础知识和基本技能是数学教学的主要载体，需要花费较多的课堂时间；数学思想则是数学教学的精髓，是统领课堂教学的主线；数学活动是不可或缺的教学形式。

（2）增强能力。总目标的第二点指出学生不应该孤立地学习数学，不应该局限地学习数学，而应该在普遍联系中学习数学，体会数学知识之间、数学与其他学科之间、数学与生活之间的联系。在学生学会知识的过程中也要学会思考，学会思考的重要性不亚于学会知识，将使学生终生受益。这种思考是"运用数学的思维方式进行思考"。过去教育界说得比较多的是"分析和解决问题的能力"，近年来增加了"提出问题的能力"。这次课标修订更加完整地表述为"发现和提出问题的能力"；这是从培养学生的创新意识和创新能力考虑的，对学生的能力提出了新的要求。

（3）培养科学态度。此次课标修订中提出了"养成良好的学习习惯，具有初步的创新意识和科学态度"。习惯成自然，当学生养成了良好的学习习惯之后，不但对他们今后的学习有益，而且对学生的终生成长都有益。课标重点提及"创新意识"，因为创新意识是创新能力的基础，对于义务教育阶段的学生，首先需要关注他们创新意识的培养。让学生具有科学态度，也是数学教学贯穿始终的目标。教师要在数学教学中，利用一切的机会，让学生在方法上、逻辑上和结论上明辨是非，培养学生实事求是的科学态度。

2.2.3 义务教育数学课程的内容

在《义务教育数学课程标准（2011 年版）》中，数学课程的内容被划分成四个领域："数与代数""图形与几何""统计与概率""综合与实践"，见表 2-2。

表 2-2 数学课程

学段	第一学段	第二学段	第三学段
数与代数	数的认识 数的运算 常见的量 探索规律	数的认识 数的运算 式与方程 正比例、反比例 探索规律	数与式 方程与不等式 函数
图形与几何	图形的认识 测量 图形的运用 图形与位置	图形的认识 测量 图形的运用 图形与位置	图形的性质 图形的变化 图形与坐标
统计与概率	能够根据给定的标准或者自己选定的标准，对事物或数据进行分类，感受分类与分类标准的关系 经历简单的数据收集和整理过程，了解调查、测量等收集数据的简单方法，并能用自己的方法（文字、图形、表格等）呈现整理数据的结果 通过对数据的简单分析，体会运用数据进行表达与交流的作用，感受数据蕴含信息	简单数据统计过程 随机现象发生的可能性	抽样与数据分析 事件的概率
综合与实践	通过实践活动，感受数学在日常生活中的作用，体验运用所学的知识和方法解决简单问题的过程，获得初步的数学活动经验 在实践活动中，了解要解决的问题和解决问题的方法 经历实践操作的过程，进一步理解所学的内容	经历有目的、有计划、有步骤、有合作的实践活动 结合实际情境，体验发现和提出问题、分析和解决问题的过程 在给定目标下，感受针对具体问题提出设计思路、制订简单的方案解决问题的过程 通过应用和反思，进一步理解所用的知识和方法，了解所学知识之间的联系，获得数学活动经验	结合实际情境，经历设计解决具体问题的方案，并加以实施的过程，体验建立模型、解决问题的过程，并在此过程中，尝试发现和提出问题 会反思参与活动的全过程，将研究的过程和结果形成报告或小论文，并能进行交流，进一步获得数学活动经验 通过对有关问题的探讨，了解所学过知识（包括其他学科知识）之间的关联，进一步理解有关知识，发展应用意识和能力

"数与代数"的主要内容有：数的认识，数的表示，数的大小，数的运算，数量的估计；字母表示数，代数式及其运算；方程、方程组、不等式、函数等。

"图形与几何"的主要内容有：空间和平面基本图形的认识，图形的性质、分类和度量；图形的平移、旋转、轴对称、相似和投影；平面图形基本性质的证明；运用坐标描述图形的位置和运动。

"统计与概率"的主要内容有：收集、整理和描述数据，包括简单抽样、整理调查数据、绘制统计图表等；处理数据，包括计算平均数、中位数、众数、方差等；从数据中提取信息并进行简单的推断；简单随机事件及其发生的概率。

"综合与实践"是一类以问题为载体、以学生自主参与为主的学习活动。在学习活动中，学生将综合运用"数与代数""图形与几何""统计与概率"等知识和方法解决问题。"综合与实践"的教学活动应当保证每学期至少一次，可以在课堂上完成，也可以课内外相结合。提倡把这种教学形式体现在日常教学活动中。

《义务教育数学课程标准(2011 年版)》指出，在数学课程中，应当注重发展学生的数感、符号意识、空间观念、几何直观、数据分析观念、运算能力、推理能力和模型思想。为了适应时代发展对人才培养的需要，数学课程还要特别注重发展学生的应用意识和创新意识。下面对这十大核心概念加以简要介绍：

数感主要是指关于数与数量、数量关系、运算结果估计等方面的感悟。建立数感有助于学生理解现实生活中数的意义，理解或表述具体情境中的数量关系。

符号意识主要是指能够理解并且运用符号表示数、数量关系和变化规律；知道使用符号可以进行运算和推理，得到的结论具有一般性。建立符号意识有助于学生理解符号的使用，是数学表达和进行数学思考的重要形式。

空间观念主要是指根据物体特征抽象出几何图形，根据几何图形想象出所描述的实际物体；想象出物体的方位和相互之间的位置关系；描述图形的运动和变化；依据语言的描述画出图形等。

几何直观主要是指利用图形描述和分析问题。借助几何直观可以把复杂的数学问题变得简明、形象，有助于探索解决问题的思路，预测结果。几何直观可以帮助学生直观地理解数学，在整个数学学习过程中都发挥着重要作用。

数据分析观念包括：了解在现实生活中有许多问题应当先做调查研究，收集数据，通过分析做出判断，体会数据中蕴含着信息。了解对于同样的数据可以有多种分析的方法。需要根据问题的背景选择合适的方法。通过数据分析体验随机性，一方面对于同样的事情每次收集到的数据可能不同；另一方面只要有足够的数据就可能从中发现规律。数据分析是统计的核心。

运算能力主要是指能够根据法则和运算律正确地进行运算的能力。培养运算能力有助于学生理解运算的算理，寻求合理简洁的运算途径解决问题。

推理能力的发展应贯穿于整个数学学习过程中。推理是数学的基本思维方式，也是人们学习和生活中经常使用的思维方式。推理一般包括合情推理和演绎推理，合情推理是从已有的事实出发，凭借经验和直觉，通过归纳和类比等推断某些结果；演绎推理是从已有的事实(包括定义、公理、定理等)和确定的规则(包括运算的定义、法则、顺序等)出发,按照逻辑推理的法则证明和计算。在解决问题的过程中,两种推理功能不同,相辅相成:合情推理用于探索思路,发现结论;演绎推理用于证明结论。

模型思想的建立是学生体会和理解数学与外部世界联系的基本途径。建立和求解模型的过程包括:从现实生活或具体情境中抽象出数学问题,用数学符号建立方程、不等式、函数等表示数学问题中的数量关系和变化规律,求出结果并讨论结果的意义。这些内容的学习有助于学生初步形成模型思想,提高学习数学的兴趣和应用意识。

应用意识有两个方面的含义:一方面,有意识利用数学的概念、原理和方法解释现实世界中的现象,解决现实世界中的问题;另一方面,认识到现实生活中蕴含着大量与数量和图形有关的问题,这些问题可以抽象成数学问题,用数学的方法予以解决。在整个数学教育的过程中都应该培养学生的应用意识,综合实践活动是培养应用意识很好的载体。

创新意识的培养是现代数学教育的基本任务,应体现在数学教与学的过程之中。学生自己发现和提出问题是创新的基础;独立思考、学会思考是创新的核心;归纳概括得到猜想和规律,并加以验证,是创新的重要方法。创新意识的培养应该从义务教育阶段做起,贯穿数学教育的始终。

2.2.4 义务教育数学课程的实施建议

《义务教育数学课程标准(2011年版)》将原来分三个学段撰写的实施建议进行了整合,统一撰写了教学建议、评价建议和教材编写建议,并增加了"课程资源开发与利用建议"。

(1)教学建议。教学活动是师生积极参与、交往互动、共同发展的过程。课标从以下七个方面对数学教学提出了实施建议:数学教学活动要注重课程目标的整体实现;重视学生在学习活动中的主体地位;注重学生对基础知识、基本技能的理解和掌握;感悟数学思想,积累数学活动经验;关注学生情感态度的发展;合理把握"综合与实践"的实施;教学中应当注意的几个关系。

(2)评价建议。评价的主要目的是全面了解学生数学学习的过程和结果,激励学生学习和改进教师教学。评价应以课程目标和课程内容为依据,体现数学课程的基本理念,全面评价学生在知识技能、数学思考、问题解决和情感态度等方面的表现。评价不仅要关注学生的学习结果,更要关注学生在学习过程中的发展和变化。应采用多样化的评价方式,恰当呈现并合理利用评价结果,发挥评价的激励作用,保护学生的自尊心和自信心。通过评价得到的信息,可以了解学生数学学习达到的水平和存在的问题,帮助教师进行总结与反思,调整和改进教学内容与教学过程。

(3)教材编写建议。数学教材为学生的数学学习活动提供了学习主题、基本线索和知识结构,是实现数学课程目标、实施数学教学的重要资源。数学教材的编写应以课程标准为依据。教材编写要努力凸显特色,积极探索教材的多样化。教材所选择的学习素材应尽量与学生的生活现实、数学现实、其他学科现实相联系,应有利于加深学生对所要学习内容的数学理解。教材内容的呈现要体现数学知识的整体性,体现重要的数学知识和方法的产生、发展和应用过程；应引导学生进行自主探索与合作交流，并关注对学生人文精神的培养；教材的编写要有利于调动教师的主动性和积极性，有利于教师进行创造性教学。

（4）课程资源开发与利用建议。数学课程资源是指应用于教与学活动中的各种资源。主要包括文本资源——如教科书、教师用书，教与学的辅助用书、教学挂图等；信息技术资源——如网络、数学软件、多媒体光盘等；社会教育资源——如教育与学科专家，图书馆、少年宫、博物馆，报纸杂志、电视广播等；环境与工具——如日常生活环境中的数学信息，用于操作的学具或教具，数学实验室等；生成性资源——如教学活动中提出的问题、学生的作品、学生学习过程中出现的问题、课堂实录等。数学教学过程中恰当地使用数学课程资源，将在很大程度上提高学生从事数学活动的水平和教师从事教学活动的质量。教材编写者、教学研究人员、教师和有关人员应依据课程标准，有意识、有目的地开发和利用各种课程资源。

2.3　普通高中数学课程标准简介

2003 年 4 月，中华人民共和国教育部颁布了《普通高中数学课程标准（实验）》。该标准从普通高中数学课程的基本理念、课程目标、学习内容和教学实施建议等方面进行了阐述。

2.3.1　普通高中数学课程的基本理念

在《普通高中数学课程标准（实验）》中，明确给出了我国普通高中数学课程设置的基本理念。

（1）构建共同基础，提供发展平台。高中教育属于基础教育，高中数学课程应该具有基础性，体现在：①在义务教育基础上，为学生适应现代生活和未来发展提供更高水平的数学基础，使他们获得更高的数学素养；②为学生进一步学习提供必要的数学准备。

（2）提供多样课程，适应个性选择。高中数学课程应当具有多样性和选择性，使不同的学生在数学上得到不同的发展。

（3）倡导积极主动、勇于探索的学习方式。高中学生的数学学习活动不应该只限于接受、记忆、模仿和练习，还应该有自主探索、动手实践、合作交流、阅读自学等学习的方式。

（4）注重提高学生的数学思维能力。提高学生的数学思维能力是基础教育数学课程的基本目标之一。人们在学习数学和运用数学解决问题时，不断地经历直观感知、观察发展、归纳类比、空间想象、抽象概括、符号表示、运算求解、数据处理、演绎证明、反思与建构等思维过程。而这些思维过程是数学思维能力的具体体现，它有助于学生对客观事物中蕴含的数学模式，并进行思考和做出判断。

（5）发展学生的数学应用意识。高中数学课程应提供基本内容的实际背景，反映数学的应用价值，开展"数学建模"的学习活动，设立体现数学某些重要应用的专题课程。

高中数学课程应力求使学生体验数学在解决实际问题中的作用、数学与日常生活及其他学科的联系，促使学生逐步形成和发展数学应用意识，提高实践能力。

（6）与时俱进地认识"双基"。重视基础知识与基本技能的教学是我国基础教育的优良传统。随着时代的发展，数学的应用越来越广泛，为此，数学课程的设置和实施应重新审视"双基"的内涵，形成符合时代发展要求的新"双基"。如，增加算法的内容，删减人为技巧的难题和过分强调细枝末节的内容，克服"双基异化"的倾向。

（7）强调本质，注意适度形式化。形式化是数学的基本特征之一。在数学教学中，学习形式化的表达是一项基本要求，但不能只限于形式化的表达，更重要的是对数学本质的认识。数学课程要讲逻辑推理，更要讲道理，通过典型例题的分析和学生自主探索活动，使学生理解数学概念、结论逐步形成的过程，体会蕴含在其中的思想方法，追寻数学发展的历史足迹，把数学的学术形态转化成学生容易接受的教育形态。

（8）体现数学的人文价值。数学是人类文化的重要组成部分。数学课程应该适当反映数学的历史、应用和发展趋势，数学对社会的发展的推动作用，数学的社会需求，数学的思想体系，数学的美学价值，数学家的创新精神，社会发展对数学的推动作用等。数学课程应该使学生了解数学在人类文明发展史中的地位和作用，逐步形成正确的数学观。

（9）注重信息技术与数学课程内容的整合。其原则是有利于学生认识数学的本质。在保证笔算训练的前提下，尽可能使用科学计算器、各种数学教育技术平台，鼓励学生运用计算机、计算器等工具进行探索和发现。

（10）建立合理、科学的评价体系。评价既要关注学生数学学习的结果，也要关注他们数学学习的过程；既要关注学生数学学习的水平，也要关注他们在数学活动中表现出来的情感态度的变化。

2.3.2 普通高中数学课程的目标

在《普通高中数学课程标准（实验）》中，规定我国普通高中数学课程的总体目标有以下几个方面：

获得必要的数学基础知识和基本技能，理解基本的数学概念、数学结论的本质，了解概念、结论等产生的背景、应用，体会其中所蕴含的数学思想和方法，以及它们在后续学习中的作用。通过不同形式的自主学习、探究活动、体验数学发现和创造的历程。

提高空间想象、抽象概括、推理论证、运算求解和数据处理等基本能力。

提高数学地提出、分析和解决问题（包括简单的实际问题）的能力，数学表达和交流的能力，发展独立获取数学知识的能力。

发展学习数学应用意识和创新意识，力求对现实世界中蕴含的一些数学模型进行思考和作出判断。

提高学习数学的兴趣，树立学好数学的信心，形成锲而不舍的钻研精神和科学态度。

具有一定的数学视野，逐步认识数学的科学价值、应用价值和文化价值，形成批判性的思维习惯，崇尚数学的理性精神，体会数学的美学意义，从而进一步树立辩证唯物主义和历史唯物主义世界观。

与 2002 年教育部颁布的《全日制普通高级中学数学教学大纲》（新课程前的最后一个普通高中数学教学大纲）相比，新课程的教学目标有以下一些变化，见表 2-3。

表 2-3　普通高中数学新旧课程目标对比

	知　识	能　力	个 性 品 质
2002 年数学教学大纲	代数、几何、概率统计、微积分初步；数学思想与方法	空间想象、直觉猜想、归纳抽象、符号表示、运算求解、演绎证明、体系构建；提出问题、分析问题和解决问题的能力，数学探究能力，数学建模能力，数学交流能力　创新意识和应用意识	学习数学的兴趣，学好数学的信心，科学态度和钻研精神　认识数学的科学价值和人文价值，辩证唯物主义世界观
《普通高中数学课程标准(实验)》	基本的数学概念、数学结论的本质，概念与结论产生的背景、应用数学思想方法	空间想象、抽象概括、推理证明、运算求解、数据处理能力；数学地提出、分析和解决问题的能力，数学表达和交流能力，独立获取数学知识的能力　创新意识和应用意识	学习数学的兴趣，学好数学的信心，科学态度和钻研精神　批判性的思维习惯　数学视野，认识数学的科学价值、应用价值和文化价值，理性精神，体会数学的美学意义，辩证唯物主义世界观

(1)关于知识的传授。以往大纲强调"三基"——基础知识、基本技能和基本的数学思想方法。新课程在此基础上更加关注基础知识的本质和来源，概念与结论产生的背景和应用。

(2)关于能力的培养。以往大纲与数学课程标准有许多共同的地方，所不同的是，以往教学大纲强调数学思维能力的培养，课程标准强调学生独立获得数学知识的能力。

(3)关于个性品质方面。以往教学大纲与课程标准都注重使学生认识数学的科学价值与文化价值，形成辩证唯物主义世界观，强调培养学生学习数学的兴趣、信心、科学态度和钻研精神，课程标准进一步要求培养学生的数学视野，体会数学的美学意义和批判性的思维习惯。

2.3.3　普通高中数学新课程的内容

普通高中数学新课程与以往课程在设置上最大的不同，就是将学生的学习内容用模块和专题的形式呈现。课程有必修课程和选修课程，选修课程又进一步分为限选课程和任选课程。其中必修课程由 5 个模块组成(数学 1、数学 2、数学 3、数学 4、数学 5)，这是所有高中学生都必须学习的课程。系列 1 是为将来希望在人文、社会科学等方面发展的学生设置的，它包括 2 个模块(1-1 与 1-2)，这是所有文科学生必须学习的课程。系列 2 是为将来希望在理工等方面发展的学生设置的，它包括 3 个模块(2-1，

2-2与2-3），这是所有理科学生必须学习的课程。系列3有6个专题（3-1，3-2，3-3，3-4，3-5，3-6），系列4有10个专题（4-1，4-2，4-3，4-4，4-5，4-6，4-7，4-8，4-9，4-10），它们是为所有学生设置的，学生可以根据自身的情况和将来的职业设计选择其中的若干专题学习，它们是真正意义上的选修课程。《普通高中数学课程标准（实验）》规定，每个模块36学时，2学分，每个专题18学时，1学分，希望在人文、社会科学等领域发展的学生在数学上至少要获得16学分，希望在理工等领域发展的学生在数学上至少要获得20学分。普通高中数学新课程如图2-1所示。

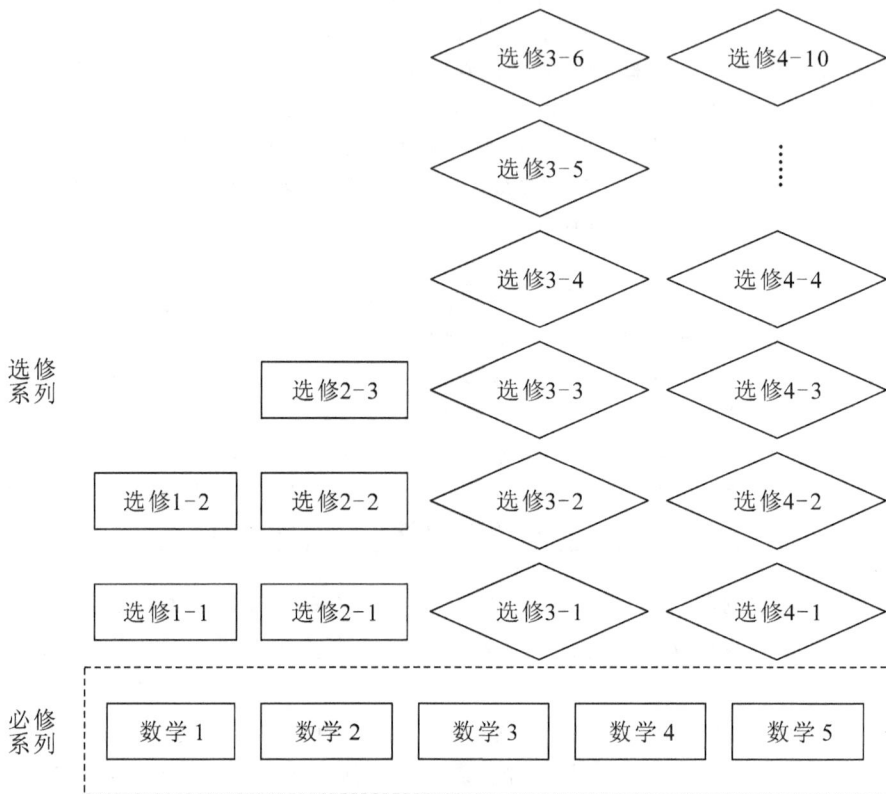

图 2-1　普通高中数学新课程

其中矩形为模块，菱形为专题。

数学1：集合、函数概念与基本初等函数Ⅰ（指数函数、对数函数、幂函数）。

数学2：立体几何初步、平面解析几何初步。

数学3：算法初步、统计、概率。

数学4：基本初等函数Ⅱ（三角函数）、平面上的向量、三角恒等变换。

数学5：解三角形、数列、不等式。

选修1-1：常用逻辑用语、圆锥曲线与方程、导数及其应用。

选修1-2：统计案例、推理与证明、数系的扩充与复数的引入、框图。

选修2-1：常用逻辑用语、圆锥曲线与方程、空间中的向量与立体几何。

选修2-2：导数及其应用、推理与证明、数系的扩充与复数的引入。

选修2-3：计数原理、统计案例、概率。

选修 3 有：数学史选讲，信息安全与密码，球面上的几何，对称与群，欧拉公式与闭曲面分类，三等分角与数域扩充。

选修 4 有：几何证明选讲，矩阵与变换，数列与差分，坐标系与参数方程，不等式选讲，初等数论初步，优选法与试验设计初步，统筹法与图论初步，风险与决策，开关电路与布尔代数。

对比 2002 年教育部颁布的《全日制普通高级中学数学教学大纲》（新课程前的最后一个普通高中数学教学大纲），普通高中数学新课程的教学内容有相当大的变化。

（1）内容有增有减。减少的内容主要集中在几何部分的定理及其证明。增加的内容非常多，如必修与限选课程中的三视图，空间坐标系，算法，框图，随机数的产生，用随机模拟方法估计概率，统计案例，推理与证明等。任选课程中的专题大部分都是新增加的内容。

（2）立体几何的呈现方式发生了较大变化，以往课程是按着点—棱—面—体的逻辑顺序展开的，而新课程则从整体到局部设计，先感受几何体，再研究组成几何体的点与面。这样安排更符合学生的认知规律，体现几何学习中的直观感知、操作确认、思辨论证、度量计算这一自然的认识过程。

（3）平面解析几何最大的变化是"斜率"概念的引入以及计算公式的推导过程。其次是强调了确定直线和圆的几何要素，强调圆锥曲线的来龙去脉及其几何背景，强调代数关系的几何意义。再有就是利用选修课程设计了不同的层次，如对希望在人文、社会科学等方面发展的学生，更强调对椭圆这一特殊的圆锥曲线有一个比较全面的了解，而其他的圆锥曲线只作一般性了解。

（4）概率统计部分的处理由"计数原理—概率—统计"转变为"统计—概率—计数原理—概率"的某些内容。在必修数学 3 中先学概率，到选修系列 2-3 中再学计数原理，主要目的是让学生更好地体验、了解随机现象与概率的意义，而不是把学习概率的重点放在概率的计算上，实践性增强。概率统计部分的教学重点是基本思想与方法，强调案例的使用，希望学生通过案例学习体会统计思想与提高运用统计思想解决实际问题的能力。

（5）微积分初步这部分内容的重点是介绍微积分的基本思想，而不是介绍压缩简编的微积分学科体系，这两者的定位是不同的。学生将通过大量实例，经历由平均变化率到瞬时变化率刻画现实问题的过程，理解导数的含义，体会导数的思想，应用导数探索函数的单调性、极值等性质及其在实际中的应用，并感受导数在解决数学问题和实际问题中的作用，体会微积分的产生对人类文化发展的价值。

普通高中数学新课程几乎已在全国各地实施，一线教师对新课程改革认同与怀疑并存，一方面，认为课程改革是发展的必然趋势；另一方面，实施新课程对客观条件要求高，有许多暂时又达不到。新课程改革步伐较大，许多教师对新课程关注不够，理解不到位，一面要学习新课程，另一面要实施新课程，教师的工作量加大。高中课程标准在修订过程中，提出了对数学素养的要求，这将对教师的教学提出新挑战。中学数学教师必须不断充实自己，提高自身的数学修养和教学专业水平，才能够实现改革的目标。

第3章 数学教学的基本问题

近年来，这样的一个问题常常被提及：中国学生的数学成绩在国际比较研究及各种国际大型数学竞赛中表现非凡，而在西方学者的视野下，中国的数学教学似乎采用的是一种比较传统和保守的方式，教师是课堂上的主角，将知识灌输式地传授给学生，因而不太可能产生这样好的成绩，并引发出一个中国学习者的悖论问题："似乎是在并不理想的学习环境下，中国学习者在国际中学生能力水平测试中超过西方"。[①]

中国数学教学方式是不是一种落后的方式？数学教学应该运用什么样的方式？课堂教学中教师和学生应该是怎样的关系？需要遵循什么样的原则？

通过本章的研讨，希望能在逐步揭示和阐述数学教学的基本问题的基础上，对数学教学中的基本问题有一个比较正确、全面的理解和认识。

3.1 数学教学及其过程

数学教学理论是以实践为基础的中介理论。要科学理解数学教学理论并合理地运用，就需要认识什么是数学教学，并由此进一步认识什么是数学教学过程。

3.1.1 数学教学的内涵

一般而言，数学教学指的是在学校环境下，在教师有目的、有计划的指导下，学生由此获得数学的知识经验、思维能力和情感态度等方面的持续发展的数学学习活动。数学教学是由教师的教与学生的学组成的一种社会活动。

教学是教师传授和学生自主学习的共同活动。对于教的理解通常包括两层含义：传道、授业、解惑；启发、诱导、点拨。教数学就是传授数学知识、数学思想方法、学习策略及情感态度与价值观。学的含义主要也同样有相应两个层面：接受、理解、掌握；探索、反思、建构。数学教学过程是教师与学生交互作用的过程，体现在教师"设计"与"评价"以及学生"参与"和"反思"两个维度。教师通过精心组织材料，引导学生观察、思考，指导学生学会和运用知识，对学生提出一定的目标，并对学生掌握知识、技能和技巧进行评价等；学生听取教师的讲解，按照教师指定的作业（或自觉地）理解、巩固和运用所学的概念、定理、命题，灵活运用所学的数学知识解决问题等。

教学中的数学活动既有外部的具体行为操作，又有内部的抽象思维动作，是学生由表及里的活动，并以内部的积极思维活动为主要形式。数学教学就是要促进行为操

---

① Biggs J B, Watkins D A. Insight into teaching the Chinese learner[M]// Watkins D A, Biggs J B. Teaching the Chinese leaner：psychological and pedagogical perspectives. CERC，ACER，2001：277 —300.

作和思维动作的协调运用，并且分层次开展数学活动。数学活动的层次依次体现为：第一，探索阶段。借助于观察、试验、归纳、类比、概括等活动进行探索，积累数学事实材料，这也是人类认识活动与感受阶段（数学化的过程）。第二，形式化阶段。对积累的材料进行形式化，引入术语、定义、证明，演绎地形成数学概念和体系（数学的再发现过程）。第三，应用理论，内化理论。将所学的知识消化、吸收、融会于学习者的整体认知结构中（实践活动）。这三个层次突出了数学活动的过程性，使得数学教学中的数学活动具有明显的可操作性，呈现出由感性到理性、由低级到高级的数学活动经验水平。

学生是学习活动的主体，数学要靠学生自己去理解、思考，主动建构，但在建构过程中也需要数学教师的有效指导。学的过程不能完全从教的过程中分离出来。数学的知识、能力及方法的传承，是一个由教师和学生共同实现的双边过程。教师在教学过程中，不只是一个传授的角色，现代教学理论则明确提出，教师需要经常不断地与学生一起合作、交流，引导学生积极思考、探索。教学过程中，特别要注重知识的形成过程，让学生通过独立思考，动手动脑去发现知识、掌握技能，自行概括和抽象出结论，这样的教学才是有效的教学。[①]

3.1.2 数学教学过程及其要素

对数学教学过程及其构成要素的正确理解和把握有利于正确处理教学实际问题。

1. 数学教学过程的内涵

对教学过程的探讨可以有不同的切入点。从认识论的角度来看，教学过程是指学生在教师指导下，学生逐步掌握知识的过程；从心理学角度来看，教学过程是使学生身心全面发展的过程；从社会学角度来看，教学过程是师生交往、共同发展的活动过程。

一般认为，数学教学过程是指数学教师有计划、有目的地组织和引导学生系统学习和掌握数学基础知识与基本技能，开展思维活动，并进一步促进身心发展的过程。由教师、学生、教学目的、教学内容、教学方法、教学环境和教学评价等要素构成，师生共同参与、共同发展，有目的、有计划地认识和交往实践的过程。

2. 数学教学过程的要素分析

数学教学过程是由多种因素构成的一个复杂系统。主要因素是：教师、学生、教学目的、教学内容、教学方法、教学环境、教学评价。这七个要素制约着数学教学过程能否顺利开展，影响着数学教学的进程。

学生是学习的主体，教师开展数学教学活动，其终极目标是为了促进学生的发展。没有学生就没有组织数学教学活动的必要与可能。数学教学目标从学校教育目的到数学课程教育目的，再到课堂教学目标形成了一个完整的体系。它决定着数学教学的方向，决定着教学的质和量，是评价教学效果的标准，最终落实到是否有利于促进学生的终身发展上。

选择什么内容进行教学是体现培养目标和实现培养目标的主要因素。数学课程标准、数学教材、考试大纲规定了相应的教学内容，但如何组织，如何根据教学的具体

---

① 曹一鸣. 中国数学课堂教学模式及其发展研究［M］. 北京：北京师范大学出版社，2007.

对象进行组织则是个性化的。

数学教学方法、教学模式是连接沟通数学教学诸要素的桥梁和媒介，是教师将知识信息有效地传授给学生，实现教学目标、改善教学效果的重要因素。教师根据具体的数学教学内容、教学环境、学生的身心发展水平和认知水平灵活地选用。任何数学教学活动都必须在一定的环境下进行。教学环境限制或促进教师的教育期望和实际做法的转变。尽管教师的数学观及教学观不同，但同一个学校的教师往往开展类似的课堂教学。它包括有形和无形两种。有形的教学环境包括教室的设备和布置是否齐全、合理等；无形的教学环境包括师生之间、生生之间的人际关系等。课堂中存在领导与被领导、纪律与自由、竞争与合作、鼓励与惩罚等关系，这些都影响着数学教学活动。

总体上讲，数学教学过程中的要素构成以下一个相互联系的整体结构，① 如图 3-1 所示。

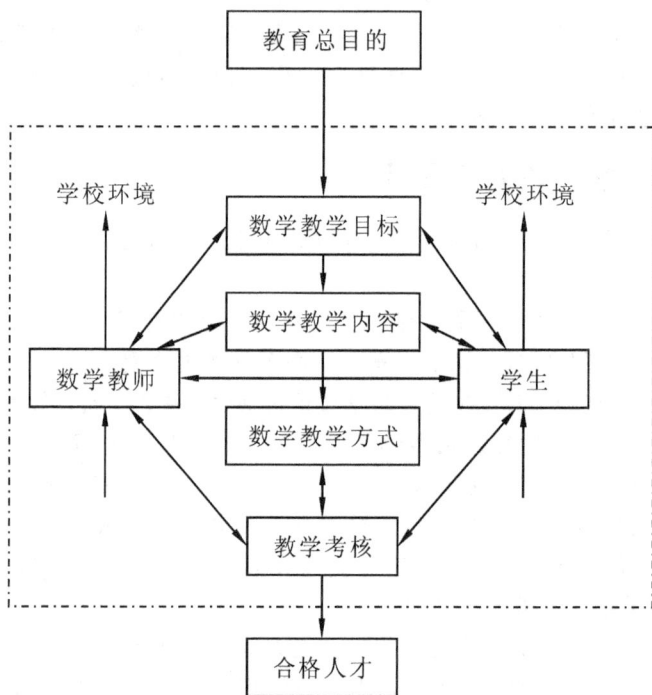

图 3-1　数学教学过程诸要素关系示意图

如图 3-1 所示为数学教学过程的各个要素是相互依存、相互作用、相互制约，形成一条完整的教学链。数学教学过程的效率并不取决于单个构成要素的水平，而是取决于各要素之间动态组合形成的"合力"水平。在实际的数学教学活动中，数学教师必须善于全面地把握诸要素，处理好各要素之间的关系。当各要素都能最大限度地发挥其功能时，才能实现数学教学过程的最优化。②

----

① 曹一鸣．数学教学论[M]．北京：高等教育出版社，2008．

② 同上．

3.2 数学教学原则

数学教学原则是依据数学教学目的和教学过程的客观规律而制定的指导数学教学工作的一般原理，是进行数学教学活动应遵循的基本要求，是对数学教学经验的概括总结，来源于实践，又对有效地开展数学教学具有指导作用。

3.2.1 数学教学原则的含义

教学活动是一个动态的复杂系统，一个具体实践智慧的老师能根据教学的基本规律，选择恰当的方式进行教学。"当我们成功地完成这一选择和组合的实用性任务时，我们便创造了'令人瞩目的传统复合体'；当我们无法成功的时候，这一折中的混合物便成为一种大杂烩，出现哪一种结果有赖于我们作出的选择。在教育领域，我们需要在创造和选择的艺术上得到训练，"①以便达到自觉运用，并且运用自如地创造出"传统复合体"而不是"大杂烩"。教学原则为教学实践进行合理选择提供基本的准则，古今中外许多教育家从不同教育观、哲学观出发，提出的教学原则不尽相同，有些只是表述方式上的差异，有些则相去甚远。如：教学中理论与实践的辩证联系，这是客观存在的教学规律，杜威提出"从做中学"的教学原则，我国则提出"理论联系实际"的教学原则。②

对数学教学原则早期的探讨大多是在一般教学原则的基础上，结合数学内容的抽象性、严谨性和应用广泛性的基本特点而提出的。最为常见的有以下三条：①严谨性与量力性相结合的原则；②具体与抽象相结合的原则；③理论与实践相结合的原则。③

数学教学是教学活动的一种，自然需要遵循一般教学原则，同时由于数学学科本身特殊性，因此又有其特性。

3.2.2 数学教学原则

存在于数学课堂教学中基本矛盾关系有三个，如图 3-2 所示。主要包括：数学教学内容与学生原有水平之间的矛盾关系、数学教师教的主动性与学生学的适应性之间的矛盾关系、数学课程的数学特征与教育特征之间的矛盾关系。这三个方面的矛盾长久和稳定地存在于数学教学全过程，这些矛盾运动的结果导致数学教学不断前进。

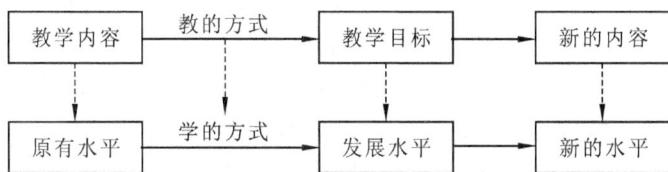

图 3-2 数学课堂教学

① 小威廉姆·E. 多尔. 后现代课程观[M]. 王红宇, 译. 北京:教育科学出版社,2000:12.

② 王策三. 教学论稿[M]. 2 版. 北京：人民教育出版社，2006：142.

③ 十三所院校协作组. 中学数学教材教法[M]. 北京：高等教育出版社，1978.

因此，本节所讨论的教学原则都是围绕着这三个方面加以概括讨论的。

3.2.2.1　一般教学原则

教学原则既是教学活动的出发点，又是教学过程的总调节器。在此，先对一般教学原则的基本内容加以介绍。

在我国基础教育阶段，数学教学中遵循的一般教学原则主要包括以下几方面：

（1）为解决数学课程的数学特征与教育特征之间的矛盾关系，一般教学原则主要有：科学性和思想性相统一原则；知识传授与能力培养相统一原则；智力因素与非智力因素相统一的原则等。

（2）为解决数学教学内容与学生原有水平之间的矛盾关系，一般教学原则主要有：可接受性原则；直观性原则；因材施教原则；循序渐进原则；及时反馈原则等。

（3）为解决数学教师教的主动性与学生学的适应性之间的矛盾关系，一般教学原则主要有：启发式原则；教师主导作用与学生自觉性、积极性相统一原则等。

教学原则的指导作用并不是彼此独立的，而是构成的有机体所发挥的整体指导作用。每条教学原则都有自己的具体内涵和运用时的基本要求。

3.2.2.2　数学教学的特殊原则

根据数学学科的特点，数学教学又有其自身的特点。针对中学生学习数学的特点与过程，为解决数学教学中存在的基本矛盾，数学教学的特殊原则主要有以下三条：模型抽象与现实背景相统一的原则；实际运用与思维训练相结合的原则；独立钻研与合作探讨相结合的原则。

1. 模型抽象与现实背景相统一的原则

"数学家，就像画家、诗人一样，都是模式的创造家……数学家的模式是由思想组成。"[①]从某种意义上讲，数学就是一种模式的科学，正是由于这种数学模式的推动，促进了许多新学科相互交织的发展。

几何与代数是数学中两个最经典的分支，是数学方法与思想的重要源泉，也是中学数学教学基本内容。古典的综合几何（欧氏几何）曾统治数学及其教学有 2 000 年的历史。随着解析几何的诞生，把分析的方法（代数方程）引进几何研究，使得初等几何的问题代数化、形式化，从而为数学研究的程序化、机械化、模式化奠定了基础。更进一步，数学的代数化成为 20 世纪数学发展的一个重要特征。[②] 代数在从其他领域汲取新思想、新方法的同时，不断深入数学的其他领域以及数学之外的领域，这是由于它的方法与结果形成的一种一般模式具有广泛性。

学生学习数学的规律还需要从学生的认知特点出发。从具体到抽象是人类认识过程的最基本的规律。模式的抽象是建立在学生的具体的经验基础之上，为学生提供了感性认识的基础，为学生的思维提供一个好的切入口，为学生学习活动找到一个好的载体，符合学生的认识基础。学生的经验背景不仅包括看得见、摸得着的实际材料，

---

① G. H. 哈代，等. 科学家的辩白：一个数学家的辩白[M]. 毛虹，等，译. 南京：江苏人民出版社，1999：46—47.

② 张继平. 新世代代数学[M]. 北京：北京大学出版社，2002：2.

而且包括数学知识经验和数学活动的经验成分。另外，"影响学习唯一的最重要的因素，就是学习者已经知道了什么"（奥苏伯尔语），在学生已有水平之上进行教学，才能激发学生有意义学习的心向，有助于学生进入"愤""悱"状态。

原则的贯彻应采用：从具体模型→初步形成的新的数学模型→再到具体模型的路线，结合学生的经验背景进行。

（1）结合学生的生活经验，运用生动、形象的现实材料或实物模型来引入和阐明新的概念和原理等内容。例如，通过新闻中的"降水率"、西瓜"成熟率"等实际生活中常见的生活现象引入"概率"内容，使学生正确理解随机事件发生的不确定性及频率的稳定性，澄清日常生活中一些错误认识，如"中奖率为 $\frac{1}{10\,000}$ 的彩票，买 10 000 张一定中奖"，并让学生解释广告可靠度、天气预报的可信度等。

教学中，一方面，可以让学生了解到数学的许多概念和原理是从现实世界中抽象概括出来的。如通过中国境内大湖的分类引入集合的概念；从对高速公路通车总里程和加油站等现实问题的思考，让初中生体验生活中处处充满变量间的依赖关系，从生活中的变量入手，让学生观察、体验变量之间的依赖关系，从而引入函数概念。另一方面，也让学生经历了如何抓住事物的量的本质，从实际的问题中抽象、概括出数学模型的过程。建立在生活经验之上只是手段，关键目的是要培养学生的抽象、概括能力。

（2）从学生已有的"数学"经验或其他知识经验背景中去发掘具体原型，为新知识的学习提供固着点，有助于知识的同化与顺应，建立数学知识的内在联系以及与其他学科知识的关联。例如，高中新课程中三角函数的概念安排在必修数学Ⅳ中学习，必修数学Ⅱ中平面解析几何中直线的"斜率"概念，就不是由"直线的倾斜角的正切"来学习，而是通过生活实际中的"坡度"概念来学习，讲"椭圆""双曲线""抛物线"等曲线模型时，并可结合"桥"、建筑图片等优美的曲线，让学生感受曲线的背景和应用，而"圆锥曲线"的概念就是在这三个具体模型的认知基础上形成定义："从顶点向两侧伸长的两叶圆锥面和任一平面相交而成的曲线"，学习向量可利用物理学中的力、速度等知识基础。

由于数学模型是逐级抽象的，并非每一抽象理论都反映具体的实际现象。例如，用分蛋糕来解释简单的分数的大小和运算很有用，可复杂的计算如因式分解的理论与方法，只能按照运算的法则和公式进行。帮助学生用内心已有的体验来学习数学，既有助于区分新旧知识的异同点，又为新知识的建构提供基础。

（3）充分利用经验背景，检验和运用初步获得抽象的数学概念和原理，帮助学生体会知识的应用价值，感受数学的整体性。例如，学生在学习了"两条相交直线决定一个平面"定理之后，让学生去解释："木工师傅为什么用两条细线分别交叉固定在桌子的四个脚底部之后，便可判定桌子的四脚是否落在同一个平面上？"

（4）不能误认为与学生经验背景相统一就是将数学知识"生活化"。在过去的数学教学中，忽视数学与生活密切相关。新课程十分重视数学与生活的联系，如"强调从学生已有的生活经验出发，让学生亲身经历将实际问题抽象成数学模型并解释与应用的过程"。但与生活情境的不恰当联系、过分的引入等，都会影响数学知识的学习，同样是不可取的。

案例　高中数学函数模型

在高中数学中，由于函数的内容是分散在几个模块中学习的，在整个的教学中，利用已有的经验基础，建立函数模型的思想。为此：在函数的概念中，给出有不同背景而在数学上有从数集到数集的对应关系的实例，引导学生自己去抽象出集合、对应的语言。在函数图像中，建立函数的零点与方程根的联系，借助计算器求方程的近似解，建立函数值的范围与不等式的联系。在数列的学习中，利用等差数列与一次函数的关系、等比数列与指数函数的关系进行学习。在导数的学习中，利用导数与函数的性质的关系感受导数的意义等。在函数的应用中，鼓励学生自己去寻找分段函数的情境和实例；将一次函数、指数函数、对数函数等不同函数模型的增长同社会上所说的直线上升、指数爆炸、对数增长等不同的变化规律相联系等。在高中数学学习中，将抽象的函数模型始终与学生的经验背景相联系，帮助学生把握函数与其他内容之间的联系、与日常生活的联系，体会函数是高中数学的核心概念，突出函数是描述现实世界的最重要、最常用的数学模型。

2. 实际运用与思维训练相结合的原则

《普通高中数学课程标准(实验)》中明确提出，"人人学有价值(用)的数学；人人都能获得必需的数学"；《全日制普通高中数学课程标准(实验)》则又强调了高中数学课程要"认识数学的科学价值、文化价值"。数学长期以来被认为是一种思维科学，数学教学在思维能力的培养中，具有不可替代的作用。如何处理好这一关系至关重要。

早在古希腊时代，柏拉图就把世界区分为"观念世界"和"现实世界"，"观念世界"是完美的、永恒的、真实的，而"现实世界"则是"观念世界"的不完善的体现，因而是不真实的、暂时的、不完美的。"观念世界"的作用是至上的，而"现实世界"只不过是"观念世界"的反映。在这种观念的指导下，古希腊的数学充分发展演绎推理的思想方法，使数学成为人类直接应用逻辑的力量探索现实世界的独一无二的科学，对整个人类产生了巨大的影响和推动作用。

这种数学观从根本上影响和制约他们的数学教育观。古代西方数学教育通常作为心智训练、形式陶冶之用。公元前 386 年，柏拉图创办了一所学校教学内容为"四艺"，特别重视数学，传说在学校门口写着这样几个字，"不懂几何的人不要入内"。柏拉图之所以这样推崇数学，把它列为"四艺"之首，不是因为数学特别有用，而是为了最高形式的理性训练。

计算机的广泛运用，为数学的应用提供了更为广阔的天地，数学的力量已成为现代人发挥本质力量，通向美好生活不可或缺的重要组成部分。加强数学应用教学，提高数学教学解决实际问题的能力成为近年来课程改革中一个响亮的口号。

数学教学方式的变革都受到数学价值观的影响和制约。从其人文意义上看，数学不仅作为探索真理的事业，同时还造就一种独特的人格气质。在数学的探索过程中，数学家尊重事实、实事求是的求实精神，勇于坚持真理、勇于怀疑、自我否定的批判精神，勇于创新为真理而献身的精神蕴含极其丰富的文化教育价值。科学精神也并非只是自然科学的精神，而是整个人类文化精神不可缺少的组成部分。它同艺术精神、道德精神等其他人文精神不仅在追求真、善、美的最高境界上是相通的，而且不可分割地融合在一起。这也表明了以"问题解决"为核心的教育价值观的局限性。新课标改变了传统的以演绎体系为核心的数学，重视了数学中算法体系的构建，以及信息技术的整合、概率统计等内容的加强，让学生从不同的侧面更好地认识数学的本质。数学教育的科学价值和文化价值同时受到了重视，发展、完善了对数学教育的价值认识。高中数学宽广的选修系列，为实现"人人都能获得必需的数学"提供了保障。

3. 独立钻研与合作探讨相结合的原则

许多人回想起中学时代的数学老师，有一共同特征：表情严肃、特别认真。上课时将题目（特别是难题巧解）一丝不苟地演示给学生看，或者是拎着一沓卷子大步流星地迈进教室，然后威严宣布："××min 内独立完成，不许交头接耳、相互讨论"。于是学生立刻埋头演算，然后老师评判。老师们信奉"精讲多练"的金律，只有这样考试时才能"熟能生巧""运用自如"。数学学习过程中自主探索不是没有，那就是独立思考、独立做题。谁解题快、准，谁的数学就能得高分，数学就学得好！

学数学的目的就是为了能得到一个理想的分数，进而升入一所理想的学校，这是许多学生、教师追求的"目标"（当然也是相关部门评价的标准）。数学的应用，数学与生活的联系成为一种装饰（如果与考试无关）。对大多数学生而言数学只不过是一个"跳板"，学习数学只是一种无奈。人人都知道数学很重要，那只是因为在"知识改变命运"中举足轻重，作为一个筛子决定了一个人的"前程"。

近年来，特别是随着新一轮数学课程改革的推进与深化，数学课堂正发生着重大的变化。

老师创设了一系列与生活相关的问题情境，让学生通过剪一剪，拼一拼，做一做，猜一猜，在实践活动中发现数学、学习数学，让数学贴近生活，让学生了解到数学在生活中的应用。通过这样的方式，让学生身临其境地解决一个个生活问题，数学走进了学生的生活，数学从理念世界回归到学生的生活世界。

教学方式的变革并没有得到普遍的认同。支持者认为"这很好地体现了新课标的理念"；"通过合作探究，观察实验，不仅掌握了数学的知识，而且让学生了解了数学的来源，紧密联系生活，激发了学习的兴趣"；"拓展了对数学本质的理解和认识"；"让学生感到数学变得有趣了、有用了，增强了数学的亲和力，提高了学习数学的兴趣"。反对的意见主要有："这只是在作秀，给别人看的"；"这样降低了课堂学习效率，真正的数学知识淹没在华而不实的场景之中，这样做是本末倒置"；"数学是一门理性的科学，这样做降低了数学思维训练的作用"；"这样做生活性、趣味性是增强了'好玩了'，但数学没有了！靠'好玩'是不能学好数学的！"；"这样会导致学生数学水平的整体下降。"①

在相当长的时期，人们普遍认为数学活动只是一种个体化的活动。合作、交流与数学及数学家的特性相关甚少。数学家总是性格孤僻的怪人的代名词。这也就是说，

---

① 曹一鸣. 数学教学中"生活化"与"数学化"[J]. 中国教育学刊，2006(2)：46—48.

以往的数学活动过于强调个体的独立活动。事实上，在数学共同体中，数学家必须与相应群体保持密切的联系，建立有效的合作关系，及时了解新的研究成果，掌握新的、更为有效的方法，与群体分享思想，共同促进数学的发展。数学家常常通过举办讨论班、讲习班的形式对一些问题开展合作研究。对于学生的数学学习独立思考是需要的，同伴合作、交流，共同分享思想的习惯养成也应是数学学习的需要。

在教学过程中，丰富多样的活动方式，鼓励学生积极参与活动，运用自己的经验表达和交流自己对知识的理解，并能体验成功的喜悦。但不能用合作探讨来代替独立钻研，这不仅会造成部分学生产生依赖，失去合作的意义，同时，也弱化了学生独立思考的意识。无论学习方式如何改变，最终的目标是要培养学生能独立的分析问题、提出问题和解决问题，并能针对非数学问题的环境能数学地去思考，形成创造能力和实践能力。

3.3　数学教学模式

LHH 先生，工作近 30 年，应该说有丰富的教学经验，也颇受学生尊敬。20 世纪90 年代的某一天上午，刚上课不到 5 min，他便气呼呼地回到了办公室。原来，本是他每节课的开头语："上一节课我们学习了……"还没等到他开口"今天我们来学习……"几个学生竟不约而同地脱口而出，怎能不让他气愤，学生"学舌"，对教师大为不敬！

"通过复习旧知，导入新课有什么不对？教育学、教材教法书上就是这么说的！"是的，我在大学时代教材教法教师就是这样教我的，这没错，但能千篇一律的这样吗？

这种情形在现实的数学教学中还不是个别现象，根据调查，有 3% 的教师在教学中一直只用讲解法进行教学，有 28% 的教师认为改变数学教学方法不太重要，关键是把内容讲清楚，再配上一定量、一定难度的练习题，去进行巩固、训练，才是提高学生学业成绩的法宝。结果导致"题海战术""大运动量训练"，学生整天没完没了地解题，学业负担越来越重，成了应对考试的机器。数学教师的教学，是影响学生数学学习成绩的关键因素。

3.3.1　数学教学模式的内涵及其意义

数学教学模式是教学过程的概括和抽象，是教学过程的"模型"。它是在教学理论、学习理论指导下，在大量的数学教学实验基础上，为完成特定的数学教学目标和内容，围绕某主题形成的稳定、简明的教学结构框架，是教学理论与教学实践的"中介"。它可从总体上认识和控制教学过程，使教学的各环节、各方面的配合更合理、更协调，具有可操作性，为课堂教学的改革提供理论指导和质量保证。

由于种种原因，教师"完成教学任务、重点突出、难点突破、条理清楚"（这曾是盛行的一堂好课的基本标准），但学生在整个教学过程中并不能保证真正参与到实际数学课堂教学活动中去，掌握教师所讲的内容。数学课堂，让人感到神圣与威严的同时，也让人感到巨大的压抑和束缚。研究表明，中国学生的高成绩来自较多时间的投入。以最低的计算，中国（大陆）中学生每周至少有 5 节数学课，不少于 225 min。而根据

TIMSS(1999 年)的统计资料，其他国家(八年级)则远远少于中国(大陆)。最多的是日本(1995 年，1999 年没参加)：200 min，其他依次为美国、捷克：179 min，中国香港：175 min，澳大利亚：174 min，新西兰：127 min。① 其实中国(大陆)初中(八年级)学生每周上数学课的时间在许多地方远远超过每周 225 min。

20 世纪 80 年代，由美国密歇根大学的斯蒂文森领导的研究小组对中、美、日三国学生的数学成绩进行了一系列比较研究，他们发现在中、日两国的课堂中教师经常寻求不同的途径来解决同一问题，这与美国课堂形成明显差异。斯丁格勒和赫伯特(Stifler, J. & Hebert, J.)利用 TIMSS 1995 年录像资料通过对美国、日本、德国的课堂教学模式进行了分析研究，在《教学的差距》一书中概括出三种不同的教学模式。美国的数学课堂教学模式为：复习已有的知识，示范如何解决当天的问题，练习，订正课堂作业，布置家庭作业。德国的数学课堂教学模式为：复习已有的知识，展示当天的主题或问题，解决问题，实践。日本的数学课堂教学模式为：复习已有的知识，展示当天的问题，学生独立或在小组进行讨论解决的方法，强调重点和要点总结。②

当这一研究结果出现以后立即在国际数学教育界引起了人们的注意，许多学者纷纷运用这一研究结论。因为这一结论非常简洁明了，直接指出了一个国家的数学课堂教学的基本模式。然而也立即引起了许多学者的怀疑，数学课堂的模式就这么简单吗？

教学模式是对教学经验的概括和系统整理，教学实践是教学模式产生的基础，但教学模式不是已有的个别教学经验的简单呈现。对美国、日本、德国的课堂教学模式概括出三种不同的教学模式这个结果在 LPS 录像资料研究③和 TIMSS 1999 年录像研究④被证伪：并不存在一个国家的数学课堂教学模式，但通过国际比较，确实存在一些数学课堂教学的国家特征。

数学课堂教学模式是一个多样化的复杂系统，不要说一个国家，即使一名优秀的教师，在数学教学实践中面对丰富的教学内容，不同的教学对象，不同的实施条件，也常常采用不同的教学模式进行教学。时代的发展，教育教学理论的发展，数学课堂教学模式也会发生同样的变化。

3.3.2　数学教学模式的基本要素

数学教学模式的基本要素是指发生在数学教学过程中构成教学的诸要素以及相互关系。这些要素在构成数学教学模式中具有不可或缺、不可替代性。一个成熟的教学模式应至少包括以下五个基本要素。

1. 理论基础

---

① Hebert J. Teaching Mathematics in Seven Countries：Results From the TIMSS 1999 Video Study[M]. NCES，2003：40.

② Stifler J W，Hebert J. The teacher gap[M]. New York：Simon & Schuster，1999：80.

③ Clarke D，Emanuelddon J，Jablonka E，et al. Making Connections：Comparing Mathematics Classroom Around The World[M]. Rotterdam：Sense Publishers，2006.

④ Hebert J. Teaching Mathematics in Seven Countries：Results From the TIMSS 1999 Video Study[M]. NCES，2003：9.

教学模式是一种基于实践的中层理论，理论基础是构成教学模式诸要素的核心和灵魂。影响和制约数学教学模式的理论基础主要是哲学观和数学观、数学学习理论和教学理论。它们决定着教学模式的方向和独特性，并渗透在教学模式中的其他各因素中，制约着它们之间的关系。理论基础的不同，所形成的教学模式也不同。例如，立足于认知发展的教学模式：苏联凯洛夫的五环节课堂教学模式，美国奥苏伯尔的有意义接受学习教学模式等；立足于探究发现的教学模式：美国布鲁纳的发现法教学模式等；立足于技能训练和行为形成的教学模式：美国斯金纳的程序教学模式，布鲁姆的掌握学习教学模式等；立足于非理性主义的、开放性的教学模式：美国罗杰斯的非指导教学模式等。

2. 教学目标

每一种教学模式都是针对某种特定的教学任务而设计、创立的。由于数学课堂教学目标是进行数学课堂教学活动的出发点和归宿，是构成教学模式的核心因素，因此，明确的教学目标可以克服教学活动中的盲目性和随意性，它制约了教学程序、实施条件等因素，也是评价教学模式是否科学合理的尺度和标准。

3. 操作程序

成熟的教学模式都有一套相对稳定的操作程序，这是形成教学模式的本质特征之一。教学模式是一个具有明确操作程序的多环节有机结构，是将各环节的教学方法有机衔接起来的教学方法结构体系，每个环节都有相应的任务和目标。教学方法不是教学模式的子概念，只是教学模式结构中一个基本元素。

4. 实施条件

任何一种教学模式都不是万能的，有的只能适合于某一类课型；有的适用于几种不同的课型。数学概念课、命题课、练习课、复习课等不同的课型所适用的教学模式是不尽相同的。即使是同一种教学模式，在具体实施过程中，在教学策略上也存在较大的差别。

5. 教学评价

教学评价作为建构教学模式的要素，关键是要看评价的目标。数学教学的目标不是以单一的学业成绩来评判，而是从知识与技能、过程与方法、情感态度与价值观等多维视角来全面评价学生的发展。评价目标决定了数学教学活动的有效特征，也决定了教学模式的合理性。

3.3.3　数学教学模式的基本类型

教师和学生是构成课堂教学的两个基本要素。数学教学"教师中心"还是"学生中心"课堂一直是西方学者研究教学中师生关系的分类方法。我国数学教育研究者们在这两条轨道之间不断寻求中间地带，从继承和发展传统的"讲解—传授"教学模式，到"引导—发现"，"自学—辅导"，再到"问题解决"教学模式等，就是一个由教师为中心逐步向学生为中心的教学模式的演变过程。本节以数学知识的发现、学习和应用为线索，着重讨论这四种基本的教学模式。

1."讲解—传授"教学模式

"讲解—传授"模式是源于苏联凯洛夫的《教育学》，经我国的实践改变，成为我国课堂教学常规的"五环节教学模式"，即复习→导入→讲解→巩固→小结。它首先是让学生复习旧课的内容；接着教师设计适当的引言或例子把学生的积极性调动起来；进入新课讲授环节，传授知识；然后是练习巩固，使学生掌握知识与技能；最后是小结和布置课后作业。

此模式的特点就是课堂教学中以讲授法为主，突出教师的中心地位。教师在单位时间内能向学生迅速传递较多的知识，整个过程能按照教师的预设比较完美地展开，通常适用于新内容的学习。在我国的数学课堂中，大多数教师基本上是依此进行。不足之处在于，所有环节中，学生总是处于被动地位，不利于学生积极性和主动性的发挥，不利于探索能力和创新意识的形成。

为了突出学生学习的主体性，依据奥苏伯尔的"有意义学习"理论，强调学生的有意义接受学习，此模式各环节被赋予了新的内涵，如图 3-3 所示。

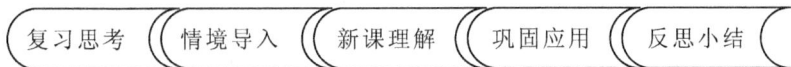

复习思考　情境导入　新课理解　巩固应用　反思小结

图 3-3　"讲解—传授"模式基本程序图

(1)复习环节。教师一般总是："上节课我们学习了……这节课我们学习……"中间找几个学生复述一下旧知就完事。由于经过家庭作业、课外阅读，学生可能会有一些新的体会和疑问，教师启发学生旧知复习后的思考应成为教学第一个环节的任务。

(2)导入环节。为了使学生能积极参与课堂教学，有体会、有感受的过程，教师应利用模型抽象与学生经验背景相统一的原则，激发学生有意义的学习心向。

(3)新课学习。新课不能仅教师唱主角，应启发调动学生积极的思维活动，让学生参与到教师的讲课中来，在感知基础上理解新知。

(4)巩固环节。学生对前三个环节的新授知识的掌握，不仅需要巩固性练习，还要针对学生的经验背景设置练习，更能够加深理解，还能体会数学的应用价值。

(5)小结环节。小结应由师生共同进行。新授知识必须靠主体的质疑、反思，才能内化为个体的数学认知结构。让学生参与小结，不仅有助于学生系统化知识，更有助于发展学生的语言表达能力。

2."引导—发现"教学模式

第斯多惠也曾指出"一个坏的教师奉送真理，一个好的教师则教人发现真理"。[①] 布鲁纳认为，在教学中，调动学生的学习积极性和主动性，进行发现式学习是学习的主要方式。重视知识形成过程的教学，在学习过程中，让学生自己去探索、发现，发挥主动性成为一种新的基本教学理念。数学教学中的"引导—发现"教学模式正是基于这样的教学理念而建构起来的。

"引导—发现"教学模式，也称发现模式。"引导—发现"教学模式是指在教师的引导

---

① 孙培青．教育名言录[M]．上海：上海教育出版社，1984：67.

下，学生经历观察、探索、推理、验证等实践活动，通过独立思考、讨论、合作等方式，发现问题、获取新知的过程。"引导—发现"教学模式基本程序图如图 3-4 所示。

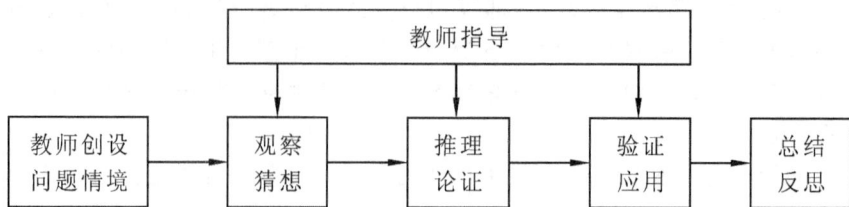

图 3-4 "引导—发现"教学模式基本程序图

1)"引导—发现"教学模式的特点

"引导—发现"教学模式中的"发现"并不是指发现人类没有的知识和成果，而指对学生来说是新的发现。例如，学生没有学过"高斯求和法"或等差数列求和法，而通过自己的探索发现了用首尾相加的方法，求出了 100 以内的自然数的和，这就是发现。引导学生发现，即是"再发现"或"再创造"。教学模式的特点包括以下几方面：

（1）突出数学活动的过程，注重数学活动经验的积累。将数学知识发生、发展的过程进行教学法加工、编制，使学习过程既成为学习的一种途径，也成为学生学习的一个目标。在发现过程中，如奇异的解答或简约的解题过程，结论虽错，但反映了个人独特的见解或新的思路等"闪光点"，都是学生在过程中独到的收获。

（2）培养学生探索新知识的能力。苏霍姆林斯基认为："人的内心里有一种根深蒂固的需要——总想感到自己是发现者、研究者、探索者。在学生的精神世界中，这种需求特别强烈。很难想象，在一个思维封闭、沉闷的课堂教学中能出现具有探究创造精神的学生。"要培养有发明创造力的人才，不但需要掌握系统的科学知识，更要发展其探索、发现能力。通过学生对数学发现过程的学习和体验，在形成知识技能的同时，提高探究性的思考能力。

（3）改变教师的传统角色，突出"导"的作用。教学活动不是一种"授予—吸收"过程，而是学生自我建构、自我发现的过程。如在教学活动中，教师可将"导"的重点放在解"疑"上，重在引导学生"质疑"，然后在学生探究基础之上"解疑"，最后"留疑"让学生深思。"质疑"就是积极地保持和强化学生的好奇心和想象力，不迷信权威，敢于提出异议与不同看法，提倡多想多思，反对人云亦云。"解疑"之前需要教师留有探究的时间，培养和形成探究未知的热情和实事求是的科学态度。"留疑"是指不仅要关注学生已经知道了什么，更要关注学生还想知道什么。探究不仅限在课堂，鼓励他们在课外不断地向未知探究，大胆创造。

2)"引导—发现"教学模式应用的基本要求

此模式对教师、学生、教材的要求都比较高，应用时必须注意以下几方面：

（1）设计适合学生探究的问题。由于缺乏符合探究、发现等思维活动开展的专门"发现式教材"，这就要求教师必须对现行的教学内容进行教学法加工，即人们通常所说的数学教学内容的"初等化"艺术，其主要策略有三方面：①缩短，将原发现的冗长过程予以缩短；②平坡，原发现的思维过程难度较大，使其变成对学生稍具难度的思维过程；③精简，选择原发现中有助于学生思考和激发学生思维的问题。"初等化"并非仅指"生活化"，学习情境不能流于形式，看似生动有趣，本质上与数学关系不大的信息资料实质会降低数学学业水平。只要能激起学生的思维、有助于形成和完善数学认知结构、提高数学素养的问题就是好问题。对于不同的课题，要善于创设适合学生探究的"问题探究场"。

（2）正确处理好学生自主探索与教师示范指导的关系。给学生自主探索的时空，并不排斥教师的示范作用。例如，有时可以利用提问来引导学生的讨论和探索活动；有时给那些在独立探索过程中遇到困惑、惘然的学生或小组，给以具体的建议、示范、指导和帮助，启发学生的思维，但不能告知问题的答案。例如，小学第二学段"莫比乌斯带"的探索活动（人教版），教师就应与学生同步进行剪纸猜想、画线验证等活动。

（3）注重活动中师生的情感交流。教师的引导必须从心理和认知两个方面做好准备，以便营造良好的学习环境。引导性的问题应新异、趣味，难度适中，展现问题的形式要生动、新颖、灵活，鼓励学生大胆猜想，并进行适时的评价，让学生有信心进行数学探究活动。

（4）把握探索活动的进程，给"总结反思"留有余地。运用此模式时增加了教学管理的难度，往往达不到预期的目标。这就要求教师在实践中要不断提高自己组织、引导学生开展活动的能力，熟悉学生形成概念、掌握规则的思维过程和学生的能力水平，组织好每个环节独立思考与合作交流的时间，提高探索活动的实效，能够有适当的时间"总结反思"当堂的知识技能、思想方法等，并提出新思考要求。

（5）要针对教学内容和学生对象合理运用。由于此模式排斥了教师的系统讲授，不利于学生系统掌握知识，容易减少教学中数学知识容量，影响数学理论体系建立，一般较适合用在数学概念的形成、知识间因果关系较强等方面。日本学者经过比较研究发现，"发现学习"比"系统学习"要多花 $130\% \sim 150\%$ 的时间，由于此模式花费时间较多，要卓有成效地应用此法对教师具有较大的挑战性，对中差学生可能较难适应。

案例　公式 $(a+b)^2 = a^2 + 2ab + b^2$ 的探索发现教学片段

分析：如图 3-5 所示，传统的教学中，一般利用多项式的乘法公式学习两数和的平方公式：

$$(a+b)^2 = (a+b)(a+b) = a(a+b) + b(a+b) = a^2 + 2ab + b^2$$

为了让学生更好地理解数学的现实意义，教师结合图 3-5，利用面积来组织学生自主探索发现这一公式。

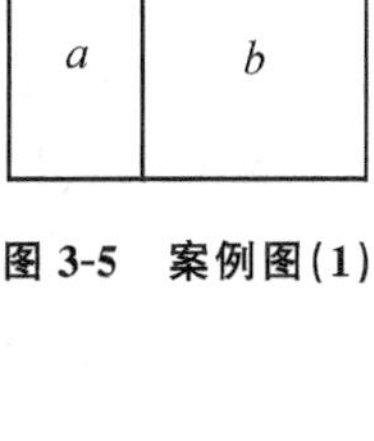

图 3-5　案例图（1）

3.“自学—辅导”教学模式

学会学习、终身教育是信息公民所必备的基本能力。传统的班级授课制以教师的讲授为主，自主学习的机会很少，易造成教学模式机械化、绝对化、固定化。现代教学观念下课堂教学突出“以生为本”，特别强调教学活动通过“学生的主体”作用来实现，认为“没有一个人能教数学，好的教师不是在教数学，而是激发学生自己去学数学。教育调查提供了令人信服的证据，那就是只有当学生通过自己的思考建立起自己的数学理解力时才能真正学好数学”。[①] “自学—辅导”教学模式通过学生自学可以充分发挥学生主体、主动性，提高师生之间交流的效率，注重学生思维规律，突出学生能力，特别是自学能力的培养，成为体现新型教学理念的一种班级授课制的典范。

此模式汲取了美国心理学家斯金纳“程序教学法”的优点，把数学教学由知识传授转向自学能力的培养。斯金纳的“程序教学”主要做法是：把教材内容划分成一个个小部分，按照逻辑编成程序，学生借助于程序课本或机器，按照要求自学教材。这种“小步子”学习的方法，符合循序渐进的原则，化难为易，有利于学生根据自己的能力，用适合自己的方式学习，及时了解学习的程度，不必齐步走，使学生体验成功的愉快，有助于培养学生自学能力。但其把教材切割成小块，破坏了知识的系统性，只管学习的结果，不管学习的过程，学生的独立性被限制在程序轨道之内，削弱了教师的随机讲解和主导作用，缺乏师生之间的交往与情感上的陶冶，直接将此方法应用于数学课堂不适合。我国通过教学实践，强调了教师的辅导作用，构建了“自学—辅导”教学模式，形成了体现新型教学理念的一种班级授课的模式。“自学—辅导”教学模式基本程序图如图 3-6 所示。

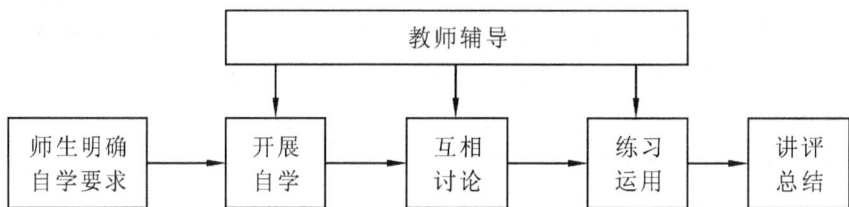

图 3-6 “自学—辅导”教学模式基本程序图

1)“自学—辅导”教学模式的特点

“自学—辅导”教学模式中，突出学生自主性、自觉性、独立性的培养，教师通过给出自学提纲，提供一定的阅读材料和思考问题的线索，起着辅导、启发、点拨作用。

(1)有助于培养学生自学能力，养成自学的习惯。现代数学发展迅猛，中学生所学到的数学非常有限，在教学中“教学生学会学习”，通过培养学生自学数学的能力，从而形成更一般的自学能力，是现代社会对数学教学提出的新要求。

(2)满足个性化需求，自主掌握学习进度。学生在学习数学中的差异性很大，班级授课制常常面对的只是中等生的需求，好学生吃不饱，“数困生”消化不了。采用自学辅导法，学习能力强的学生可以挤出大量的时间自学课外知识，从而使其成绩越来越

---

① 美国国家研究委员会．人人关心数学教育的未来[M]．方企勤，等，译．北京：世界图书出版公司，1993：58.

优秀，学习能力越来越强；学习能力弱的学生，在教师的指导和同组同学的帮助下，有机会完成学习任务。这样，可以让不同水平的学生得到不同的发展，充分发挥了学生各自的优势。

（3）有针对性指导，提高师生交流效益。由于打破了原来教师以讲台为中心的课堂组织形式，教师面向全班"管"得少、讲得少了，有针对性的指导、面对面的辅导机会增加了，同时可以安排个别优秀生在各自的小组内，对后进生实行一帮一的"课内补课"，从而实现"让不同的学生得到不同的发展"。

案例　平行四边形、矩形、菱形、正方形四类图形概念和性质的自学设计

为训练学生分类的思想，体会这四种图形概念和性质之间的异同点，培养学生几何直观性和思维层次性。教师可以让学生同时自学这四种内容，列出自学提纲："四类图形的共同点是什么？""对边平行图形有哪些？""对边平行且有一角为直角的图形有哪些？""对边平行、有一角为直角、四条边相等的图形有哪些？"指导学生如何列表、如何分类、如何做笔记等。

2)"自学—辅导"教学模式应用的基本要求

"自学—辅导"教学在培养学生掌握自学方法，提高学习成绩及能力迁移等诸多方面具有强大的生命力。自学并不是放任自流，应用时一般要注意如下几个方面：

（1）注重处理教材、活化教材，提供良好的自学的条件。首先，教师要提供一定的自学辅助材料，精心设计自学提纲和思考题。通过不同的问题，引发学生思考，例如，设计问题："你能解释这部分内容吗？""你是怎样想的？怎样理解的？""有什么不同的想法吗？"通过让学生回答这些问题来了解学生的见解，掌握他们的情况。其次，师生之间的感情交流非常重要。苏霍姆林斯基认为，对学生来讲，最好的教师是在教学活动中忘记自己是教师，而把学生视为自己朋友的那种教师。

（2）自学方法的指导应逐步进行。使用此模式进行教学时要有一个准备阶段，使学生掌握自学的方法。实施初期，每节课教师都要有意识地指导一两个小组怎样抓住阅读重点、查阅资料、记笔记、系统整理自学内容等，通过教师介绍、学生讨论、学生介绍交流自学经验和方法等多种形式，逐步普及全班，落实到每一个学生。刚开始学生自学能力还跟不上，不适应这种教法，成绩可能会出现短暂的下降。随着模式的深化应用，学生适应了自学辅导教学形式，学习的独立性、自觉性增强，学生的学业成绩、自学能力一定会不断提高。

（3）施行有针对性的、切合实际的个别辅导。学生的学习基础、兴趣、动机、方法等方面是影响学生自学能力的关键因素。学生独立活动时，教师在充分了解学生的基础上，进行诊断、启发、点拨、巡回辅导。对于基础较差、思维不敏捷的学生，应加强重点辅导，耐心地帮助他们，及时补基础、教方法，更重要的是增强他们的信心，尽量避免产生压抑和过度焦虑，使其能在和谐的气氛中发挥出正常的智力水平，高效地进行学习；对于思维品质不踏实的学生，要注意用具体的事例，通过严格要求规范其学习行为；对于成绩优异者，应指导他们向深度、广度发展，进一步提出发展性要求，让他们能够利用课堂上这段宝贵的时间，充分发挥其潜力，提高效率，超额超前完成学习任务。教师要因材施教，防止两极分化，使学生都能掌握自学方法，形成自

学的习惯。

（4）讲评应做到内容精讲、评价形式多样。首先，在自学的基础上，教师要做到精讲，如新课的重点、难点、学生自学和作业中出现的问题，给学生排难解疑，有的放矢、画龙点睛地进行讲解。其次，评价要采用多种形式相结合，帮助学生补偏救弊。如，达标练习可依据难易程度，可采取自批、互批、组长批、教师巡批等评价形式相结合，由个人、组长向教师反馈作业信息，发展性练习可依据自学情况采用全班评讲或教师面批等形式进行评价反馈，锻炼学生敢于提出自己的异议，增加学生学习的自信心。

（5）应用时要关注到教学内容和学生基础。由于此模式的开展要求学生要有一定的自学能力，一般适用于初中以上的学生，对学生普遍基础较差、行为习惯极差、自律性不强的班级也不宜采用。对一些全新内容的学习，开始时一般不宜使用。如数学中几何初步概念、代数式概念、函数的基本概念等，学生缺乏基础，自学会有一定的困难。

随着对"自学—辅导"教学模式的实验和认识的不断深入，相关的教学实验成果层出不穷。前面介绍的"自学、议论、引导"教学法、"六课型单元"教学法、"读读、议议、讲讲、练练"等都是这一教学模式的变式。

案例 "圆与直线的位置关系"的自学程序设计

（1）确定自学主题。"直线与圆的位置关系有几种""直线与圆心的距离与直线与圆的位置关系之间有无联系？有什么样的联系？"

（2）学生自学。学生通过自学教材或动手制作或上机操作几何画板（有条件的学校），独立思考和验证自己的认识。

（教师可适时指导：直线和圆心的距离与圆的半径有什么关系？它们的大小和直线与圆的交点之间有什么关联？）

（3）互相交流。同桌或小组之间交流讨论各自的自学成果。得出结论：$d>r$ 分离；$d=r$ 相切；$d<r$ 相交。

（4）练习应用。提供具体的练习进一步验证和应用所得的结论。

（5）讲评总结。教师突出图形语言与代数语言的转化思想的讲评，让学生学会从数量角度思考问题的方法。

4."问题解决"教学模式

20世纪60年代，强调"现代数学"为基本指导思想的"新数运动"席卷欧美。由于过分强调数学的抽象结构，忽视了学生心理特征以及数学与实际的联系，学生的数学成绩大幅下降。作为对"新数运动"的"反动"，70年代提出"回到基础"，片面强调掌握低标准的基础知识，数学教学水平一直难尽如人意。自80年代以来"问题解决"已经成为美国数学教育的一个最为流行的口号，由此，揭开了以"问题解决"为取向的数学教学改革运动的序幕。

20世纪90年代初，"问题解决"伴随着创造能力的培养、素质教育对我国的数学教育产生了一定的影响。"问题解决"教学模式是指在教师的引导下，学生综合地、创造性地运用各种数学知识和方法去解决问题的教学模式。这里的"问题"是指非常规性问题（或称非单纯练习题式问题）。由于非常规性问题常常是错综复杂，解决的手段和方法也多种多样，不可能寻找一种固定不变的解决模式，但是总结出问题解决的一般课堂结构，有助于教师更好地运用问题解决教学策略。"问题解决"教学模式程序如图 3-7 所示。

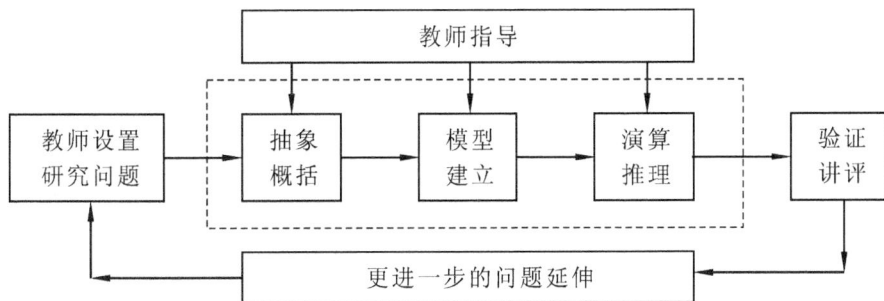

图 3-7　"问题解决"教学模式基本程序

"问题解决"教学模式与"引导—发现"教学模式都重视教师"导"的地位和作用、突出数学活动经验的积累、突出学生探究能力的培养等特点。两种模式的区别主要在于，前者是以实际问题或源于数学内部的非常规性问题为探究起点，着重于培养学生综合应用数学知识进行探究的能力，培养学生应用数学去分析问题，解决问题的能力，形成数学地思考问题的意识。后者是以有助于新知识发现的问题为探究起点，着重于培养学生探索新知识的能力，形成创新意识和实践能力。

运用"问题解决"教学模式，教师在确定研究课题的基础上，应精心设计探究过程，加强科学研究方法和学习方法的指导。教师要指导学生如何查询资料，收集信息，阅读文献，学会书写研究报告，记录原始资料，进行误差分析等，要让学生养成独立思考和勇于质疑的习惯，同时要学会与人合作，建立严谨的科学态度和不怕困难的顽强精神。

由于此模式对学生的综合知识的程度和自觉性要求较高，一般应放在知识应用的环节使用。例如高中新课程中，学生学习完数列的内容后设置"教育储蓄的收益与比较"，让学生收集本地区有关教育储蓄的信息，并设计相关问题让其建立数列模型去进行探究。

案例　"发电厂控制室操作位置的确定"（三角函数与均值不等式的应用等知识的综合应用）的教学模式设计

(1)问题：发电厂主控制室的工作人员，主要是根据仪表的数据变化操作控制发电机的。仪表高为 m m，底边距地面 n m，工作人员站着看仪表，问工作人员站在何处看得最清楚？

(2)学生探究。

①抽象问题：学生分析问题，将问题的相关已知量构造成如图 3-8 所示，控制表的高是 BC，离地面的高为 CE，工作人员的眼睛离地面的高为 DE。

（教师引导学生理解"最清楚"是什么意思？）

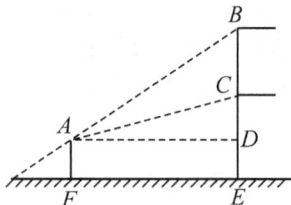

图 3-8 案例图(2)

②建立模型(转化问题):工作人员观察仪表看得最清楚的问题,可以转化为讨论 $\angle BAC$ 的最大值问题;由于 $\angle BAC$ 是锐角,要使其达到最大,又将问题转化为讨论 $\tan\angle BAC$ 最大值问题。于是建立了 $\tan\angle BAC$ 的函数模型。

(教师合理组织并引导学生逐步进行问题的转化。)

设 $AD=x$,$CD=p$,$AF=y$,在 $\triangle ABC$ 中,先分别求得:$\tan\angle BAD$,$\tan\angle CAD$,再利用两角差的正切公式,求得 $\tan\angle BAC=\dfrac{m}{x+\dfrac{p(m+p)}{x}}$。

③演算推理(综合应用):因为 $x>0$,$x+\dfrac{p(m+p)}{x}\geqslant 2\sqrt{p(m+p)}$,所以 $\tan\angle BAC\leqslant\dfrac{m}{2\sqrt{p(m+p)}}$;当且仅当 $x=\sqrt{p(m+p)}$ 时,$\tan\angle BAC$ 有最大值,由于 $\angle BAC$ 为锐角,因此,$\angle BAC$ 取最大值时,工作人员看得最清楚。

(3)验证讲评:由人的高度及相关的数据可测得工作人员的具体位置。教师对解决问题的过程中出现的问题,如建模思想、锐角函数的正切值的最值问题、均值不等式应用条件及等号成立的条件等进行概括总结。

3.3.4 数学教学模式的选择

对于新走上工作岗位的师范院校数学系的毕业生来讲,在缺乏数学教学实践经验的情况下,在摸索过程中,尽快地把握数学教学的基本规律,掌握基本的教学套路是十分必要的。学习、模仿、借鉴教学模式,对提高教师素质、规范教学行为有积极作用。先进教学模式的功能肯定大于直接经验的功能。借鉴和模仿是形成教学模式的途径之一。具有一定数学教学经验的教师,要重在整合多种模式,灵活运用模式。整合多种教学模式,这是对教学模式的创新和发展。在教学活动中也不可能有一种普遍有效的,可以对一切教学目标都适用的万能模式。"教与学的问题需要从实际的而不是理论的观点来处理:即不是从相互排斥的理论观点,而是从自身局部的'存在方式'来考察。需要以一种'具体的、特定的……无限地受情境影响的因而对意外的变化具有高度反应性'的方式来处理。因此需要遵循由量子力学和模糊数学所采用的非线性模式,而不应采用在现代主义中盛行的普遍的、包罗万象的伟大设计。"[①]

每一名数学教师要经常反思自己的教学实践,在教学过程中就能够自觉运用教学

---

① 小威廉姆·E.多尔.后现代课程观[M].王红宇,译.北京:教育科学出版社,2000:232.

模式来指导教学，减少盲目性，为顺利高效地实现特定的教学思路和教学目标提供保障，使教师的教学活动始终伴随着不懈的探索和追求，成为教师提高教学的理论水平和实践能力的重要途径。对教学方法（或模式）的选择并不是随意行为，也不是一个僵化的教学程序，一般应注意以下几方面。

1. 将教的方法与学的方法协调统一

正如本章开头提出的，不存在对任何内容和任何学生都行之有效的唯一的最佳方法，"教学有法，教无定法"，要"贵在得法"。在数学课堂教学中教师采用的教学方法与学生的学习方法是相互依存的。无论何种教学方法都是教的方式和学的方式相互作用的结果。由于学生的学习应当是一个生动活泼、主动的和富有个性的过程，因此，数学教师为了体现教学方法的有效性，要同步关注学生学的方式的选择，将接受学习、动手操作、自主探索与合作交流等多种学习方式合理使用，将培养学生的创新精神和实践能力为核心的教育理念落到实处。

案例　求 $1+3+5+7+\cdots+(2n-1)$

分析：求解和式，对不同的学生可采用不同的教学方法。

方法一：由简单到复杂。教学中先采用练习法和讨论法，让学生从特例入手求解，进行观察、猜想，最后再用数学归纳法论证。

方法二：公式法。学生若已有知识基础 $1+2+3+\cdots+n=\dfrac{n(n+1)}{2}$，教学中可直接应用公式采用练习法求得相应的值。

2. 注重"再发现"思想的应用，发挥学生学习的主体地位

数学教学中，要将"再发现"的思想作为一种基本的教学思想渗透和体现到教学的各个环节之中。由于发现式教学思想体现了"创造性学习""主动学习""思维活动教学""启导性教学"等现代数学教学特征，调动学生的自觉性和主动性，引导学生积极参与课堂教学。因此，改变那种认为数学发现学习就是走出课堂调查实践的观点，改变数学学习中过分倚重模仿、重复演练的现状已成为现今努力的方向。

3. 超越模式，走向"无模式化"教学

著名的哲学家怀特海认为："我们没有理由认为秩序比混乱更重要……多样性的因素在宇宙中也同样重要，其中存在着许多实存，它们都具有各自的经验、个体的享用活动与相互需要。"[①]人的本质就在于不停地创造与自我超越，数学教学模式从无序到有序，这种有序并不意味着"绝对的统一"，而是"多样性的实存"。对于具有一定教学经验的教师而言，通常会出现两种不同的倾向：一种是不断学习、研究新的教学模式，并创造性地活化运用新的数学教学模式，根据自身的特点，扬长避短，充分发挥教学模式优越性的一面，避免其局限性的一面，从而脱颖而出，形成了自己独有的教学艺术风格和特色；另一种则囿于原有的教学模式，故步自封起来，这样就会影响教师教学水平的进一步发挥和提高，妨碍教师的教学创新，"模式"甚至成为教师继续前进道路上的羁绊，数学教学中特别容易造成后一种倾向。这是因为，由于数学教学内容多少年以来一直相对稳定，不像文科类课程经常发生变化，有的教师甚至长期任教于某

---

① 怀特海 . 思想方式[M]. 韩东晖，李红，译 . 北京：华夏出版社，1999：46—47.

一年级段，因而对有一定教学经验的数学老师而言，很容易形成自己习惯的甚至自以为得心应手的"套路"，形成了一种"定式"，从而也就放弃了对教学模式的反思和改进。

后现代理论对教学模式的研究的启发意义在于：各种具体的、机械的教学模式应消解在教学活动（运动本身）之中。① 教学中自觉或不自觉地照搬、沿用前人或他人的样本，机械地学习他人的一招一式，往往扼杀教师生动活泼的教学风格、教学个性。讲"模式"，不等同于"模具"机械套用，模具是工业化大生产用来对机器零件生产的模式，而人的培养，特别是创造性人才的培养是不可套用工业化流水线模具化生产的方式进行加工的。教学模式无论其是作为观念形态还是物质形态，都不应该也不可能是一成不变的、永恒的东西，理应随着教育、科技的发展而发展，不断注入新的内涵、新的精神。没有"万能教学模式"，每一种教学模式都有其实施的条件，对于教学模式应该是：学习模式，研究模式，借鉴模式，超越模式，进而发展个性，发挥特长，将讲授、发现、自学、问题解决四种基本模式合理使用和匹配，从整体上提高教学效益。

案例 "身高的调查分析"教学模式设计

分析：此问题可以贯穿在整个义务教育阶段。从小学到初中，学生身高的测量提供了很好的数据资源，并可作为统计与概率领域的研究内容，相应地课堂教学模式可进行如下设计。

第一学段：利用"引导—发现"教学模式。将全班同学的身高进行汇总，指导学生从数据中发现信息：最高（最大值）、最矮（最小值）、相差多少（极差），大部分同学的身高是多少（众数），自己身高位于全班身高的哪个位置（顺序）等，括号中极差、众数名词并不需要出现，但可让学生体会数据所代表的意义。

第二学段：利用"讲解—传授"教学模式。教师讲解统计数据的不同表示：条形统计图、扇形统计图、折线统计图。在此基础上，指导学生将全班同学第一学段积累的身高数据与当前身高的数据作进一步分析处理，体会条形统计图有利于直观了解不同高度段的学生数及其间的差异；扇形统计图有利于直观了解不同高度段的学生占全班学生的比例及其间的差异；折线统计图有利于直观了解几年来身高的变化情况。

第三学段：利用"问题解决"教学模式。教师设置问题：请同学收集别的班级同学的身高，与自己班级同学的身高比较，判断两类身高的状况。让学生讨论、分析、判断，建立平均值、方差等比较身高状况的模型，学生通过对数据列表处理、作图分析（或计算机演示）等，发现和体会方差模型在统计教学中的实际意义，防止学生只会计算不懂含义的形式主义弊端。

---

① Houston S K. Teaching and Learning Mathematical Models—Innovation, Investigation and Applications[M]. England：Albion Publishing Ltd，House，1997：12.

第4章　中学数学教学设计

小张在一所师范大学数学学院学习了 3 年，学到不少现代数学，还接受了教育教学理论及教学技能的培养，进入一所重点中学教育实习。他发现这里的课堂和他中学学习的母校有很多不同。

这里的学生比较"大胆"，很有"个性"，上课有时甚至"不守纪律""不怕老师"，经常和老师在一起"讨论"问题，有时还提出一些问题让老师一时回答不了，"下不了台"。这样有时会让老师不好"控制"数学课堂，导致完成不了教学任务。

这里的教学设备很先进，每个教室都配备了多媒体，有的教室还有电子白板，但并不是每个老师经常用，有些老师甚至不会用。

陈老师工作了 10 年，从一所农村学校来到省城学习也有同感。

学生、环境都在变化，所用数学教材和以前也大不一样了，面对这些变化，如何教学？

4.1　数学教学设计概述

精心准备是上好课的前提条件，是教学工作的重要环节，是提高教学质量的根本保证。传统教学准备，称之为"备课"，主要以个体经验为基础，以知识传递为任务进行教学前的准备。以教学设计理论为基础的教学准备，称之为"教学设计"。虽然"教学设计"与"备课"均属于教学准备的范畴，也有一些相同的内容，然而它们却有根本的区别。

教学设计以教学理论、学习理论、系统科学理论、传播理论等为基础。其根本目的不是追求知识的系统性，而是寻求教学内容与学生已有知识与能力之间的最小的距离，以让学生能在活动中，主动、高效地增长知识，发展能力，提高思想、道德认识水平。传统"备课"以行为主义心理学关于"刺激—反应"理论为基础，教师"备课"的任务就是理顺课本知识，或者把课本知识变为教师知识，形成一个讲课顺序。在传统教学准备中，评价"备课"质量的主要指标是看知识的逻辑性与条理性。

因此，理解教学设计的含义，掌握并灵活运用教学设计原理和方法是现代教师必备的基本功。

4.1.1　数学教学设计的含义

数学教学设计，是针对数学学科特点、具体的教学内容和学生的实际情况，遵循数学教学与学习的基本理论和基本规律，按照课程标准的要求，运用系统的观点和方法整合课程资源、制订教学活动的基本方案，并对所设计的初步方案进行必要的反思、修改和完善。

教学设计是教师为将要进行的教学所做的预设，反映了设计者对未来教学的认识和期望，并在很大程度上决定了教学活动的效果。因此教学设计是设计者在教育哲学、教育学、心理学、学习论和教学论等理论指导下完成的一项创造性工作，是实现教学效果最优化的保证。

教学设计的基本类型有学段教学设计、学年教学设计、学期教学设计、单元设计、课堂教学设计等类型。

4.1.2　数学教学设计的要求

1. 充分体现数学课程标准的基本理念

课程标准是教材编写、教师教学和评价的依据，是教师们设计教学活动的指导性文件。教师在教学设计前要深入研读课程标准，特别是要全面深刻理解课程"基本理念"和"课程实施建议"。这对于教师把握教学起点、选择教学方法、确定自己在课堂中的角色有着非常重要的意义。

2. 重视课程资源的开发和利用

重视课程资源的开发和利用是新一轮课程改革提出的新目标。教材为学生提供了精心选择的课程资源，是教师上课的主要依据，教师在细心领会教材的编排意图后，要根据自己学生的数学学习的特点和教师自己的教学优势，联系学生生活实际和学习实际，对教材内容进行灵活处理，及时调整教学活动。例如更换教学内容、调整教学进度、整合教学内容等，对教材做第二次加工，使"教材"成为"学材"。同时，教师除了有效地挖掘教材资源外，还要注意创造性地开发和利用其他教学资源，注重现代教育技术的整合与有效使用，加强课程内容与学生生活及现代社会和科技发展的联系，关注学生的学习兴趣和经验，适应不同地区不同学生发展的需要。

3. 重视学生的主体作用

现代教学论认为，学生的数学学习过程是一个以学生已有的知识和经验为基础的主动建构的过程，只有学生主动参与到学习活动中，才是有效的教学。教师在教学设计时应秉持以"学生的学为本位"的数学教学观，树立以学生为主体的意识，确立"为学习而设计""以学习为中心"的教学设计观。充分体现学生的自主性和活动性，体现数学问题的情境性和可接受性，体现学生的研究性和合作性。

4. 重视预设与生成的辩证统一

教学从本质上讲就是预设和生成的矛盾统一体。数学课堂教学是有目标、有计划的活动，预设是数学课堂教学的基本要求。没有预设方案的准备，教学只会变成信马由缰的活动。但课堂是动态的存在，学生往往是凭着自己的已有知识、经验、灵感和兴致参与课堂教学的，这就使得课堂呈现出丰富性和多变性。因此课堂教学不能过分拘泥于预设的固定不变的程序。高明的预设总是在课堂中结合学生表现，灵活选择、弹性安排、动态修改。一个富有经验的教师的教学总能寓有形的预设于无形的、动态的教学中，真正融入于互动的课堂中，随时把握课堂教学中闪动的亮点，把握促使课堂教学动态生成的切入点，促进学生在更大的空间里进行个性化的思考和探索。

5.整体把握教学活动的结构

教学设计要通过教学目标把教师的教学、学生的学习、教材的组织和教学环境的构建等四个结构要素统一起来，形成有序的教学运行系统，使课程变成一种完整的、动态的和生长性的"生态系统"。

4.2　数学教学设计的基本过程

一位大学生每当提起他中学时代数学老师时都肃然起敬，"我的数学老师非常厉害，数学课上从来不看教材，不看备课笔记，娓娓道来，就像和我们聊天一样聊数学，他好像对所讲的数学内容了如指掌，游刃有余。"

这位数学老师为什么在他的学生眼里会这么"厉害"呢？

"冰冻三尺，非一日之寒。"老师在数学课堂上的展示只是冰山一角，隐藏其中更多的是学生不能直接看到的老师多年的积累及课前准备——进行精心的教学设计。

数学教学设计是一个系统性活动，如何从事数学教学设计，可以有多种选择。本节主要以课堂教学设计为例来说明其基本过程。

4.2.1　分析任务

老师怎么会"对所讲的数学内容了如指掌，游刃有余"？分析任务，在学习研究教学大纲或课程标准的基础上，反复钻研教材，吃透教学内容是根本。

教材是教学内容和教学目标的主要载体，吃透教材是教学设计的基本工作。在教学设计中对教材的钻研，至少要钻研三次：第一次是开学前对整体教材的通读；第二次是对一个单元教材仔细的重读；第三次是更加深入地细读一节甚至于一堂课的教材。要达到以下目标。

1.弄清教材的基本要求

教材的基本要求包括科学性、系统性、可接受性、实践性和教材的教育功能等。

在钻研教材时，既要对教材中的定义、公理、定理、公式、法则等要逐字逐句地推敲，抓住揭示其本质属性的关键词，搞清彼此之间的逻辑结构，掌握教材的科学性，更要从整体上把握教材，明确科目、章节之间的衔接关系，搞清知识之间的因果关系，掌握教材的系统性。数学教材是按一定的顺序系统编排的，各部分知识间是相互关联的。在弄清教材包含的基础知识的深广度的基础上，还应进一步明确各部分之间的内在联系，换句话说，就是要掌握教材的知识结构，其中尤其注意结构中的基本理论和它们内在的通性和通法。例如，高中数学引入集合、对应等基本概念后，各个具体的函数课题就是以两个特殊集合的元素之间的特殊对应为基本结构的。抓住了对知识基本结构的认识，再由它变形、转化、引申，从而派生出整个课题的内容。

教材所包含的可接受性，既要从整体上作一般了解，又要从局部上作精细分析，整体上的了解较易。例如函数这一基本知识，中学数学是分四个阶段学习的。初中有积累素材和建立初步概念两个阶段，高中有进一步使概念精确化和深入研究函数性质两个阶段。每个阶段的具体要求如何？各阶段的分寸如何掌握？三角函数在一般函数概念之前就引入究竟如何对待？这些问题必须在纵观全局的基础上，再深入研究各个课题的内容、例题和习题后才能真正清楚。

掌握教材的实践性是指在研读教材时要了解有关知识的背景，主要是数学知识的发生、发展的过程，相关教学内容在教材、单元乃至整个学段数学学习中所处的位置、所起的作用以及在生产和生活实际中的应用，主要数学思想方法的体会和提炼。

教育功能分析主要是指相关教学内容在培养学生能力和提高学生数学素养方面可以起到的作用。在教学设计时应充分考虑教材在发展学生的智力、思想教育、应用意识方面的教育价值，并落在实处。例如发展能力的侧重点决定于数学内容的类型和难易。对于概念教学侧重于观察、抽象、概括、辨析等能力的培养；对于定理、法则、公式教学，侧重于归纳、类比、分析、综合等探究能力的培养；对于较易的数学内容教学，侧重于培养分析问题和解决问题的能力等。

2. 掌握教材的重点、难点、关键

教材的重点，是教材中贯穿全局，带动全面，起核心作用之点。它是由教材本身在知识结构中所处的地位和作用来确定的。可以从以下几个方面来考虑：相对于教材的有关部分来说，它是不是核心？或者考虑它是不是以后学习其他内容的基础？或者考虑它是不是有广泛的应用？如果其中有某一个方面获得了肯定的答复，那么就可以断定它是重点。一般来说，教材中的定义、定理、公式、法则以及它们的推导和重要应用，各种技能技巧的培养和训练，解题的要领和方法等都可确定为重点。重点具有相对性，如平面几何中，"三角形"是基本的直线形，其他平面直线形多半可转化为三角形来研究，三角形的知识在以后的章节和生产实际中应用广泛，而且又担负着培养学生逻辑思维能力，特别是推理论证能力的十分重要的奠基任务。因此，"三角形"是整个几何教学内容的重点。

在确定重点时，同整个备课工作一样，也应"由大到小，由粗到细"。例如在"相似形"一章中，相似三角形是重点；在相似三角形中，又以相似三角形的定义及三个判定定理为重点；在三个判定定理中，又以第一个定理为重点。这样层层深入分析，就会使重点更加明确，便于教学时掌握。

难点是教材中理解、掌握或运用上的困难之点。难点具有相对性，且是针对学生而言的。要能充分、准确地估计到学生学习中的难点，只有靠平时深入了解学生实际、不断积累经验。一般来说，教材中内容比较抽象，结构比较复杂，本质属性比较隐蔽，需要应用新的观点和方法，或学生缺乏必要的感性认识，均可确定为难点。例如，列方程解应用题，反证法、同一法的证明方法，函数、轨迹等概念，新的符号、记号，如绝对值的符号、三角函数与反三角函数的符号等，都是初学时不易掌握的。

教材中的难点，不一定是重点。既是难点又是重点的内容，当然要特别重视，认真解决，即使不是重点的难点，也要充分注意，否则学生遇到困难，往往会影响重点内容的学习。

关键是指对掌握某一部分知识或某一个问题能起决定性作用的内容。掌握了这部分知识，其余内容就容易掌握，整个问题就迎刃而解。例如，要掌握同底数幂的乘法公式 $a^m \times a^n = a^{m+n}$ 与幂的乘方公式 $(a^m)^n = a^{m \times n}$，必须抓住幂的意义这个关键。

3. 备好习题

习题是教材的重要组成部分，在数学教学中有着特殊重要的作用。没有必要的、恰当的练习，学生就不可能掌握所学的基础知识，更不用说将知识转化为能力。因此，教师必须加强对习题的研究，对于用来讲课的例题和布置给学生的练习题都需要教师做出精心选择和安排，才能收到应有的效果。

选题必须从练习的目的、内容、形式、分量及学生的接受能力等多方面去考虑，才能使学生练得适当，练得有效。教师必须按照对学生的要求，将教材上的全部习题演算一遍，解决下列几个方面的问题。

(1)明确习题的目的要求。一般教材上的习题有三种类型：第一种是安排在各个小节的"练习"；第二种是各章的每一大段教材之后的"习题"；第三种是每章末的"复习参考题"和各个分科末的总复习参考题。有的教材中这类题，又分为 A、B 两组。教师在备课中演算这三种不同类型的题目时，要注意各题的具体要求、解题的关键、解题的技巧、解题的格式，并要分清哪些是学生可以独立完成的，哪些需要提示，哪些应作为例题讲解示范。

(2)明确习题的重点。数学基础知识有主要与次要、关键与一般、难学与易学之分。习题是为巩固基础知识服务的，因此，选择习题也必须考虑知识的特点和学生的接受能力，让学生集中精力围绕有利于发展智力和掌握基础知识与基本技能去训练。教师在演算教材中的习题时，要注意区别哪些习题是主要的，哪些是次要的，以便在进行课堂练习和布置作业时，掌握习题的重点。

(3)确定习题的解答方式。要求学生采用各种不同的方式解答习题，可以提高学生学习的兴趣和从多方面培养学生的解题能力。教师要根据教学要求和目的不同特点，以及学生的接受能力和智力发展水平等具体情况，分别采用口答、板演、复习提问、书面作业、思考等方式进行练习。一般来说，数字简单、运算不繁或论证较易，又是必须掌握某一基本概念、定理、法则或公式就能回答的问题，可作口答题；计算或论证步骤不甚繁杂，但具有典型性，能体现知识、技能的具体应用以及书写格式的规范化等特征的习题，可作板演；能巩固旧知识，且容易由之引入新课内容的习题，宜作课堂复习提问题；计算较繁或论证较难，以及涉及知识面较广的习题，可作为书面作业题；思考性较强、叙述较繁的习题，宜作为思考题或合作探索题。

(4)衡量练习题的分量。练习题分量的多少，要根据题目的难易程度和学生解题能力的强弱等来决定。题目太简，分量太少，轻而易举就可完成解答任务，这样不仅达不到练习目的，而且学生也容易产生自满情绪。题目太复杂，分量太多，学生在规定时间内完不成解答任务，不仅容易使学生丧失信心，而且会加重学生负担，影响德、智、体全面发展。因此，练习题的适当与否，对能否达到练习目的有很大关系。一般来说，教师布置给学生的练习题，应当根据课内外可能给予的练习时间，及教师与学生解题的速度比(3∶1 或 4∶1)等来确定分量。但是，由于学生程度参差不齐，所以布置练习也要注意因材施教。除有统一要求的基本习题外，还要有一些要求较高的选作题或思考题，以满足学习较好学生的需要，使他们的数学才能得到发展。

此外，教师还要善于根据教材和学生的需要自编、改编或选编一些补充题目。特别是应当自编一些过渡题、引申题和综合题，以便学生更好地理解内容、掌握方法和灵活应用。

总之，在设计习题时应注意以下几点：精选题目，目的明确；先讲后练，分层练习；由浅入深，循序渐进；适度练习，逐步提高。

4.2.2 分析学情

学生是学习的主体，一切教学活动只有从学生的实际出发才能取得成功。了解、分析学生，其目的是为教学设计提供依据。

1. 了解学生的心理特征、兴趣爱好和思想状况

中学生有强烈的求知欲、能够积极主动地学习。教师进行教学设计时应根据学生心理特征和兴趣爱好把自己的作用定位于创设问题情境、适时点拨、引导和调控上，成为学生的学习活动的促进者。

2. 了解、分析学生的知识结构和学习能力

当代美国著名的教育心理学家奥苏伯尔在它最有影响力的著作《教育心理学：一种认知观》的扉页上写道："如果我不得不把教育心理学的所有内容简约成一条原理的话，我会说：影响学生学习的最重要的因素是学生已知的内容。弄懂了这一点以后，再进行相应的教学。"学生现有的知识结构和学习能力，是学生进行新的学习的基础。同时每一个人数学的理解都与他自身的经验、知识背景、思维方式、所处的文化环境、家庭背景有关，由此而产生的差异将导致不同的学生表现出不同的数学学习倾向，应当允许不同的学生对同样的数学内容有不同的理解方式和表达方式。因此教学设计中具体方案的难易程度，要与学生的领悟能力、理解能力相适应。若难度过大，会挫伤学生的积极性；若太简单，学生学起来会提不起兴趣。在设计教学时要把握好"难与易"这个"度"。

3. 了解、分析学生的思维特点

中学阶段，已由孩提时代的直观行为思维、具体的形象思维发展到抽象逻辑思维，由经验型向理论型过渡，经验型思维和理论型思维并重，呈现出两者相互促进，共同发展现象，但在理解较抽象知识时需借助于已有知识的经验去认识那些没有直接感知过的或无法直接感知到的事物，往往还需要教师通过创设情境去帮助理解。

掌握以上情况后，一般可将全班学生按优、中、差归为三类。课堂教学的设计是以大多数中等水平学生的情况为基本出发点，同时又适当注意照顾两头来考虑的。

教师对所教班级的学生的情况，应深入了解两个方面：一是学生掌握数学基础知识和具备能力方面的情况；二是学生的思想状况和思维特点。

教师了解学生的途径，可以间接根据经验和一般规律，估计学生可能出现的情况；也可以直接深入了解学生的个性差异和不同班级的特点。课堂提问、课后辅导、批改作业、分析试卷、个别谈话、开座谈会等都是直接了解学生的方式。教师应充分利用以上方式及时地全面了解与分析学生情况，发现学生的疑难所在，以便在备课中从实际出发设计教学方案，采取相应的教学措施。

4.2.3　确定教学目的

在深入钻研教材和了解学生的基础上，就可以确定各章各节各个课题的教学目的和要求了。

1. 教学目标的含义

所谓教学目标，是对学生在学完某一教学单元（或一课）后能做什么的具体而明确的表述。教学目标表明了在特定的教学中期望学生达成的行为或表现。教学目标是整个教学设计的核心，指引着教学活动的方向，具体表现为：教学活动中所进行的各种评价都要以教学目标为依据；教学程序的设定、教学方式的选择等一切具体的课堂教学环节均受到教学目标的制约而经常发生着相应的变化；设计并陈述教学目标，是设计者希望通过数学教学活动达到的理想状态，是数学教学活动的结果，更是数学教学设计的起点，它的合理设计和陈述有利于教师在教学中有意识地执行数学新课程的计划，提升新课程数学教学能力，寻求数学新课程理念的落实。因此，教学目标的确定必须准确、具体、全面、具有可检测性。

2. 对新课标中三维目标的理解

新课程提出了新的立体的三维教学目标，从知识与技能、过程与方法、情感态度与价值观等三个方面进行了阐述。

所谓知识目标，主要指学生要学习的学科知识（教材中的间接知识）、意会知识（生活经验和社会经验等）、信息知识（通过多种信息渠道而获得的知识），与过去只是教材中的知识点相比内涵更丰富。过去教学重结论、轻过程，现在要求学生不仅知道简单的结论，更要体验知识形成、发展的过程。

过程与方法包含了教材中所展现的科学知识的探索和发现过程，学生的学习过程和方法及教学过程和方法。这一目标的落实涉及对学生的科学素养的培养，是新课程所突出的，例如通过解决问题的过程，培养学生学会自主学习的方法（如问题探究的方法，问题的观察方法，思维发散的方法，合作交流的方法等）。过去重教法，现在要重学法。

所谓情感、态度与价值观目标，既有对待自然、物质和科学方面的情感、态度、价值观，又有对待社会和自身发展方面的情感、态度、价值观。态度是带有情感成分的行为倾向，价值观是情感发展的结果，反映着情感的发展水平，这些目标的实现不但有利于学生达到知识与技能以及过程与方法两个维度的目标，同时也有利于他们形成良好的科学素养，有利于学生的情感向着积极方向发展，形成正确的世界观和人生观。

三个维度的课程目标不是互相孤立而是相互统一的，在课堂教学中不能把它们分割开来单独操作。教师必须从三个维度出发对课堂教学进行精心设计，力求在教学中把三维目标的各项要求融为一体，使学生在掌握数学知识与技能的同时，亲身经历与体验学习和探究的过程，并受到科学方法以及情感态度与价值观的培养。

概而言之，在落实三维目标的过程中，要以"知识与技能目标"为主线，渗透"情感、态度、价值观"，并充分体现在学习探究的"过程与方法"中。

教学目标要明确、具体，要求要恰如其分。如果提得太宽，过于笼统，针对性不强，显不出本课的特点；如果提得太窄，只注意一些细枝末节，而把重要的忽略了，这样会因小失大，更不恰当。目的和要求也不能偏高或偏低，偏高不能兑现，偏低达不到教学大纲所规定的要求。一些定性的措辞，如"了解""理解""透彻理解""初步掌握""会""熟练掌握"等，就是反映要求的高低程度的，要根据实际情况仔细斟酌，适当选用。

确定教学目标，通常是在分析教学内容知识要点与能力要求的基础上，用概括、简练的语言将数学知识、数学能力、思想教育等方面的教学要求加以叙述。

案例 "直线的倾斜角和斜率"(人教版)一节课的教学目标

知识与技能：

(1)了解直线的方程的概念：①分析一次函数图像和直线的关系；②能说出直线方程的两个特征。

(2)理解直线的倾斜角的概念：①能说出直线的倾斜角的定义和倾斜角的取值范围；②能根据给出的图形，作出直线的倾斜角；③分析得出直线和直线的倾斜角是多对一的映射关系。

(3)理解直线的斜率公式：①准确说出斜率公式以及倾斜角的取值范围；②指出直线的倾斜角和斜率不是映射关系；③能根据给出的角或图形，求出该直线的斜率。

(4)掌握过两点的直线斜率的计算公式：①准确说出该公式及其使用的范围和步骤；②能准确运用公式解题。

过程和方法：

(1)分析研究直线的方程的意义。

(2)经历用代数方法刻画直线斜率的过程：①分析斜坡和倾斜角的关系；②通过联想，用代数方法刻画直线的斜率，从而提高数学地分析问题和解决问题的能力。

情感、态度和价值观：

在本节每一个概念的学习和探索活动中，初步体会代数与几何之间的转化关系，进一步形成事物之间是相互联系和转化的辩证唯物主义观。

4.2.4 选择和组织教学内容

选择和组织教学内容就是根据教学目标的要求，把教材加工成课堂上便于师生双边活动的程序材料。这些内容大致包括：复习、检查的材料；引入新课题的材料；抽象出概念或发现定理、法则、公式的材料；配备的例题和课堂练习、课外作业内容等。

选择和组织教学内容时，要特别注意解决好如何突出重点，突破难点，抓住关键等问题。

一章一节或一个课题的重点是什么，钻研教材时已经明确。现在的任务是考虑如何突出这个重点，使学生很好地理解和掌握。例如，前面已经指出，和(差)角公式是"两角和与差的三角函数"一章的基础，又是推导其他公式的起点。因此，教学中应突出"两角和与差的余弦公式"这一重点。为此，组织教材时，先应集中力量让学生弄懂公式的推证过程，接着应用它推证差(和)角的余弦公式，然后观察这两个公式的特点，以利于记忆。同时，还可以通过求值、化简、证恒等式或印证以前学过诱导公式等方法，加深学生对这些公式的理解和记忆。最后，还应要求学生课后记住公式，并应用它解答一些基本的习题，在以后的学习中再不断提高运用这些公式解题的技能与技巧。

要突破教学中的难点，必须让学生有一个"从感性到理性，从量变到质变"的认识过程。要分散难点，各个击破。还要注意充分利用与已知的知识类比，或在既有知识的基础上充分酝酿，逐步渡过难关。这样，就能使学生对于新知识、新问题不觉其难，难点就会较容易突破。例如，在几何教学中，一开始的推理证明是一个难点：学生初次接触到推理证明，不明白证明的意义，不知道证明的方法。对待这一难点，最好是分散难点，采用较长时期有计划的训练和逐步突破的办法。开始，通过例题示范，让学生初步认识证明的意义，初步了解证明的方法，通过要求在括号中填写每步理由，初步明确证明的格式。接着，让学生模仿例题，试着写出证明格式。经过一段时期的准备，从三角形全等的判定开始，由简到繁、由易到难地逐步训练学生，使他们自己能写出全部证明。在教学中，由只要求学生能找出判定条件，证明两三角形全等，到要求在证明两三角形全等基础上，再证明另一对三角形全等；所选的题目，由不必作辅助线直接应用定理的，逐步过渡到需要作辅助线创造条件应用定理的；由题目中已经写明已知什么，求证什么的，过渡到要求学生写出已知什么，求证什么的。同时，要特别注意训练学生会根据题意自己画出图形，标明字母，写出已知、求证。经验证明，采取上面这样逐步过渡的方法进行训练，对于引导学生突破推理论证这一难点，是比较行之有效的。

在组织教学内容时，对于关键内容，要采取措施紧紧抓住。例如，前面提到的证明和(差)角余弦公式的关键是单位圆上点的直角坐标的标示法。为此，引导学生探求证明思路前或分析过程中，可以用复习提问的方式使学生熟悉这一知识，以便扫清障碍。

当然，选择和组织教学内容时，基本材料来源于教科书和教学参考书。但是，随着教学改革的深入发展，还应补充适当材料。

4.2.5　确定教学策略

课型有多种，方法有多样，应依据教材的内容、教学目标和学生的年龄特征，确定好课型和相应的教学方法。

1.确定课型

根据课堂教学的目的任务，中学数学课可分为若干类型。主要类型有新授课、练习课、复习课和讲评课等。

1) 新授课

新授课的主要任务是讲授数学知识。它是数学课中最常见的一种重要形式。由于所学新知识与已有的知识紧密联系，而且接受新知识还有一个逐步消化的过程。因此，这种课型的基本结构一般有复习、讲授、巩固、小结、布置作业五个环节。

2) 练习课

练习课的主要任务是在教师的指导下，学生通过解答习题来学习和巩固所学的知识，培养技能和技巧。由于在练习前，学生必须先复习有关知识或教师作必要提示，因此，这种课型的基本结构一般有复习、练习、小结、布置作业四个环节。

3）复习课

复习课的主要任务是在教师指导下，通过归纳、整理，对所学的知识加深理解记忆，并使之系统化，同时达到查漏补缺、解决疑难的目的。复习课有阶段复习、学期复习、毕业复习等形式。基本结构一般有复习（提供提纲）、重点讲解、总结、布置作业四个环节。

4）讲评课

讲评课的主要任务是对某一阶段的课外作业情况或对某一次考试结果进行分析，以便纠正缺点错误，促进以后的学习。通过讲评，不仅要使学生了解自己解答的正误，而且对差生应找出错误的原因，对优生也应明确自己的努力方向，使大家通过讲评都能有所提高。其基本结构一般有情况介绍、重点讲解、总结、布置作业四个环节。

2. 设计教学方法与手段

著名数学教育家乔治·波利亚指出："因为在数学里，才智重于知识，所以在数学课里，你怎样去教也许比你教什么更显得重要。"波利亚的话深刻地说明了教学方法的重要性。为使教学获得更好的效果，就必须依据教学目标、教学内容及学生实际灵活选用恰当的教学方法，充分利用多种媒体和手段。选择教学方法时要充分考虑学生的智力发展水平、数学能力、学习习惯、学习动机和数学基础的差异，一般应以面向大多数学生为主。若班级整体水平较高，则可多采用讲解、发现、谈话和讨论等方法，并注意多用问题引导学生思考，着重对学生能力的培养。若班级整体水平一般，则可侧重于讲解，辅之谈话法或讨论法。若班级整体水平较低，则可选择以讲授为主，适当组织学生活动的方法，目的是使学生树立学习信心，提高学习数学的兴趣，鼓励学生积极参与教学活动过程，逐步提高班级学生的整体水平。

苏联著名教育家巴班斯基提出了"教育过程最优化"的观点。他指出："要想找到十全十美的教学方法几乎是办不到的。一种教育目的的实现，都是多种教学方法穿插使用力争最优的结果。"巴班斯基的最优化思想对我们常谈的"教学有法，但无定法"是一个好的解释。

4.2.6 数学教学计划的编制

1. 学期教学计划

课程标准一般对于每学年的教学内容和教学进度都有明确规定，教学要求和课时安排也有说明。但是由于学生的实际情况存在地区和班级之间的千差万别，加之教材也经常有所变化，因而如何结合实际情况实现教学目标，还需要教师认真地调查研究和细致地设计安排，制订出切合实际的学期教学计划。

学期教学计划包括两部分，即教学进度表及说明，一般以常用表格形式列出，但没有统一格式，表 4-1 是这些格式中的一种。

表 4-1　学期教学计划

周　　次	日　　期	教 学 内 容	执 行 情 况

填写进度表时，在"教学内容"这个项目下，应根据列出课题名称，指明各个课题属于教科书的何章何节及所在的页次。新教师最好按课时顺序一堂一堂地在表上编写授课的题材，这样做可以使他对将来要进行的教学工作胸有成竹。以后检查，就容易发现自己的计划是否正确，执行是否恰当。这样的教学工作计划就能起督促与指导作用。

"教学内容"项目下，还要注意在适当的时候列入课堂练习及书面检查。课堂练习和书面检查的次数要恰当。如果次数过多，占用教学时间，会在规定的时数内无法完成教学任务；如果次数过少，对学生各种能力的培养与成绩的考查就做不到应有的深入，影响教学质量。这一栏还应当考虑复习工作，列入专门的复习课。

填好"教学内容"这一栏，需要对各个项目的教学时数做出恰当的估计。这种估计必须根据课标总时数的规定和学生的实际予以适当的、灵活的分配，并保证整个学年进度不受影响。

"执行情况"这一栏是课后记录工作执行情况的。各个项目是否按计划完成了？如果未能完成，原因何在？都一一记录下来，以便总结经验、教训，在以后各课中予以补救、提高。

在计划的说明部分，应当指出上述进度表中哪些地方与课标稍有出入，为什么？计划具有哪些特点，为什么？此外，还可列举在某些工作中需要应用哪些辅助工具，进行哪些实践性工作。对第二课堂的工作最好也在这部分做出规划。

教学工作计划的制订，通常由同年级的教师在钻研教学大纲和通读教材的基础上，先个人草拟，再集体讨论修订，求大同，存小异，最后由教研组长审查，报教导处批准。在实际执行中，如果要作较大变更，应该经过仔细考虑和讨论，再通过审批手续。计划执行情况要有详细、完整的记录，既可作为期末总结工作的重要依据，也可作为今后工作的参考。

2．单元教学计划

这种计划是在学期教学计划的基础上，将各个单元的教学安排进一步具体化。每一个单元的教学开始前，先由教师根据学期总计划和本班学生的实际学习情况，拟出该单元的具体教学安排，然后通过同年级备课组的集体讨论做到大致统一。

单元计划的内容一般包括：单元教学目的、单元教学课时划分、例题和习题的配备及单元测验等。为了鼓励教师开展教学改革，在完成学期总计划教学任务的前提下，允许在单元教学计划中有不同的处理方案。如果采用单元教学法，这种单元教学计划与各课时教案实际上已合为一体，因此需将计划编写得更为详细。

3．教案

教案即课时教学计划，是课堂教学的设计图。它应该力求反映出课堂教学全过程的概貌。由于每堂课的具体任务不同，课型不一，教学方法各式各样，教学过程千差万别，因此没有一个统一的编写教案的模式。但是，一般来说都必须包括下列两项基本内容：一是说明这堂课的目的要求；二是拟订教学过程的分步计划。教学活动展开的顺序，应当强调的是以下三个方面的顺序：①数学教学内容的呈现顺序，即数学知识和技能出现的前后次序；②教师活动顺序，即教师进行教学活动的前后次序；③学生活动顺序，即学生进行活动的前后次序。教学设计要抓住主脉络——数学教学内容呈现顺序，兼顾其他两条线索。以新授课为例，详细的教案应当写出如何检查家庭作业，复习哪些具体内容，提问哪几个学生；新课题的任务如何提出，如何逐步启发诱导，一步一步地完成新知识的学习任务；巩固阶段如何进行小结，课堂练习什么内容，如何进行等；布置家庭作业的内容和必要的提示与解释，也要在教案中写明。此外，需要使用哪些教具，板书如何计划，各个环节需要多少时间，也可以在教案中说明。

至于简略的教案，则相当于详细教案的提纲。它虽然简短扼要，但也必须包含教师和学生进行活动的基本步骤，并简要说明教学内容和教学方法。

教案的最后还可以附教学后记，以便上课后记载这堂课的教学经验和问题，见表 4-2。

表 4-2　教学后记

详 案 格 式	公开课教案格式
一、课题	一、课题
二、教材分析	二、教学时间、教学地点、班级、执教人
三、学情分析	三、教材分析
四、教学目标	四、学情分析
五、课型与教法	五、教学目标
六、教具	六、课型与教法
七、教学过程	七、教具
八、板书设计	八、教学过程
九、课后记	九、板书设计
	十、课后记
简 案 格 式	实习课教案格式
一、课题	同详案格式，但教学过程更具体、更详尽，并附有时
二、教学目标	间分配和板书计划等
三、教学过程	

4.2.7　准备教具、组织试教

准备或制作有关教具，特别是尽可能利用幻灯、电视、录像、多媒体等现代化教学手段，这对增强学生的感性认识，提高教学效果很重要，务必予以重视。

将准备好的教案，进行熟悉预讲的过程叫作试教。新手试教可以纸代黑板，边想边讲，边写边画，自问自答。通过试教，可估计课堂教学时间和检查各个环节之间的衔接关系，以便进一步修改、完善教案。

4.3　中学数学教学设计案例分析

课题：平面向量基本定理[①]

一、教学任务分析

1. 教材地位分析

平面向量基本定理是平面向量这一章中的重要环节，有着承上启下的特殊地位，定理是在学习了向量加法、减法和实数与向量之积这三种运算的基础上，承接向量共线定理而提出的。此定理为平面向量正交分解和坐标表示奠定了理论基础。进一步，为研究几何问题提供了又一个工具。另外，该定理也具有广泛的现实意义，如物理中的矢量分解，因而该定理兼有理论与现实的指导作用。

2. 学生现实分析

此阶段的高中生已经能撇开具体事物，运用抽象的概念进行逻辑思维，对事物之间的内在联系了解得更深刻。他们能对事物之间的规律联系提出猜想即假设，并设计方案去检验假设。学生已具有相关的几何知识，学生对向量的物理背景有一定的了解。

二、教学重点难点

由上分析可知，重点是：

(1)了解定理的形成过程及内容。

(2)会用此定理解决一些简单的问题。平面向量基本定理体现数学的化归思想。

难点有两个：

(1)定理中向量关于基底的线性表示的唯一性和对"任一向量"定理的结论都成立的理解。

(2)对于任意一个向量都可用同一组基底表示出来，学生刚开始运用可能有难度，要通过练习结合图形逐步理解。

可通过图形直观借助推理突破这两个难点。

三、教学目标确定

通过对教材的分析，根据学生的年龄特征，本节课的教学目标包括以下几方面：

(1)知识与技能。了解平面向量基本定理及其意义；掌握平面里的任何一个向量都可以用两个不共线的向量来表示，理解这是应用向量解决实际问题的重要思想方法；能够在具体问题中适当地选取基底，使其他向量都能够用基底来表示。

(2)过程与方法。经历从物理中力的分解到数学中的平面向量基本定理的抽象概括过程，利用几何画板，通过学生自己动手，使学生在"做"数学中亲历知识的建构过程，体验定理的内容和意义。

---

① 本案例由石家庄市第二十四中学徐俊国设计，引自《中学数学四环节课堂活动模式的理论与实践》，河北科学技术出版社，张惠英主编.

（3）情感态度价值观。通过人机互动，提高学习数学的兴趣，通过师生、生生交流，培养学生的合作意识。

四、教学工具准备

多媒体教室，人手一台计算机（若条件不具备，可只用一台教师机演示），几何画板软件。

五、教学程序流程

四环节模式

创设问题情境——→学生自主探究

反思升华结论←——师生辨析研讨

六、教学过程设计（见表4-3）

表4-3 教学过程设计

流程	教学过程	设计意图
创设问题情境	教师引入：从物理上力的合成我们知道了任意两个向量是"可加的"，从力的分解，我们是否能得出任意一个向量一定"可分（解）"呢？出示图片 力的分解 如图，一盏电灯，由电线 AO 和细绳 BO 拉住。CO 所受的拉力 F 应与电灯的重力平衡，拉力 F 可以分解为 AO 与 BO 所受的拉力 F_1 和 F_2 问题一：是不是给定一个向量都可以按指定方向分解成两个不共线的向量 教师在同一平面内，任给两个不共线向量 e_1 和 e_2，学生探索用这两个向量表示此平面内的任一向量 a 通过作图思考并回答问题，体会给定一个向量可以分解成两个不共线的向量 教师针对学生可能出现的问题，引导学生把研究结果进行说明和给出进一步的引导探究	给出学生熟悉的物理实例，直接切入学生的认知基础"力的分解"，调动学生的学习热情，理解向量可以分解成两个不共线的向量，体会平面向量基本定理形成的现实意义

流程	教学过程	设计意图
学生自主探究	问题二：对于确定的向量 e_1 和 e_2（一组基底），给定的向量这样的分解是否是唯一的？即对不共线向量 e_1 和 e_2，$a = \lambda_1 e_1 + \lambda_2 e_2$ 中一对实数 λ_1，λ_2 是否唯一 学生：通过在纸上及利用几何画板作图，邻座对照交流。比较分解成的两个向量的方向和长度是否一致 邻座交流各自的作图，得出答案：分解一致 学生讨论回答，并尝试进一步概括定理 教师：引导设疑提出问题——对照比较分解成的两个向量方向和长度是否一致 教师和学生共同总结得出：作图分解结果的唯一，决定了两个分解向量的唯一，由向量共线定理，有且只有一个实数 λ_1 使得 $OM = \lambda_1 e_1$ 成立，同理，实数 λ_2 也唯一，即一组数 λ_1、λ_2 唯一确定	通过作图及数学实验，由学生自主探索，得出结论。在实验中学生是主体，调动学生的主动性和创造性，并向学生渗透数形结合的思想 猜想和实验是数学发现的基础
	问题三：问题二中的"给定"换成"任一"是否成立 借助几何画板设计，平面内一动向量，两个定向量，每次变化动向量，都可以用给定的向量来表示。通过演示，得到结果：改变动向量的大小和方向，结果仍然成立，即这个平面内任一向量都可以分解成与两定向量共线的向量，从而验证对任意性的理解	正如苏联著名数学家 A.H.柯尔莫戈洛夫所指出："只要有可能，数学家总是尽力把他们正在研究的问题从几何上视觉化。"由于学生目前掌握向量知识很难解决这个任意性的问题，因此用几何画板制作动画，验证任意性。从感性认识自然过渡到理论的认识 三个问题三个台阶，让"思想从学生的头脑中产生"
师生辨析研讨	平面向量基本定理　如果 e_1 和 e_2 是同一平面内的两个不共线向量，那么对于这一平面内的任一向量 a，存在一对实数 λ_1，λ_2，使 $a = \lambda_1 e_1 + \lambda_2 e_2$ 思考：定理中为什么要强调 e_1 和 e_2 不共线 学生：进行讨论分析出向量 e_1 和 e_2 只有共线与不共线两种情况，通过作图验证不共线时总行，共线时不能的结论。学生尝试总结定理内容，师生共同完善 教师：引出定理内容，并指出知识要点 利用几何画板演示：(1)基底给定时，分解形式唯一；(2)基底不唯一 平面向量基本定理的主要依据仍然是平行四边形法则 教师给出基底的概念	至此，学生已经对定理的形成过程有了较好的理解，体现了"数学就是应用抽象的量化方法去研究关系结构模式的一门科学"（徐利治、朱梧槚、郑毓信《数学方法论教程》） 给学生提供思考空间，激发学生的研究兴趣，为空间向量基本定理做伏笔

流程	教学过程	设计意图
反思升华结论	问题四：平面内任一向量可以用与之共线的非零向量表示（上节内容）；平面内任一向量都可以用两个不共线向量表示（本节内容）；那么空间内任一向量是否可以用三个不共面向量表示 $$p = \lambda_1 e_1 + \lambda_2 e_2 + \lambda_3 e_3$$ 上节课我们学习了共线向量的充要条件，现在又得到平面向量基本定理，我们还可以将此定理推广到空间。三者有何联系呢 向量 b 与 a 共线条件 →推广→ $b = \lambda a$ ↓推广 ↓推广 平面向量基本定理 →推广→ $a = \lambda_1 e_1 + \lambda_2 e_2$ ↓推广 ↓推广 空间向量基本定理 →推广→ $p = \lambda_1 e_1 + \lambda_2 e_2 + \lambda_3 e_3$	就在学生认为大功告成时，教师再掀波澜 开头由物理知识引入，使学生感到熟悉亲切
定理的理解和应用	例1 如图，已知四边形 $ABCD$ 是梯形，$AB /\!/ CD$ 且 $AB = 2CD$，M、N 分别是 CD 和 AB 的中点，已知 $\overrightarrow{AB} = a$，$\overrightarrow{AD} = b$，试用 a、b 表示 $\overrightarrow{BC}$ 和 $\overrightarrow{MN}$ 分析：利用三角形法则（平行四边形法则）求解，也可利用"首尾顺次相接的向量构成封闭图形时，其中各向量的和为 0"解题。利用前述这条向量的性质解题确实显得简捷 例1中，学生可能会有多种解法，只要正确，教师都给予肯定 例2 在开头的物理问题中，若电线 AO 与竖直方向成 $30°$，细绳 OB 保持水平方向，设电灯的重量为 aN，那么细绳 OB 所受的拉力为多少	本例本质上是平面向量基本定理的具体应用，因为向量 $\overrightarrow{AB}$、$\overrightarrow{AD}$ 不共线，所以 $\overrightarrow{BC}$ 和 $\overrightarrow{MN}$ 可以用它们来表示。由学生作图思考并回答，进一步具体体会如何用一组基底表示其他向量 体现向量的有关知识从物理中来，再到物理中去，意图贴近学生，调动物理学科的知识经验，在学生熟悉的问题情境中，研究向量的分解，使学生认识到数学来源于实践又服务于实践

流程	教学过程	设计意图
练习	[练习]（1）如左下图，已知向量 a、b、c，求作向量 $3a-2b+\dfrac{1}{2}c$ （2）如右下图所示，已知 $\square ABCD$ 中，E、F 分别是 BC、DC 边上的中点。若 $\overrightarrow{AB}=a$，$\overrightarrow{AD}=b$，试以 a、b 为基底表示 $\overrightarrow{DE}$、$\overrightarrow{BF}$ 	通过练习巩固平面向量基本定理。了解学生对定理掌握的程度 [练习]（1）向量的加法、减法、实数与向量的积是向量中基本的运算，不仅要掌握其运算法则，更应理解这些运算的几何意义。在求作本题时，若利用减法的几何意义作出 $3a-2b$，容易失误。在作向量的和差倍分时，可把"差"转换成"和"
作业	（1）在例 2 中，将电灯改为其他重物，若细绳最大只能承受 200 N 的拉力，电线能承受 400 N 的拉力，那么 O 点悬挂物重量最多为多少？如果超重，细绳与电线哪一个先断 （2）已知 $\overrightarrow{OA}$、$\overrightarrow{OB}$ 不共线，$\overrightarrow{AP}=t\overrightarrow{AB}(t\in\mathbf{R})$，用 $\overrightarrow{OA}$、$\overrightarrow{OB}$ 表示 $\overrightarrow{OP}=(1-t)\overrightarrow{OA}+t\overrightarrow{OB}$。试问 $\overrightarrow{OP}=(1-t)\overrightarrow{OA}+t\overrightarrow{OB}$ 中 $t=0$ 时点 P 在哪儿？$t=1$ 时点 P 又在哪儿？点 P 的集合 $\{P\mid\overrightarrow{OP}=(1-t)\overrightarrow{OA}+t\overrightarrow{OB},\ t\in[0,1]\}$ 构成什么图形？所有适合条件 $\overrightarrow{OP}=(1-t)\overrightarrow{OA}+t\overrightarrow{OB}$，$t\in\mathbf{R}$ 的点 P 都在直线 AB 上吗？ 解：$t=0$ 时点 P 与点 A 重合；$t=1$ 时点 P 与点 B 重合；$t\in[0,1]$，P 点组成的图形是线段 AB 　　$t\in\mathbf{R}$ 时点 P 组成图形是直线 AB 	作业紧紧围绕定理及其应用的，紧紧围绕本节内容，是本节内容的深化和继续 通过作业反馈本节课知识掌握的效果，在课后可以解决学生尚有疑难的地方 本题还可叙述为三点 A、B、C 满足 $\overrightarrow{OC}=\lambda\overrightarrow{OA}+\mu\overrightarrow{OB}$，其中 $\lambda+\mu=1$，则 A、B、C 三点共线。它是用来证明几何问题中三点共线的有力工具

　　点评：平面向量基本定理是指同一平面内任一向量都可表示为两个不共线向量的线性组合。该定理是平面向量正交分解及坐标表示的基础，是本章重要内容之一。

　　课程标准指出：学生是学习的主体，所有的数学知识只有通过学生的"再创造"活动，才能纳入学生的认知结构中，才能成为有意义的和用得上的知识。这节课设计的思路是：利用物理背景进行情境创设，通过自主探究，合作交流，体验数学知识发现和创造的过程，从而使学生认知体验，主动建构成为可能。

　　（1）问题情境的创设，从物理实例"力的分解"出发，使学生体会平面向量基本定理的现实意义，为"资源的生成"创造了条件，从而很自然地进入对平面向量基本定理的探究。以学生的认识起点作为教学的起点，使学生在熟悉的背景中，通过逐层递进的问题，体验知识发现和创造的全过程，使学生不由自主地参与到学习的活动中。

（2）荷兰数学家弗赖登塔尔认为："学习数学是人的一种活动，如同游泳一样，要在游泳中学会游泳，我们必须在做数学中学习数学"。这就要求我们课堂上充分发挥学生主体作用，把学习的权利还给学生，给予学生充分的时间进行尝试、探究、思考、合作，给学生提供自主参与的空间，在接下来的探究教学中，利用一环扣一环的问题对各环节进行衔接，使新知识孕育于旧知识中。把发现的过程交给学生；把抽象的机会给学生；把总结的机会给学生，使学生在探究、思考、合作、交流中充分体验学数学、做数学；使学生自主学习成为可能。教师适时的介入及适当提升，是引导学生迈出固有认知的向导，教师的角色变成了"平等中的首席"，是学生学习的组织者与帮助者，体现了以人为本，以学生为本的理念。

（3）信息技术迅猛发展的知识经济时代，一支粉笔和一块黑板显然不能迎合知识呈几何级数增长的时代的需求，时代的发展客观上就要求我们的学科教学要与信息技术进行有机的整合。本节课中，几何画板的使用，使我们认识到，数学是科学，也是技术，学生的学习方式和师生的互动方式的变革，使数学充满活力，使课堂充满了活力，使数学课堂教学"活"了起来，"动"了起来，为学生的学习和发展提供丰富多彩的教育环境和有力的学习工具。利用几何画板，模拟"真实的"问题情境，变抽象为具体直观，实现了传统教学手段无法实现的教育功能。

（4）将知识结构化是学生学会学习的有效方法，教师善于调动学生已有的知识，并引导他们把旧知识与新知识有机组合，又将新知识进一步深化、形成网络。在数学教学的每节课中，学生学到的是基本独立的知识点，学生应用这些知识点，能应付考试，但这样的学习对学生终身的学习是无益的，只有学会对知识进行归纳、总结，学会揭示知识的内在联系，随着学习的不断深入，逐步形成知识完整的结构体系，才能灵活地应用数学知识，才有可能实现创新。

在对结论反思升华这一环节，教师提出：空间任一向量是否可以用三个不共线向量表示？通过教师的引导、同学的思考交流，共同揭示出向量共线充要条件、平面向量基本定理及空间向量基本定理的内在联系。正如孙维刚先生所言："数学学习应是八方联系，浑然一体；漫江碧透，鱼翔浅底。"这种数学认知加工，使学生所学得的知识、信息成为充满联系的知识组块，并最终形成一个有层次、有条理、有密切联系的知识网络结构，使这节课真正得到了反思与升华。

课的最后，回到一个物理应用问题中，与开头遥相呼应，既是本课的结束，又是本节课的自然延伸，使"学困生"认识到向量作为描述现实问题的数学模型的作用，使中等生"跳一跳就能够得着"，使学优生"英雄有用武之地"，使学生学会用向量这一数学模型处理问题的基本方法。

整个教学流程：创设问题情境→学生自主探究→师生辨析研讨→反思升华结论，构成师生情感共融、价值共享、共同创造、共同享受生命体验的完整的生活过程，使学生对平面向量基本定理的认识螺旋上升，不断深化。

4.4　数学课的说课

数学课的说课是在数学教学研究、教学观摩、教学技能竞赛、学校考核、教师招聘等活动中常见的一种形式。它集"备中说""说中评""评中研""研中学"为一体，能较好地反映教师的专业水平和教学能力，较好地发挥互相交流、互相学习、共同进步的作用，是优化课堂教学设计，共享教学资源，提高数学教师教学能力的一种有效途径。

4.4.1　数学课说课的含义

1. 什么是说课

说课是用教育理论指导课堂教学实践的一种述说，是把教师在备课过程中的创造性劳动置于集体监督之下，把教师在备课过程中的隐性思维活动显性化，是有目的、有计划、有组织地协助教师备课，是运用现代教育理论指导课堂教学的一种教学研究活动。

数学课的说课是指讲课教师在对数学教学的某个内容认真备课的基础上，在一定的场合面对同行、数学教学研究人员，系统地述说本节课教什么？怎样教？以及为什么这样教？即是对教学的设计和分析，涉及教材内容的分析、学情分析、教学目标的确定、教学方法的选择、学习方法的指导、教学过程的设计、板书的设计等内容。此外，还涉及对教学效果的评价以及对以上诸项所作的分析、总结，从自我前瞻的角度，对自己的课堂教学设计或已经讲过的课堂实践过程，予以评说。

数学说课作为一种数学教学研究活动，不受时间、场地的限制，比面对学生的现场教学灵活简便、容易组织。说课能较为全面地考察数学教师专业水平、教育理论水平、驾驭教材和实施教学的能力，教师的语言表达、板书、教态等职业素质在说课过程中尽显出来，有利于研究教学过程，有利于听（评）课者评价执教者的教学水平。教师通过述说自己教学的意图、述说自己处理教材的方法和理由，可以更深层次地理解把握教学内容，更准确地驾驭课堂教学，也使听课者获得有益的启示。

2. 说课的类型与基本要求

说课的类型很多，按不用的标准有不同的分类方法。按照说课的目的可分为检查性说课、示范性说课、研究性说课、评价性说课；按说课的内容可分为说教材、说教法、说学法、说程序，或者专题说课与整体说课、课时说课与单元说课；按照说课的时间顺序可分为课前说课与课后说课；按照说课的形式可分为书面说课与现场说课。最常见的是课前的课时说课。

说课者要明确说课的内容、形式、时间、地点、具体要求等事项，根据要求认真地进行准备。说课时间长度一般是 15～20 min，说课过程中可借助于板书、演示或其他现代教学手段；但带有竞赛或观摩性质的说课，常是针对某一特定教学形式、教学内容，说课的方式、方法、时间等均有严格规定，且事先在较短的时间内通知，以便考核说课者的知识和能力。说课时主要围绕一堂课打算"教什么""怎么教""为什么这样教"3 个问题。交流、研究性质的说课应及时组织评议，肯定说课者的成绩并提出改进意见或探讨之处。只有通过评议，才能达到相互学习、共同提高的目的。

3. 数学说课与备课的关系

数学说课与数学备课作为数学教学环节的两种活动，既有联系，又有区别。

(1)说课和备课，它们都处于教学活动的准备阶段。通常情况下，都要研究课标、教材、目标、重点、难点、教法与学法、教学手段、设计教学过程等。从作用来看，说课与备课，它们都是为教学活动进入实施阶段做的准备工作，都是为取得成功的教学效果服务的。在整个教学活动中，地位一致，相辅相成。通过说课，说课者对各个教学实践活动的理论依据会把握得更准确、更适宜。同时在说课的教育理论和原则的指导下，备课的内容将会更丰富、更完善、更具有科学性和针对性。

(2)说课与备课，虽然并行不悖，相辅相成，但是由于事物内部的特殊性，它们之间侧重点不同，说课侧重于理性的思考，备课却侧重于实际操作，备课不等于说课，说课是备课的深入。主要区别在于以下几方面：

①说课与备课，有动态与静态之别。备课是教师的静态活动，是个人通过独立研读课标，钻研教材、研读教参、查阅资料，最后编写教案。这一切都是个体的行为，基本上表现为静态的活动。再从思维的参与度来说，备课是教师个体的隐性思维活动，一旦形成教案，是将隐性思维的成果显性化，而静态活动这一特征并未发生改变。说课，是教师群体的动态活动，它是说课者(即备课者)把备课的研究成果通过述说展示在参与者面前。体现了说课者与同行互动交流的动态活动过程。这种动态的活动和个人备课的静态活动具有很大差别。

②说课和备课，侧重点各异。首先，备课主要是解决"教什么"和"怎样教"的问题。说课，不仅要解决"教什么"和"怎样教"的问题，而且还要解决"为什么这样教"的问题。其次，从备课的要求和说课的要求看。备课的内容，是课时的具体计划(教案)，一般要求是应突出主题，尽量具体、详尽，步步为营，严谨周密，以便课堂教学有条不紊地进行。而说课，则要求提纲挈领，纲举目张，高屋建瓴，给评说者以登泰山而天下小之感。最后，备课的内容一般来说，多投入课堂教学中，对教学效果产生直接作用。而说课的许多内容如"为什么这样教"的教育观念、教学指导思想和理论依据或教学原则问题等，则并不直接见诸课堂教学。

③备课与说课，殊途同归，各显其能。教师不但是知识的传授者，还应该是教育教学的研究者。仅仅是备课，而没有说课，相比较而言，那样的备课，由于缺乏教育观念、教学思想、教学理论和教学原则的指导，有时盲目性可能会大些。备课后，再进行说课，就把个体的教学行为(编写教案)转化为集体的"教研活动"，实际上也是把个体的教学行为置于集体的探讨与监督之下，强化了教师的教学研究意识。

4. 数学说课与上课的关系

说课与上课是教学领域里两种不同的活动，两者都以教学基本原理、课程标准、教材为依据，都是在经过充分的教学设计的基础上进行的。说课与上课之间相互衔接，相互依存，相互促进，但它们又有各自的特点。

(1)说课与上课的对象不同。上课的对象是学生，说课的对象则是具有一定数学教学研究水平的同行或专家。说课，是施教者在同行之间开展的一项教学研究活动。上课面对的则是学生，是施教者和学生之间知识、智能、情感等诸方面的双边活动。相对而言，说课形式灵活，可大可小，大的可以面对数百人，小的则可以三五人促膝而说，可以是备课组、教研组、全校、学区乃至更大的群体。时间可以商定，地点可视参与人数确定，教学内容可根据需要选择。

(2)说课与上课，表达方式与内容各有侧重。上课是师生双边活动的过程，是学生在教师的引导下进行的积极的数学活动，内容上侧重引导启发学生习得知识和技能，全面发展其能力，注重创新精神和创造能力的培养。教师的表达方式要求灵活多样，生动传神，妙趣横生。教师对例题分析、解答、证明过程都要详尽讲解与展示。说课，虽然也要把教给学生什么内容介绍清楚，但这只是告知同行你本节教了什么，侧重点是向同行介绍你"为什么教这些内容"和"怎样教这些内容"的理论依据。

(3)说课的深度强于讲课。说课是备课后讲课前的一个独立环节，教师既要运用数学教材和其他信息材料，还要运用相关的教育科学理论、心理学理论进行解释和说明，是理论和实践的统一。讲课则是教学理论在课堂教学中的反映，是教师在课堂上展示具体教学内容的操作过程。说课展示的则是对具体操作过程的理论阐述，是述说这样安排教学的理由，对教师的理论素养要求较高。

4.4.2　数学课说课的主要内容

原则上说，凡是教师在教学前所做的准备以及教学实施中的一切要素都可以进入说课的框架中来。具体地说主要包括说教材、学情分析，说教法与学法、说教学过程、说教学媒体使用设计、说课效果评价等几个方面的内容。

1. 说教材

数学教材是学生学习数学的主要对象，是学生发展的"文化中介"，是师生对话的"话题"，是引导学生学习的重要线索和教师进行教学的主要依据，说课者通过说教材，可以体现教师对数学教材内容的理解和把握程度。说教材是说课的基本内容，即说"教什么"的问题。具体可以包括以下几方面内容。

1)课标分析

课程标准是教育部对教学工作的指导性文件，是教材编写的依据、是教学的依据、是对学科成绩评定考查和教学评估的依据，自然也是说课的依据。说课程标准就是说课程标准对教学的总体要求。

2)教材内容

要指明本节课说课的课题，说明本课时教学内容是什么版本、第几册、第几章、第几节的，还要说明这节教材分几个课时讲授，你具体说的是哪一课时。

3)教材简析

教师要根据课程标准的要求，在认真阅读、钻研教材及备课的基础上，述说教师自己对教材的理解、分析及处理方法，是如何创造性地使用教材的。即说教材编写意图、教材的地位、作用和前后内容之间的联系(新旧知识的衔接点和生长点)，以及在生产和生活中的应用，对教材的删减增补等内容。

4）教学目标

教学目标是教学的出发点和归宿，也是检查教学效果的标准和尺度，是整个教学设计的核心。说教学目标，就是根据课程标准的要求，以及学生的认知特点，教学内容的特点，正确制定出本节课的教学目标。

5）重点、难点及关键点

根据对教材的分析以及本节课的教学目标，准确地确定出教学的重点、难点及关键点，并简略分析确定其为重点、难点及关键点的理由。

2. 学情分析

在数学课堂教学中，学习者的差异是客观存在的，但是同一年龄段的学生在学习方面还是会表现出很多共同的特征。了解、分析学生的学习状况、认知规律，目的是为数学教学设计提供依据。学情分析，就是从学生的实际出发，全面客观地述说学生的心理特征、兴趣爱好和思想状况、知识结构、学习能力、思维特点，为优化教学设计提供参考。中学阶段的学生，已由具体的形象思维逐渐发展到抽象逻辑思维，由经验型向理论型过渡，经验型思维和理论型思维并重，呈现出两者相互促进，共同发展，但在理解较抽象知识时需借助已有的知识经验去认识那些没有直接感知过的，或无法直接感知到的事物，这往往还需要教师通过创设情境去帮助学生理解。

3. 说教法与学法

教学方法是为实现教学目标、完成教学任务、师生共同活动的方式。它既包括教师教的方法，也包括学生在教师的指导下学的方法，是教法与学法的统一。

1）说教法

说教法就是要说出本节课教学选用哪些教学方法及其理由，运用此方法应注意哪些问题。教学方法的选择根据教材特点，教学目标以及学生的实际情况来确定。由于一节课的内容不同，学生的特点不同，教学的目标要求就不同，所采用的教学方法也就有所区别。例如，对数学概念一般运用问题教学法、引导发现法、探究法、情境教学法等相结合，对性质的证明一般采用问题教学法、探究法、引导发现法等相结合，而对几何知识的教学一般借助直观教具、现代教学手段、采用演示或实验法。由于每节课的教学目标和任务不同，所采用的教学方法也就不同，"教学有法，教无定法，贵在得法"。

2）说学法

结合本节课所采用的教法，要指出教给学生哪些学习方法。古人曰："授人以鱼，不如授人以渔。"教育家叶圣陶先生也曾说过："教是为了不需要教。"在教学过程中要交给学生学习的钥匙，让学生自己去开启知识宝库的大门，去探索知识，发现真理，从而实现课标中提出的目标要求，使学生养成良好的学习习惯，掌握恰当的数学学习方法。具体要说清下面几个问题：分析学生在教学过程中可能出现哪些学习障碍及原因；在教学过程中教师指导学生掌握哪些学习方法，培养哪些学习能力；根据学生年龄特点和认知规律，准备创设何种教学环境和条件，来保证学生在课堂上有效地学习。

4. 说教学过程

课堂教学是一个多种因素相互结合、相互作用的动态过程，是教师备课标、备教材、备教法、备学生等结果付诸实践的综合体现，也是对教师教学水平及教育教学能力的全面考查。说教学过程时要介绍数学课堂教学过程的整体设计思路以及这样设计的依据。需要述说以下几点：（1）介绍课堂教学活动过程的整体运行程序（教学结构体系）；（2）说出建构动态教学运行系统与教师的教学、学生的学习、教材的组织以及教学环境等诸要素之间的联系；（3）说出结构系统中每个教学环节的教学安排，教什么、怎样教、为什么这样教，即这样教的理论依据，以及预期达到的效果；（4）说出突出重点、突破难点、抓好关键点的理由和方法；（5）说出教学媒体运用设计的目的与理论依据。

在说课时，要说明一节课的各教学环节"教什么，怎样教，为什么这样教"。另外，在教学过程中还要说出怎样协调教学中诸因素的相互关系。例如，"预设"与"生成"的关系（教学是一个动态过程）；面向全体学生与关注学生个体差异的关系（基本要求与个性发展）；使用现代信息技术与教学手段多样化的关系（恰当而充分发挥技术的作用）等。

说教学过程是说课的重点，在具体操作中容易出现的问题：（1）重点不突出，平铺直叙；（2）前后层次、各个环节，缺乏衔接和系统性，忽视说出各环节推进的理论依据；（3）理论牵强附会、穿靴戴帽、缺乏针对性和准确性。

5. 说教学媒体使用设计

教学媒体使用主要包括板书的设计，教具的使用，现代化教学手段的使用。绝大多数的数学课堂教学都离不开教师的板书，好的板书设计可以起到画龙点睛的作用，有助于突出一节课的重点，有助于学生明确知识间的联系，掌握知识的结构，同时还可以对学生进行美育教育。适当使用现代化教学手段，可以帮助学生从生动的情境中观察、发现数学问题，抽象出数学问题；有助于培养学生观察问题、分析问题的能力；有利于调动学生学习兴趣。

说教学媒体使用设计就是要说明如何运用媒体，即如何设计板书，这样设计的目的和作用何在。如何适时恰当地使用现代化的教学手段，并指出这样做的理由、目的和需要注意的地方。这部分内容不仅可以反映出说课者的基本功情况，如粉笔字、简笔画等，而且还能看出教学思路是否清晰，板书布局是否合理，重点是否突出，是否具备一定的板书设计能力和使用现代信息技术的能力等。

6. 说课效果评价

说课效果评价，这里也可以理解为说课反思，是说课者对自己的说课效果进行简要的反思。即回顾说课过程、分析得失、查找原因、寻求对策，以利后行。向评委或同行述说本节教学思想与教学理念体现情况；教学任务和教学目标设计情况；教学结构体系和每个教学环节的设想、安排、依据和预期效果情况；教材、教法处理与学习主体之间的联系情况；突出重点、突破难点、抓好关键点的理由和方法运用情况；媒体的运用效果与理论依据等情况进行简要的反思。通过反思使说课者对这一节课的教学效果有一个初步认识和评价。

4.4.3　数学课说课的方法

了解了数学课说课的内容，并不等于就能说好一节数学课，需要掌握一些说课的方法和技巧。

1. 掌握说课程序

教师对数学课说课从准备到说课、再到评析，可以分为以下几个步骤：确定说课课题、选择说课内容→钻研教学材料、分析教学对象→确定教学目标、选择教学方法→设计教学过程、寻找理论依据→列出说课提纲、完善说课讲稿→演练实施述说、评议整理反馈。

说课的准备过程是决定说课质量的关键环节，是说课的第一步，是说好课的先决条件，在说课实践中起着重要作用，但往往被教师所忽视，一般总认为说课只是说说而已，还准备什么。殊不知，它同教学工作一样，不备课就不能上课，就上不好课，不进行说课准备就不能说课，就说不好课。要把课说好，说成功，就需要教师下功夫去准备。准备说课的过程，是教师从各方面深入学习的过程，按照说课的内容和要求在准备时需要学习所教学科知识，特别需要学习教育教学理论等。所以说好一堂课绝非课前一时的准备，而是长期学习提高的结果。而且说课不能永远停留在一个水平上，优秀教师都深刻体会到：每准备一次说课，就是一次新的学习，就会有新的体会和感受，以及新的发现与提高。

2. 撰写说课讲稿

撰写说课讲稿，是经过一系列充分准备，把说课的内容付诸文字，形成条理清晰的书面材料。写说课讲稿与写教案目的也是一致的，都是为了说好课，上好课。但是两者存在诸多不同，如功能不同、要求不同、写法与侧重点也不同等。那么怎样写说课讲稿呢？首先，要正确认识与处理写说课讲稿与写教案的关系。两者是一个过程必经的两个步骤，同属于课前准备的过程。但由于各有其特定功能和作用，故均属必要，不是无谓的重复劳动，增加教师的负担。其次，要明确两者的内容和侧重点不同。写说课讲稿是阐述一节课教学的设想，一般要将教师钻研教育教学理论，熟悉教材，掌握教法和学法等方面的成果写出来，旨在提高教师自身各方面素质，便于教师之间对教学问题的切磋，重在"说"清。而教案是课堂教学构筑的蓝图，是一场战役的战略方案，旨在上好课，提高学生学习质量，重在"讲"好。最后，写说课讲稿要根据课程标准的要求，从教材、教法、学法及教学程序等方面，写明教什么和学什么，怎样教和学，以及为什么要这样教和学的理论根据等，包括所说课题的教学目的要求，教学内容处理，运用的教学方法，教学进程安排，板书设计以及课堂练习、演示实验等。重在讲明其中的"为什么"，使听者既能知其然，又能知其所以然，达到理论与实践的有机结合。

3. 说课中的注意点

说课与上课关系密切，很容易使教师在说课过程中不自觉地滑向上课的程式，但说课作为一种新型的教学研究活动，毕竟不同于教师的上课。应当通过观摩说课活动，反复演练、体会，循序渐进地发展提高自己的说课能力。应该注意以下几方面：

(1)说课时不要照本宣科，也就是说不能将说课演绎成背说课讲稿或读说课讲稿，而是将说课讲稿的内容内化，要重点突出一个"说"字。在说课过程中要防止出现平铺直叙，要注意轻重缓急，突出重点，抓住关键，力求做到针对性、典型性和艺术性。

(2)说课不同于上课。上课面对的是学生，说课面对的是同行，应注意言辞语句不能像给学生上课一样使用，如出现"对不对""懂不懂""好不好"等询问的字眼就明显不合时宜，要注意说课的对象，尽力营造教学研究的氛围。

（3）说课的时间和节奏要控制得当。说课的时间要根据说课的要求而定，在撰写说课讲稿和演练时就应该控制好，做到不超时。说课的节奏要控制得当，既不能重复、啰唆，面面俱到，也不能三言两语，草草收场，致使听评者难以领会说课者的真正意图。

（4）说课应体现出一定的理论水平。数学说课要立足于现代教育教学理论和数学思想观念来分析研究数学教学的目标、内容、对象和思想方法，要防止就事论事，要综合利用各种理论，阐述自己的数学教学设计、数学问题的解决方法和思想，提高说课的理论深度。

（5）说课要注意创新。说课者要注意突出自己的教学个性和创新精神，防止生搬硬套别人的说课方法和内容。要在借鉴已有优秀成果的基础上，结合教学内容、学生、教学环境等要素的实际情况，开拓创新，才能有特色、高质量地完成说课。

下面来看一份详细的说课讲稿①，以此进一步理解数学课的说课要求。

案例　三角形全等的条件

尊敬的各位评委老师，大家好！今天我说课的题目是"三角形全等的条件"，我将从教材分析、学情分析、教学目标、教法与学法分析、教学过程设计、学习评价以及板书设计七个方面来阐述我对本节课的理解与设计。

一、教材分析

教材是课程标准的具体化，是进行课堂教学设计的蓝本，是教师教、学生学的具体材料，要把握好教材，落实教学目标，必须准确理解课程标准，因此我在认真研读课程标准和教材的基础上从以下两个方面展开我对教材的分析。

（一）教材的地位与作用

本节课选自人教版《数学》八年级上册第十三章第二节第一课时。

对于全等三角形的研究，是平面几何中对封闭的两个图形关系研究的第一步。它是两个三角形间最简单、最常见的关系。本节课是学生在认识三角形的基础上，在了解全等图形和全等三角形之后学习的内容。它既是前面所学知识的延伸与拓展，又是后继学习三角形相关知识的基础，并且是证明线段相等、两角相等的重要依据。因此，本节内容在教材中处于非常重要的地位，起着承上启下的作用。

（二）重点与难点

明确教材的重点和难点，可以使教师有的放矢地去安排教学。在教学中集中精力去解决教材的重点和难点，可避免教学的盲目性，这对于减轻学生的负担，提高教学质量有重要意义。根据以上对教材地位和作用的分析，结合课标对本节课的要求，确定本节课的重点和难点如下：

重点：经历探索及验证三角形全等条件的过程，掌握"边边边"条件的内容。

---

① 本案例是河南省第十一届师范生技能比赛数学组一等奖第一名聂莹莹的说课讲稿，指导教师为河南师范大学侯学萍。

难点：三边条件的应用以及已知三边画三角形的"尺规作图"法。

二、学情分析

学生的知识储备方面：八年级的学生已经了解了全等三角形的概念和特征，掌握了全等三角形的对应边和对应角的关系，这为探究三角形全等的条件做好了知识上的准备。

学生的数学思维方面：学生的数学思维方式正逐步从直观的形象思维向抽象的逻辑思维过渡，考虑问题还不够全面。教师应该充分发挥学生的主体作用，尽可能调动所有学生的积极性。

三、教学目标

教学目标是教学根本的指向与核心的任务，是教学设计的关键。在充分把握课程标准的教学要求，教学内容和教学对象基本情况的基础上，确定如下教学目标。

知识与技能：掌握"边边边"条件的内容，能初步运用"边边边"条件判定两个三角形全等。

过程与方法：使学生经历探索三角形全等条件的过程，建立符号意识，体验用操作、归纳得出数学结论的过程。

情感、态度与价值观：激发学生学习数学的兴趣，树立学生学习数学的自信心，在传授知识的同时，注意培养学生合作交流意识和勇于探索新知的良好品质。让学生体验数学来源于生活，服务于生活的辩证思想。

四、教法与学法分析

(一)教学方法

叶圣陶说："教师之为教，不在全盘授予，而在相机诱导。"因此，我采用引导发现式教学法与探究式教学法相结合的教学方法，从实际问题入手，引导学生由浅入深的探索，设计实验让学生进行验证，感悟其中所蕴含的思想方法。

(二)学法指导

在学校教育中，知识的无限性与学习时间的有限性之间，矛盾越来越突出。解决这个矛盾的根本办法就是教会学生学习。因此，我鼓励学生采用动手实践，自主探索、合作交流的学习方法，让学生亲自感知体验知识的形成过程，最终，让他们在学习中学会学习。

五、教学过程设计

这是说课内容最重要的环节，为了达到预期的教学目标，我对整个教学过程进行了系统的规划，主要设计以下六个环节。

环节1：创设情境，导入新课

为了引起学生们的学习兴趣，设置如下教学情境：学校墙壁上有两块三角形装饰板，如果想知道这两块板是否全等，哪位同学能帮我解决这个问题呢？学生可能很快会想到利用三角形全等的定义。但是用定义来判断两个三角形全等要满足六个条件，即三个角三条边都要对应相等，太过于复杂。接下来，提出了问题1，两个三角形全等至少需要几个条件呢？在学生的思考中，我们一起进入第二个环节，合作交流，探究新知。

环节 2：合作交流，探究新知

根据新课改的要求，教学过程中教师要让学生主动参与获取知识的过程，特别是参与知识的发现过程。因此，对于问题 1 我是这样处理的，先让学生分组讨论，最后在我的引导下，一起把各小组的讨论结果分成如下三类：满足一个条件对应相等，满足两个条件对应相等，以及满足三个条件对应相等的情况。每一类又可以再细分为若干小类，接下来对每一类的情况分别进行探究。

对于第一类情况的探究，学生很容易找到反例，得到结论满足六个条件中的一个，两个三角形不一定全等。

在进行第二类情况的探究时，让学生分组讨论，举出反例来说明满足两个条件时，两个三角形不一定全等，并将学生的讨论结果予以演示，满足两个角对应相等的情况，满足两条边相等的情况，以及一边一角对应相等的情况，得出这三种情况不一定能判断两三角形全等。

接下来在对三个条件的探究过程中，点出本节课只讨论三边对应相等的情况。下面带领学生进入活动二，每个小组发放六根木棒，其中每两根木棒颜色相同，长度相等。让学生用木棒进行实验，验证在满足三边对应相等的情况下，两个三角形全等。之所以这样设计，是想让学生从直观上对三边相等两三角形全等的条件有个初步的认识。学生实验完成后，老师通过多媒体把学生的实验过程进行回放。这样，使那些没有想到实验思路的学生，同样掌握了实验方法。

通过这个实验，我们得到三边对应相等的两个三角形全等，由于这个判定方法是作为基本事实提出的，所以一定要使学生对其确信无疑。为此设置了动手画图，检验发现这一环节。

环节 3：动手画图，检验发现

为了说明这个结论对任意三角形都成立，设置了活动 3：让学生两人一组，一人在纸上任意画出一个三角形。另一个学生，测量出三边，在纸上作图。通过剪切、重叠，来判断两个三角形是否全等。其设计目的就是为了强调三角形的任意性。

我估计学生在作图过程中会遇到困难，因为学生尽管在七年级接触过简单的"尺规作图"，但是对于用尺规画三角形是一个新内容，也是本节课的一个难点。之所以难就难在当学生用直尺在纸上画出一条边以后，这时三角形的顶点已经确定了两个，对于第三个顶点的确定却无从下手，为了解决学生的困难，我利用自制教具在黑板上演示第三个顶点的找寻过程，学生会发现，在另外两条边转动的过程中，末端运动的轨迹正好是个圆弧，两条边末端圆弧轨迹的交点就是我们要找的第三个顶点。通过这样一个直观演示，把抽象的问题具体化，从而突破难点。

尽管在黑板上做了演示，可能还会有少部分学生对作图过程不太清楚，这时，我会通过多媒体演示画法，使做对的学生有一种成就感，也使不会的学生明白了做法。

之后，让学生把画好的三角形剪下来与原三角形进行比较，从而得出结论，对于任意的三角形，只要三边对应相等，这两个三角形一定全等。

环节 4：总结归纳，得出新知

通过以上分类讨论，动手操作，画图验证，感悟领会等环节，我和学生一起得到了本节课重要的结论：三边对应相等的两个三角形全等。为了增强学生的符号意识，我引导学生尝试着把文字语言转化为符号语言。

学生知识的掌握是通过"学得"和"习得"而来的，所以下面我给出了一道例题和两个练习题。带领学生进入第五个环节，巩固新知，学以致用。

环节5：巩固新知，学以致用

例题　如图4-1所示，△ABC是一个钢架，AB＝AC，AD是连接点A与BC中点D的支架，求证△ABD≌△ACD。

这道例题是基本类型，直接利用结论，目的是强化学生对结论的理解。解题的关键点在公共边的发现上。我将在黑板上板书这道例题的正确解题格式，同时让学生明确，判断两个三角形全等的推理过程，叫作证明三角形全等。

练习1：已知AC＝FE，BC＝DE，点A，D，B，F在一条直线上，AD＝FB，证明△ABC≌△FDE，如图4-2所示。

第一道练习题，是例题的变式考察。目的是让学生感受到成功的喜悦，同时也传达了数学中的转化思想，培养学生把间接条件转化为直接条件的能力。

练习2：根据刚学到的知识，你能利用角尺平分找出任意一个角的角平分线的方法吗？并说明理由，如图4-3所示。

第二道练习题，是实际应用问题，让学生感受到数学来源于生活服务于生活的辩证思想。

因为良好的课堂小结设计可激起学生的思维高潮，产生画龙点睛、余味无穷、启迪智慧的效果。所以接下来带领学生进入第六个环节，温故反思，任务后延。

环节6：温故反思，任务后延

在课堂接近尾声时，我和学生一起对本节课的学习内容进行回顾，再次点出重点、难点。让学生通过知识性内容的小结，把所学的知识纳入自己已有的知识结构中去。通过数学思想方法的小结，使学生更深刻地理解数学思想方法在解题中的地位与作用，并且逐渐培养学生良好的个性品质。

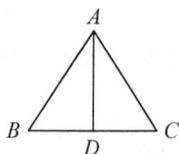

图4-1　案例图(1)

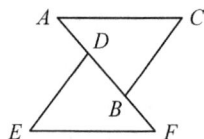

图4-2　案例图(2)

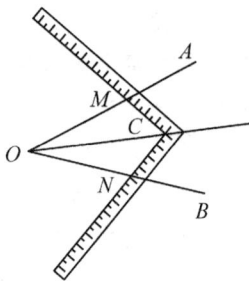

图4-3　案例图(3)

然后我针对学生素质的差异设计了有层次的作业题，留给学生课后自主探索，这样既使学生掌握了知识点，又使学有余力的学生有所提高，从而达到拔尖和减负的目的。

六、学习评价

在探究活动中，通过一系列环节的设计，以学生为主体，以教师为主导，以导学为方法，充分发挥学生的主观能动性。教学中，我将通过课堂观察、课外作业、课后访谈以及日后的书面测验等多种方法对学生进行全面评价，在学生小组交流的过程中关注学生是否主动参与学习活动，是否愿意与他人合作交流，能否有条理地表述自己的思考过程，在对学生知识技能、数学思考、问题解决、情感态度各方面的表现进行评价的同时，注重对学生学习过程的整体评价，并根据评价结果调整自己的教学内容和方法，使学生真正成为课堂的主人。

七、板书设计

板书就像一份微型教案，由于借助了多媒体辅助教学，我的板书将分为 3 个区域，这样设计既体现知识，又体现方法，清晰直观，便于学生理解记忆，体现教学过程与教学目标的统一。

第5章　中学数学教学基本技能

教育心理学家约翰·杜威(John Dewey，1859—1952 年)早在 100 多年前，就已经把教师作为与建筑师、工程师、医生专职人员同等看待的职业。那么，与工程师、医生相比，教师的职业有什么特点？我们现在强调的教师专业发展，究竟发展什么？

有人认为，教师职业与建筑师、工程师、医生职业最大的不同之处在于，前者更多的是依赖于经验，后者则是靠专门的技术。从表面上看，此说似乎有道理，但仔细想来却又不尽然：医生看病首先要有医学理论做指导，还要有从医技能(如操刀手术等)，然后就是比拼经验了，谁的经验丰富，谁就拿捏得准确，要不，病人为何不愿意找年轻医生而要找老医生看病呢？同样，教师职业素养也包括专业知识(本学科知识加上教育学、心理学知识等)、教学技能、教学经验三项。其中，教学技能就是一种专门的技术，并且随着现代教育技术的充分应用，其技术含量越来越高。可惜的是，长期以来我们对于教师课堂教学技能既缺乏理论认识，又没有系统训练，使其处于一种自我感悟、自己摸索状态，这大大延长了师范生参加工作后的适应期。

5.1　中学数学教学基本技能概述

国家课程标准的制定与实施对中学数学教师素质提出了更高的要求。作为数学教学活动的积极参与者、合作者、指导者，数学教师素质的高低在很大程度上影响着课程改革的贯彻、实施，甚至成败。高等师范院校数学系肩负着培养未来中学数学师资的重要历史使命，因此高等师范院校数学系必须适应当前中学教育改革的需要，面向新课程深化高等师范院校数学系教学改革。由于高等师范院校数学系学生教学基本功的强弱高低，直接影响着未来中学数学教师的素质，所以必须加强学生数学教学基本技能的训练，这不但是培养学生从教能力，实现高等师范院校数学系培养目标的重要手段，而且也是适应当前实施素质教育的一项重要使命。

5.1.1　教学基本技能内容界定的原则

数学教学基本技能是数学教师在数学教学中，为了完成一定的教学目标，把数学专业知识和教育理论转化为促进学生学习，并趋于规范化的教学行为能力。因此，有必要对其构成进行全面的界定，以便在培养从教能力的教学中易于实施和训练。数学教学基本技能内容的确定，应面向新课程，围绕高等师范院校数学系培养目标，突出师范性特点，适应素质教育为宗旨。因此，在选择和确定基本技能内容时应遵循以下原则。

1. 师范性原则

师范性是指将知识的学术形态转换为教育形态，也就是既要注重数学能力，又注重教学能力，两者有机结合，方能促进数学教学能力的形成。而这种转换是一种特殊的能力，是需要加以培养的，培养的具体形式就是进行教学基本技能的训练。

2. 实践性原则

技能是通过练习而形成的一种动作方式。数学知识可以通过听课和读书获得，而数学教学基本技能必须通过反复训练，反复实践才能形成。

3. 科学性原则

训练要有计划、有组织，训练的目标、项目、内容也易于实施，并且在训练时要有一套适合数学教学要求的科学方法和程序。

4. 前瞻性原则

数学教学基本技能的训练必须着眼于未来，面向新课程，从 21 世纪数学教育发展的角度来确定适合未来中学数学教学的训练项目。

5. 结合性原则

数学教学基本技能的内容应当有利于专业知识的学习，有利于教育、心理、学科教育等关联知识的学习，并使之有机结合、相互促进。

6. 可测性原则

数学教学基本技能的每个项目都应有质和量的规定，以便制定考核标准，建立有效的考核办法，以利于进行科学评价。

5.1.2　教学基本技能的构成

由于高等师范院校数学系学生的基本技能是从事中等数学教学所必备的基础知识和基本技能，因此数学教学基本技能应包含两个层面。

1. 知识层面

(1)熟记性知识。如某些常用数值、公式、定理等。

(2)高频数运用性知识。包括本体性知识(如数系的扩张、运算法则与性质、解题常用方法等)和条件性知识(如数学教学方法、数学课的结构与类型、备课的要求等)。

(3)驾驭性知识。课程标准中所包括的全部内容。

2. 技能层面

一般认为以下技能应作为数学课堂教学技能的内容：(1)创设情境技能；(2)数学教学语言技能；(3)导入技能；(4)讲解技能；(5)板书板图技能；(6)演示技能；(7)抽象概括技能；(8)推理论证技能；(9)提问技能；(10)变化技能；(11)结束技能；(12)反思技能等。

为适应新课程对数学教师素质的要求，数学教学技能的内容还应包括五个方面。

(1)教学设计技能。教学设计是一个分析教学问题、设计解决方法、对解决方法进行试行并在评价基础上修改方法的过程。教学设计在解决教学问题的过程中，运用现代学习论与教育心理学、传播学、教学媒体论的相关学科的理论与方法使教学工作科学化。教学设计包括确立教学目标、分析和处理数学教材、了解学生实际、设计教学策略、制订教学计划和编写教案、进行学习评价(包括数学作业设计与数学学习评价)。(2)命题、运算、解题技能。(3)评价技能。采用科学的评价方法，对各种教学信息及时进行处理和反馈，以便改进教学方法，充实教学内容。(4)制作创新技能。应培养学生的创新意识，使他们能够根据实际教学情况，利用现代教学技术，制作教学所需课件、几何模型、教具学具等。(5)操作设备技能。例如微机、投影、幻灯、录像机等仪器的正确熟练使用。

5.1.3　教学基本技能训练的目标

高等师范院校数学系学生教学基本技能训练的目标，是指经过训练后学生在教学基本技能方面所要达到的程度，应包括以下几个方面。

(1)正确性。不论是知识层面还是技能层面，正确性的要求是第一位的。

(2)熟练性。动作迅速是技能熟练性的标志，例如对运算技能、推理技能的速度要求，就是要尽可能减少想概念、性质、公式、法则、方法时所花费的时间和精力，减少具体的中间环节或寻求简捷的解法。

(3)协调性。协调性是指各类反应的适当配合，在解决问题时，能有意识地控制自己的反应。例如动作娴熟，手、眼、脑、嘴并用，看、读、写、算融为一体，并作出连贯的反应。

(4)稳定性。稳定性指掌握的知识与技能具有相对稳定性。

(5)灵活性。由于课堂上会时常出现意想不到的问题，因此教师也应采取灵活的教学手段。

5.1.4　教学基本技能训练的途径

数学教学基本技能训练可采取多种形式，关键之处是要制订切实可行的训练计划，同时可采取以下几条途径。

1. 运用微格教学的方法是数学教学基本技能训练的有效途径

微格教学(Microteaching)，是建立在现代视听技术基础上，对在职教师或师范生进行系统的教学技能技巧培养和训练的一种方法。如在"数学实验""数学教学论""现代技术与数学教学"等课及教育实习中运用微格教学方法，可以把复杂的课堂教学技能分解成单项技能进行培训，并使教学技能的培训目标明确、具体，使培训工作由被动变为主动，做到学有理论，做有成效，改有方向，因而使学生的教学技能训练工作生动具体、印象深刻且提高也较迅速。

2. 中等数学理论课程教学是数学教学基本技能训练的延伸

中等数学理论课是高等师范院校数学系教学活动的重要组成部分，可根据"拓宽、加深、实用、系统、提高"的十字方针来选择一些中等数学理论研究的课程，如通过学习《初等数学研究》《数学史》《数学解题思维》《数学方法论》等课程，以提高对中学教材的分析技能，对教学片段的讲解技能，以及研究教材的技能等。

3. 课外活动是数学教学基本技能训练的补充

课外活动是对课堂教学的重要补充。开展数学课外活动不仅有利于激发学生兴趣、开阔学生视野、发展学生能力，而且可以有效提高学生的教学基本功。如可参加中学数学教学(包括讲课、说课)比赛、数学教学设计比赛、数学教学课件设计比赛、基本功(可包括板书、演讲、操作辅助设备等)大赛等，通过这些活动可以提高学生的讲解、推理、书写、使用工具等各项技能水平。

4.教育实习是数学教学基本技能训练的综合与强化

教育实习既是对学生数学教学基本技能的强化训练，又是对学生教学基本技能的综合检验，不仅可以使教学基本技能附加情境性与真实性，使基本技能训练的水平产生质的飞跃，而且还可以在实习过程中发现不足，修正错误，以便在今后教学基本技能的学习和训练中得到提高。

5.研读《数学课程标准》使数学教学基本技能训练适合新课程要求

由于颁布实施的数学课程标准（分为义务教育初中和高中两个学段）不论在基本理念、课程目标，还是基本框架、课程内容的构成上，与原《数学教学大纲》相比都已发生了巨大变化，这样就要求数学教学基本技能训练项目与内容也应随之有新的变化。因此，要求在进行数学教学基本技能训练时，必须有计划地学习、研究课程标准，更新教育理念，符合新课程对数学教学基本技能训练的要求。

5.2　数学课堂教学技能及其形成

课堂教学技能是教师个人能力的重要组成部分，与学科知识的习得不同，教学技能必须通过实践，通过训练习得。遗憾的是，长期以来我们对教师的教学技能，对个性化的课堂教学行为缺乏深入的研究和培训，导致师范生在走上工作岗位之前教学技能的缺失。20 世纪 90 年代我国引进微格教学作为培训教师课堂教学技能的实践系统，取得了引人注目的成效，初步建立起师范生职业技能专业化培训体系。新的一轮课程改革在全国范围的启动，对教师课堂教学技能提出更高的要求。

我们知道，数学课堂教学技能包括创设情境技能、数学教学语言技能、导入技能、讲解技能、板书板图技能、演示技能、提问技能、结束技能和反思技能等方面。本节我们重点研究部分课堂教学技能。

5.2.1　创设数学课堂教学情境的技能

心理学研究表明：每个人都有认知空缺与解决认知失衡的本能。创设情境就是利用这一点，通过学习个体对客观事物作出主动反应。当知识储备不能解决所面临的新问题时，会产生一种不和谐、不平衡的心理状态以及急需解决问题的心理需求。也就是说，情境能促使学习个体产生认知冲突，产生困惑、矛盾等情绪体验。根据建构主义的学习观，学习总是与一定的社会背景即"情境"相联系的，在实际情境下进行学习，有利于意义的建构。因此从某种意义上讲一个理想的情境创设出来了，教学活动就成功了一半。课程标准也指出："数学教学要紧密联系学生的实际生活，从学生的生活经验和已有知识出发，创设生动有趣的情境。"因此，在教学实践中，教师不仅要努力创设情境，沟通数学与现实生活的联系，还要唤起学生强烈的求知欲望，激发学生学习的主动性、积极性，促进学生不断发展，从而提高课堂的教学效率。

创设具体、生动的课堂教学情境，正是激励、唤起和鼓舞学生的一种教学艺术。教师要精心创设教学情境，找准教学切入点，创设一种能使学生积极思维的环境，让学生沉浸在紧张、活跃、和谐的氛围中，从而激发学生产生浓厚的学习兴趣与强烈的求知欲，使学生自觉兴奋地投入学习和探索新知的教学活动中。

1. 创设数学课堂教学情境技能的基本含义

创设数学教学情境技能是指教师在数学教学中利用语言、设备、环境、活动等，根据数学教学内容有目的、有计划地在讲授内容和学生求知心理之间制造一种"不协调"，将学生引入一种冲突、矛盾、悬念的情境中，启发、引导学生思考、发现并解决数学问题的教学技能。

创设教学情境技能在数学教学中的主要功能是：(1)创设"愤""悱"境界，使数学教学内容对学生产生强大的吸引力，激发学生的求知欲与学习兴趣。(2)使学生自行发现规律、解释规律，在学生原有知识和新的教学内容间有效建构新的知识体系。(3)培养学生勤于动脑思考的习惯，提高学生的思维能力。(4)提高学生发现问题、分析问题、解决问题的能力，以及将知识应用于实践的能力。(5)创造活跃、生动、有趣的课堂气氛，鼓励学生勇于探索，敢于创新的精神。

2. 创设数学课堂教学情境的方法

数学课堂教学情境的创设方法与途径是多种多样的。一堂数学课，只要教师勤于思考和留心观察，可以根据教学需要在课前教学设计时就可创设好教学情境，也可以通过教学过程中观察创设出问题情境来；一堂数学课可以根据教学需要围绕一个教学情境展开，也可以在诸多教学情境下进行；既可以创设概括型情境，也可以创设探究型情境、引申型情境、猜想型情境等。

在实际数学教学过程中，教师创设的教学情境或问题在一般情况下应逐渐造成这样一种情况——这个问题学生急于解决，但仅利用已有的知识和技能却又无法解决，形成认知冲突，学生处于"愤"和"悱"的状态，从而激发学生的求知欲望。这个"问题"可以来自数学知识内部，也可以来自数学知识外部，尤其可以来自现实生活。具体教学时可采取如下步骤：

第一步：提供一个与当前学习主题密切相关的真实事件或问题，作为学生学习的中心内容。

第二步：教师提供解决问题的有关线索，比如，可以提出一些与主题相关的问题串，需要收集哪类资料、现实中专家解题的探索过程等，而不是直接告诉学生应当如何解决问题。

第三步：引导学生自主学习。例如，确定完成任务所需知识点的清单，找到获得有关信息和资料的渠道，学会利用与评价有关信息和资料，尝试逐个解决提出的问题。

第四步：协作学习。通过讨论、交流、学生各自暴露自己的思维流程，使不同的观点得以交锋，从而补充、修正、加深自己对问题的理解。

第五步：反复讨论。对自己的思维过程与同学的思维过程进行评价并加以比较。

第六步：达成共识。对整个教学过程得到的结果进行概括与总结，完成教学目标。

第七步：回顾反思。教师和学生既可以共同对教学过程进行回顾，也可以分别进行反思；既可以将本节课的成功与不足加以总结与评价，也可以从教学内容与目标、过程与方法、价值观与情感等方面进行回顾与反思，并加以记录。

案例 "二次函数应用"课堂教学情境的设计

在元旦来临之际，市政府决定在世纪公园燃放烟火，为此请来了有关专家帮助设计。专家的建议是，在公园内找一块空地，搭建一座8 m高的发射台，台上装一个定时装置，届时通过这个定时装置用冲天炮来发射烟火。计划发射角为 75°，冲天炮在竖直方向上的速度为 42 m/s。

另外，专家们还要解决以下几个问题：

(1)为了烟火能在冲天炮到达其轨迹的最高点处绽放，需要知道冲天炮在何时到达最高点，以便调整发射冲天炮的定时装置。

(2)为了让观众能站在最佳位置处观看到放烟火表演，需要知道冲天炮能飞多高。

(3)为了安全起见，还需要知道冲天炮能飞多远，以便提前将这块地用围栏围上。

相关公式：根据物理学知识，可将冲天炮飞行高度 h 表示成关于时间 t 的函数，且 $h = 8 + 42t - 4.9t^2$。

冲天炮飞行的水平距离 d 也可表示为关于时间 t 的函数，且 $d = \dfrac{42t}{\tan 75°}$

同学们，你能用自己所学的知识帮助解决专家们遇到的问题吗？为此，你的任务是：

(1)画出该情境的草图。

(2)清晰地写出专家们要回答的问题。

(3)描述你怎样利用给出的函数关系帮助回答这些问题。

(4)利用你所想到的方法求出这些问题的解。

评价：本例中通过"创设情境—讨论作业单(画情境草图，表述问题，解决问题)—提出新问题"展开教学。在学生解决问题的过程中，涉及：抛物线的运动轨迹，二次函数图像的画法及应注意的问题，求抛物线顶点坐标，二次函数与一元二次方程的关系，二次函数图像及其中的特殊点——顶点、与坐标轴交点的实际意义。案例中，问题不是被给予，而是通过学生自己的语言表达出来，且包含多种任务要求，这样做可以将情境和要解决的任务清晰地展现在每个学生面前，这就使得学生能够更充分地理解情境信息，更方便地进行问题探究与解决等活动。

3. 创设数学课堂教学情境的基本原则

创设适宜的数学课堂教学情境应遵循以下原则：

1)启发诱导原则

在教学中贯彻启发诱导原则，主要是为了调动学生学习的积极性，引导学生积极思考，探索解决问题的方法。教师要善于结合教材和学生的实际状况，用通俗形象，生动具体的事例，提出富有启发性的数学问题，对学生形成一种智力活动的刺激，从而引导学生积极主动地去发现问题、获取知识。

2)直观性原则

在教学中贯彻直观性原则，主要是为了使学生掌握知识能建立在感性认识的基础上，帮助学生正确地理解课本知识。

3)及时反馈原则

教学过程是信息双向传递的过程，是在刺激反应和纠正反应中进行的。教师根据学生反馈的信息，设置合适的问题情境，让学生参与讨论，在讨论中辨明正误，从而准确地掌握所学知识。

4)理论联系实际原则

学生学习数学知识，最终目的是应用于实际，解决实际问题。在教学中教师应创设实际的问题情境，帮助学生自觉地应用数学知识去分析，解决实际问题，提高解决问题的能力。

5)实效性原则

最佳的情境创设有利于学生"动手实践、自主探索、合作交流"；有利于学生把知识结构转化为学生的智能结构；有利于学生自己去发现、探索、研究，使学生在真正的研究性学习中学会学习，不断地发展自身的认知结构和智能结构。因此，数学教学情境的创设切忌脱离现实生活，切忌远离知识内容，切忌游离思维本质，切忌形式主义。

4.创设数学课堂教学情境技能的教学案例

案例 "加法原理与乘法原理"课堂教学情境的设计

背景：中国队进入韩日世界杯决赛阶段，就有了小组出线乃至夺冠的机会和可能，圆了众多球迷44年的心愿。对于中国队的第一场比赛，每个人都有不同的看法和预测。请说说你的看法和预测，你最关心什么？这个情境正是学生最关注的"谁能夺冠"及"中国队能否出线"的内容，也正好可作为引出两个基本原理的实例。

1)创设情境

老师：对于本次世界杯足球赛，每个人可能有不同的看法和预测。那么，大家最关心的是什么呢？今天下午，中国队将进行本届世界杯上的第一场比赛。这节课，我们先来聊一下足球赛。

学生1：中国队能进入世界杯的决赛，我是非常高兴的。我希望中国队在本次世界杯上能取得最好的成绩，最好能进入决赛，爆出一个大冷门。

老师：学生1说出了我们大家的希望，希望中国队能发挥他们的水平，赛出中国队的风格来。

学生2：对于本次世界杯，中国队的实力还达不到和世界强队竞争的水平，所以我只希望中国队能进一个球，能赢一场比赛，也就不枉进了一回世界杯。

老师：这位同学对中国队的现状作了一些实力分析，态度比较保守。

学生3：足球是圆的，比赛场上什么情况都有可能发生，只要中国队能赢一场平一场，那么，就可以进入16强，我最关心的是"谁能夺冠"及"中国队能否出线"。

老师："夺冠""出线"可能是在座各位最关心的问题了（在黑板上板书——"夺冠""出线"）。

2)提出问题

老师：在足球场上，要想赢球，与教练的赛前战术布置、球员的技术发挥、比赛双方的实力对比、天气情况等各种内外在因素是密不可分的。比赛场上，什么情况都有可能发生，所以不能说中国队就完全没有出线甚至夺冠的可能。

夺冠问题——如果排除各种内、外在因素，单单从夺冠的可能性来说，这次世界杯的冠军会有多少种不同的可能？

出线问题——中国所在的C组，分别以第一名、第二名身份出线的两队，有多少种不同的可能？

3)解决问题

老师：这节课我们就来解决这两个问题。

(1)夺冠问题(由学生分组讨论解决方法,时间控制在 15 min 之内)。

小组 1:将球队按所在的赛区可以分为 6 类,即 6 个赛区:直接晋级的 3 支,亚洲队 2 支,非洲队 5 支,欧洲队 14 支,北美洲队 3 支,南美洲队 5 支。由于无论哪一个赛区中的哪一支球队都有夺冠的可能,所以一共有 $N=3+2+5+14+3+5=32$ 种不同的夺冠可能。

老师:上面这种方法可以归纳为"加法原理":做一件事,完成它可以有 n 类办法,在第一类办法中有 m_1 种不同的方法,在第二类办法中有 m_2 种不同的方法,在第 n 类办法中有 m_n 种不同的方法。那么,完成这件事共有 $N=m_1+m_2+\cdots+m_n$ 种不同的方法。

小组 2:按照世界杯的分组来分类,可以分为 8 类,即 8 个小组,每组 4 支队,每个小组内的 4 支球队都有夺冠的可能,则一共有 $N=4+4+4+4+4+4+4+4=32$ 种不同的可能。

小组 3:将这 32 支球队看成一类,这一类中有 32 种不同的方法,每一种方法都能独立地完成"夺冠"这件事,所以根据加法原理,一共有 32 种不同的可能。

(2)出线问题(讨论时间控制在 20 min 之内)。

学生 4:为了解决问题,可以列出各种可能,以 C 组为例,如图 5-1 所示。

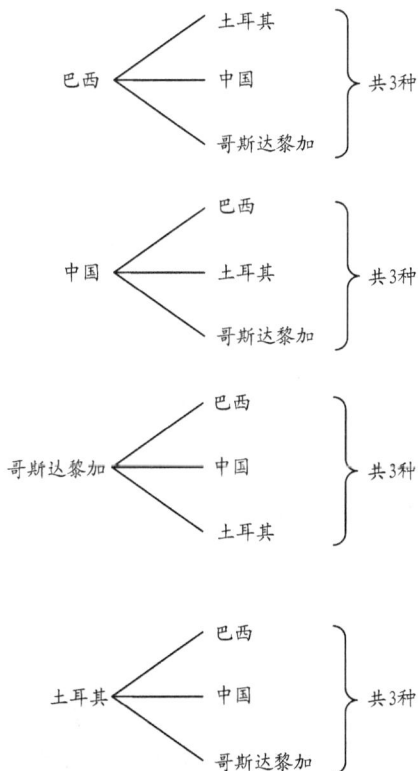

图 5-1　案例图(1)

一共有 $4\times3=12$ 种不同的出线可能。

老师:上面这种方法可以归纳为下面要讲的"乘法原理":第一件事,完成它需要分成 n 个步骤,做第一步有 m_1 种不同的方法,做第二步有 m_2 种不同的方法……做第 n 步有 m_n 种不同的方法。那么,完成这件事共有 $N=m_1\times m_2\times\cdots\times m_n$ 种不同的方法。

浅析这两个基本原理：

(1)共同点：计算做一件事完成它的所有不同的方法种数。

(2)区别：加法原理与分类有关，要求不论哪一类办法中的哪一种方法，都能单独完成这件事，每类是独立完成事件。乘法原理与分步有关，要求依次完成所有步骤后，才能完成这件事，每步是阶段性地完成事件。

所以，应用两个原理的关键在于恰当地分类或分步，使分类或分步不重复，不遗漏。换句话说，类类互斥，步步独立。

老师：刚才的结论是排除了各方面干扰的，但实际问题中，要受到各种各样的因素的干扰。所以，不能仅仅根据我们算出来的结论就武断地做出结论，必须具体问题具体分析，认真而又冷静地对待比赛的结果。

评价：本例中教师选择了既贴近学生生活，又紧扣教材知识内容的实际问题作为教学情境，可以自然地引导学生提出问题，并由学生自己想办法解决问题，充分发挥了学生的主体作用，达到了良好的教学效果。这需要教师必须悉心研究教材，了解教材内容体系，了解学生的兴趣爱好与身心发展水平。

另外还应注意的是：在教学过程中，学生的思维是活跃的，学生除了提出"夺冠"与"出线"两个紧扣本课内容的问题外，还可能提出其他很有价值的问题，比如：(1)每个小组要进行多少场比赛？（这个问题可以用来解决求排列组合公式的问题)(2)中国队共有5名运动员可以踢前锋的位置，一场比赛需要2名前锋，可以有多少种出场方式？（这个问题可以用来解决求组合数公式的问题)

这些问题虽然不能在本节课中得到解决，但却是学生关心并希望自己能够解决的问题，这些问题可以为下一步进行排列组合的概念，排列数、组合数公式，以及排列组合应用问题做铺垫。所以，本节课所创设的"足球赛与排列组合"的数学情境，并不仅仅是一节课的情境，而是可以作为整个"排列组合"这一单元的大情境，是教师从每节课都要找一个合适的数学情境的工作中解脱出来，选择适宜这一单元的大情境进行教学。

5.2.2 数学课堂教学语言使用的技能

作为一名教师，即使"学富五车，才高八斗"，如果在课堂上不能够准确而流畅地进行语言表达，去启迪学生的思维，激发学生的学习兴趣，其教学效果不会很好。因此，教师要练就"一张铁嘴"，努力做到讲课或说话时讲究语言的艺术，语言既要生动形象、引人入胜、有强烈的感染力，又要表达扼要准确、恰如其分、切中要害。数学语言是一种形式化的符号语言，符号是其构成元素，数学语言具有概括、精确、简约的特点，其语法以逻辑为底层结构，与日常语言按照民族的语言习惯构成语句不同，数学语言中的任何符号串是否正确，都可以按照逻辑规则予以严格的论证。

1. 数学教学语言技能的基本含义

课堂教学语言是教师在课堂教学中阐明问题、传播知识、组织学生学习、不断激发学生学习热情所运用的语言。数学教学语言技能是教师在完成数学教学任务过程中运用数学教学语言的行为方式，是数学教师应该掌握的最基本的教学技能。

数学教学语言技能在教学中的主要功能是：（1）传递数学教学信息，以保证教学任务的顺利完成；（2）教学语言技能的熟练掌握可以促进学生智力的发展，提高学生的学习效率；（3）组织、调节功能；（4）示范功能。

2. 数学教学语言的构成与类型

1）数学教学语言的构成

教学语言虽然是一种职业性、专业化的语言，但与我们日常语言一样，也是一种音—义系统，它同样由语音、语义、词汇和语法几个部分构成。

（1）语音：是语言的物质外壳，是人们通过听觉感知的语言的外部特征。语音是与通过语言要表达的意义紧密联系在一起的。对教学语言语音的基本要求是规范化，即要用普通话语音来讲话。教学语言的表达不但要清晰准确、字字分明，还要把握语句中的重音、语调、节奏、语速、语气的变化，使语言表达轻重急徐、变化自然，抑扬顿挫、情感表露自如，生动流畅。

（2）语义：是词语的意义，也称词义。它是客观事物或现象，关系在人们意识中的概括的反映，是人们在语言运用过程中约定俗成的。研究教学语言的语义问题，主要是要求教师正确运用语言，消除歧义现象，保证教学用语的准确严密，为学生正确无误地理解教学内容提供必要条件。

（3）词汇：是一种语言中所有的词和固定词组的总汇，又称语汇。词汇是构成语言的建筑材料。作为数学教师不仅要掌握生活中常用的一般词汇，更要注意准确掌握和运用数学专业词汇，还要注意学会用通俗的语言来解释数学专业词汇，使教学语言通俗易懂，富于启发性。教师的词汇丰富，语言表达就准确、生动、灵活，反之，就会造成表达上的困难，使教学陷入困境。

（4）语法：是语言的结构规律。只有按语法规则表达，才能被人们所理解。

2）教学语言的类型

结合教师行为的特点，教学语言的类型可分为以下几种类型：

（1）阐释性的语言。阐释性语言用于介绍教材内容，描述事物．现象，解释概念，说明公式、原理、规律、法则、方法，揭示知识的内在联系，论证命题、定理等。主要回答"是什么""什么样""为什么"的问题，可以适当举例或运用比喻、类比。例如，运用比喻说明"化归"这种数学思想方法。

运用阐释性语言要注意：第一，教师要认真研究知识的内容。考虑要阐释什么概念，重点是什么，有什么相关概念？第二，要分析学生的认识水平。了解学生已经知道了什么，还不知道什么，难点在哪儿，疑点是什么，怎样才能使学生准确地理解？第三，根据知识内容和学生水平选择阐释的语言形式和次序。

案例　"函数关系的建立"教学案例

T：前一节课我们学习了函数的概念和表示函数的3种方法。用解析式表示函数是常用的一种方法。在研究函数问题时，首先会想到求函数的解析式。当然有的函数关系是不能用解析式表示的，而我们现在要讨论的是可以用解析式表示函数关系的情况。那么，如何求函数的解析式呢？（用投影展现水箱的图像，让学生直观地获得信息）

如何来制造这样的无盖水箱呢？把一块边长是 13 cm 的正方形薄铁片，在四个角上都剪去一个边长为 x cm 的小正方形，折成一个容积是 V 的无盖长方体盒子，试用解析式将 V 表示成 x 的函数。

请大家独立思考，解答这个问题并思考，总结出求函数解析式的一般步骤。

评价：本例中教师进行教学时，首先就要把问题阐述清楚，所使用的语言就是阐释性语言。

(2)组织性语言。组织性语言是教师根据一定的教学目的，组织学生进行各种学习活动时运用的语言。它充分体现教师的主导作用，表明教师的意图，反映教学目的、要求和工作方式。这种语言虽不直接揭示知识的具体内容，但可以协调教学活动，为知识的学习创造条件，指导和推进学生的学习进程。组织性语言又可分为指令性语言和引导性语言。

指令性语言是指定学生采取某种行动的语言，其组织协调作用很强。要提高其效能，应该注意：指令性语言的语义必须明确，不能模棱两可，含糊其词；指令性语言应该文明、热情，避免生硬、粗鲁；指令性语言应该正确反映教学进度的需要，保证教学环节的衔接，促进教学的顺利进行。

引导性语言是把学生引入课题的起始性或过渡性语言，其主要作用是设置问题情境，创造学习背景，引起学习动机和持续性的学习兴趣。因此，引导性语言必须目的明确、简短，而又富有吸引力。

案例 "有理数与数轴上的点"教学案例

T：刚才我们仅仅以 0，$+5$，-4，2.4，$-1\frac{1}{2}$ 等 5 个数轴上的有理数为例，一一用数轴上的点表示，为什么就可以相信所有的有理数都可以用数轴上的点表示呢？（学生没有怀疑这个论断的正确性，但无法说明理由）

T：（继续启发）上面所列 5 个有理数有什么代表性？

S：恰好分别代表零、正整数、负整数、正分数、负分数等 5 类有理数。

T：既没有重复也没有遗漏地说明了每一类有理数用数轴上的点表示的方法，那么所做的论断就令人信服了。

评价：教师使用引导性语言时不仅应步步深入、脉络清晰，而且应不杂不乱、不急不躁，同时教师应引而不发、透而不露，切忌"一语道破天机"的画龙点睛之语，知识真谛这一"天机"是要靠学生自己去悟得，教师的启发诱导是学生感悟的催化剂。

(3)评断性语言。评断性语言是反映教师对教材内容、客观事物、学生的思想观点、学习行为有所认定的语言。运用评断性语言要注意：第一，要实事求是，恰当评价，恰当运用褒贬语。语言要真诚、讲求分寸、注意界限、以鼓励为主。要区别学生个性，对不同心理状况的学生，运用不同的方法评断。第二，评断要围绕教学目标进行，使评断语有明确的指向性，使学生正确的观点和行为得到肯定与激励，错误的观点和行为得到指导和校正，使其改正目标。

3. 运用教学语言的基本原则

教学语言的形成一般经历 3 个过程：(1)组织过程，根据教学目标和学生的实际情况、认知水平和语言习惯，将教材所提供的教学内容组织成语言的过程。(2)表达(传播)过程，利用口头语言，辅以书面语、体态语，将组织好的教学内容传递给学生的过程。(3)反馈过程，通过观察、交谈、自我监听，发现教学语言的组织和传播中的问题，及时反馈，调整语言的组织和表达，以获得满意的教学效果。

教学语言是语言在教育教学领域中的应用。它除了具备全民语言的特征外，还应具有一般交际语言不具有的职业特征。这就要求教师在运用教学语言时遵循以下几条原则。

1)教育性原则

教师所从事的是培养青少年一代的崇高事业，教师在一切教育教学活动中所运用的语言都要求真、求善、求美，要用充满真理、饱含情感的语言去启迪学生的心灵、陶冶学生的情操、开拓学生的视野、丰富学生的知识。

2)科学性与学科性原则

教师运用数学教学语言向学生传授知识，必须有助于学生对所学内容形成正确的认识，顺利地完成思维活动，有效地运用数学知识去解决问题。所以，在使用数学教学语言时保证其科学性是至关重要的。首先，教师要做到用语准确，语句要合乎语法和逻辑规则；其次，教学语言的科学性与学科性是紧密相关的。对于数学教师来说，只有正确掌握和使用数学语言，才能保证教学语言的科学性；最后，要保证教学语言的科学性，教师还要掌握丰富的词汇，包括日常语言的词汇和数学符号的词汇，以免由于词汇的欠缺，影响到表达内容的准确、恰当。例如矩形、菱形、正方形是特殊的平行四边形，故它们具有平行四边形的所有性质。又如证明 7 是素数，因为"一个素数只能被 1 和它本身整除，而 7 只能被 1 和它本身整除，所以它是素数"。这样证明符合充足理由律的逻辑性要求，因而整个证明是正确的。

3)适应性原则

教学语言要针对学生的年龄特点和认知水平，选择符号与词语，组织表达思路，控制语速、节奏等，特别要强调的是数学教学语言中使用的数学语言要有一个渐进过程。

4)启发性原则

数学教学语言的启发性，主要在于设置问题情境和引导学生去求索，要善于运用比喻和类比。例如讲述合并同类项时，可用生活中的例子进行类比：2 头牛加 3 头牛是 5 头牛，但是 2 头牛加 3 头马就不是 5 头牛马了。同理 $2x+3x=5x$，$2x+3y\neq5xy$。如果教师善于运用形象化的语言，就能把本来枯燥乏味的数学变得生动有趣，从而激发学生学习数学的兴趣。

5)规范性原则

规范性是教学语言示范性特点所决定的。规范性主要指：语音、词汇要规范，语法要规范，数学语言要规范。数学教学语言的规范性有助于其科学性的实现。如 $|x|$ 应读作"x 的绝对值"，而不能说成"绝对值 x"；$\sqrt{2}$ 可以读作"根号 2"，但不能把 $\sqrt{2^2}$ 读作

"根号2的平方"。对几何图形的位置关系表达既要清楚又要规范,如点与圆的位置关系有点在圆上、点在圆内和点在圆外3种,不能把点在圆内说成点在圆里。

4. 数学课堂教学语言使用技能的教学案例

案例 "解一元一次不等式"教学案例(片段)

T:请解不等式 $3x-2>7$。

S_1:两边同时加上2,$3x>9$,所以 $x>3$。

T:为什么两边能够同时加上2?

S_1:不等式的两边都加上(或者减去)同一个数或整式,不等号的方向不变。

T:(为了进一步引导学生理解不等式变形的特点,又提出新的问题)如果不等式左边加上2,右边减去1,可得 $3x>6$。不等号的方向也没有改变,解得 $x>2$。这种解法正确吗?

(这个设问引起了学生的认知冲突,明知这种解法不对,可又说不出理由)

T:(再次启发)从 $3x-2>7$ 能够推出 $3x>9$,反过来,从 $3x>9$ 能推出 $3x-2>7$ 吗?

S_2:能,只要两边同时减去2。

T:从 $3x-2>7$ 也能推出 $3x>6$,反过来,从 $3x>6$ 能推出 $3x-2>7$ 吗?

S_3:不能。

T:从 $3x>6$ 不能逆推得 $3x-2>7$,这是什么含义?

S_3:$3x>6$ 的解不都是 $3x-2>7$ 的解。

评价:本例中教师通过使用启发引导性语言,使学生明白了只有根据不等式的基本性质对不等式进行变形,才能保证步步可逆,步步同解。

5.2.3 数学课堂教学导入的技能

良好的开端等于成功的一半。教学开始的导入活动,是完成教学任务的一个必要而重要的教学环节。教师在课堂教学导入时,一定要根据既定的教学目的来精心设计导语,既要符合教学内容本身的科学性,从学生的实际出发,富于启发性,又要从课型的需要入手,具有新颖性、趣味性,同时还需要导语短小精悍,具有简洁性,形式多样,具有灵活性。因此,教师为较好地完成教学任务,要努力进行教学导入技能方面的训练,以适应当前中学数学课程改革的需要。

1. 导入技能的基本含义

导入技能是教师在一个新的教学活动开始时,将学生引入一定的学习情境的教学行为方式。一般运用于教学活动的起始阶段(包括一个完整的教学过程、一节课或一个教学片段的起始阶段),是教师组织教学活动的一种基本技能。运用导入技能的目的:(1)引起学生的注意,形成课始标志;(2)激发学生的学习兴趣,引起学生的学习动机;(3)使学生明确学习目标,进入积极的思维状态;(4)为学生学习新知识提供必要的知识背景。

2. 导入技能的类型

导入的目的就是要通过直接的、间接的,直观的、感性的以及各种各样的方法,把学生的兴趣、注意力吸引到课堂教学中来。常用于课堂教学的导入类型有：

1）直接导入

直接介绍课题，阐明学习的目的和要求，提示各部分的主要内容及教学程序的导入方法。这种方法适合于学习能力较强，有一定意志力的高年级学生。

2）复习导入

以旧知识的复习为基础，将问题发展、深化，从而引入新的教学内容的导入方法。这是教师在课堂教学中常用的一种导入方法。运用这种方法要注意精选复习内容，使之与新内容之间有一个紧密联系的"支点"，而且要让学生清楚新旧知识的联系，以引导他们思考，使从复习到新课学习的过渡连贯自然。

案例　"对数运算性质"教学案例（导入片段）

T：上节课我们学习了对数的概念。请叙述对数是建立在什么基础之上的，如何定义的？

S_1：对数是建立在指数基础之上的。如果 $a^b=N$，那么 b 叫作以 a 为底 N 的对数，记作 $\log_a N=b$。

T：对数的底数及真数有什么要求？

S_2：其中底数 $a>0$，$a\neq1$，真数 $N>0$。

（教师板书：对数运算是指数运算的逆运算，$a^b=N\Leftrightarrow\log_a N=b$）

T：我们已经学过指数运算性质，请叙述指数运算性质。

（学生口述，教师板书）$a^m \cdot a^n=a^{m+n}$；$\dfrac{a^m}{a^n}=a^{m-n}$；$(a^m)^n=a^{mn}$。

T：对数运算是指数运算的逆运算，那么，对数运算有哪些性质呢？这节课我们就来研究"对数运算性质"（板书课题）。

评价：以旧知识的复习为基础，将问题不断发展、深化，从而引入新的教学内容的方法，是教师在课堂教学中常用的一种导入方法。其特点是要求学生一开始就进入学习状态，不能有丝毫的懈怠，节省教学时间。但从实际课堂效果来看，可能很难达到吸引学生进入学习情境的目的。

3）直观演示导入

在讲授新知识之前，利用直观，让学生观察实物、模型、教具等，引起学生学习的兴趣，并从观察中提出问题，使学生从解决问题入手，自然而然地过渡到新课题的学习。运用这种导入方法应注意以下两点：一是实物、模型、幻灯、电视、计算机等的演示内容必须与新课题有密切的联系；二是在观察中教师要及时恰如其分地提出问题，为学习新知识做好准备。

4）问题导入

问题导入可以有效地激发学生的学习动机，使得他们跃跃欲试而又确感力不从心，因此产生获得解决问题的知识与技能的强烈愿望，从而使新课题的引入水到渠成。问题导入可分为实际问题导入和数学问题导入。

（1）实际问题导入。实际生活中有许多现象、问题，学生一般能够感觉到但不能够很好地理解、认识它们，一旦把它们上升到理论的高度，使其得到科学的解释，便能引起学生浓厚的兴趣，教师利用学生的这种心理因素，许多问题都可以从身边讲起，通过对实际问题的解释，问题中所含量之间关系的分析，建立数学模型，从而引出新的教学内容。用学生生活中所熟悉的或关心的事例来导入课题，可以使学生产生亲切感和实用感。

案例　"三角形全等的判定Ⅱ"教学案例（导入片段）

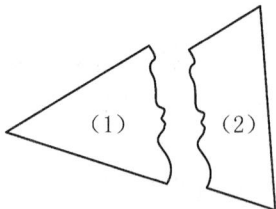

图 5-2　案例图(2)

在引入"三角形全等的判定Ⅱ"即"角边角公理"时，教师提出：一块三角形状的玻璃如图 5-2 所示被打碎成(1)、(2)两块，是否需要把(1)、(2)两块都拿来才能配到原形状的玻璃？如果只带一块，该带哪一块？

评价：这样以实际问题导入新课，就让学生有针对性地不知不觉进入了"角边角"的三角形全等的判定公理的学习中。

(2)数学问题导入。通过纯粹数学问题导入新课题，也是数学教学中常用的导入方法。与新的教学内容相关的数学问题可以直接给出，也可以由学生已有知识入手，逐步深入思考而得出，还可以从简单的个例出发，通过观察、归纳、猜想（概括）其一般性结论而得到问题。

5)类比导入

很多知识之间都有着相互联系，如果所要讲授的新知识与某旧知识在结构和特征上有着共同点或相似之处，则可采用与旧知识类比的方法引入新知识。

6)故事导入

爱听故事是青少年的一大特点。在各学科的发展史中都有许多动人的故事，适当地选讲数学发展史中的某些故事或其片段，不仅有助于学生科学思维能力的培养，还可以引起学习的兴趣。采用这种方法时要注意故事与课题要紧密联系，故事本身应生动有趣，对学生富有启发性。

案例　"近似数和有效数字"教学案例（导入片段）

在教学"近似数和有效数字"一节时，可用华罗庚教授出过的一道考试题引入，考试题如下：酒八毛四一斤，饼四分钱一个，现有八毛四分钱如何既买一斤酒又买一个饼。

评价：这样引入近似数的学习，不但唤起学生的兴趣和思考，重要的是加深了他们对四舍五入的印象，以及学习好每个小概念的意义的认识。

7)活动导入

教师讲明活动的形式、步骤、所需材料和活动目标，学生进行动手动脑的数学活动，通过活动使学生探求规律、概括结论、进一步发现问题，从而进入新的学习内容的导入方法。运用这种导入方法，教师要注意选择合适的活动内容，使其既易于课堂上学生操作，使学生有兴趣去做，又与新课题紧密联系。在活动过程中，教师要适时予以指导，以避免活动的盲目性和无意义的拖延时间。

3．导入技能的应用原则

导入一般具有 4 个基本环节：引起注意→激发动机→组织引导→建立联系，这几个环节构成了导入技能的基本结构。

导入的基本目的之一是引起学生对所学内容的注意，形成课始标志，使学生的注意力集中于所学的主题，排除无关的信息、行为对教学活动的干扰，这样学生的学习才能进入良好的状态。要加强并保持学生对所学内容的注意，导入活动就要进入第二环节——激发动机。学生学习的持久性以及克服困难的毅力是与其学习动机密切相关的。构成学习动机的因素是多方面的，从教师的角度来说，引起学生的兴趣，明确学习的目标是激发学生学习动机的主要手段。在学生对所学内容产生兴趣、具有学习的基本动机的条件下，把学生引向探求知识的道路所做的工作就是组织引导。例如，向学生指明解决问题的基本思路、要点和方法等，组织引导要注意逻辑性，突出教学重点。导入不是教学的目的，而是手段。为了使学生正确理解新知识，教师应在导入阶段建立起学生已有知识和所要学习的知识之间的联系，结合学生的实际，提供必要的背景知识。因此，要求教师在导入阶段所选用的内容、资料、教具，设置的问题，提示的要点等都要与教学重点紧密相关，否则会喧宾夺主，达不到应有的教学效果。应用导入技能时应注意以下原则：

1）目的性原则

导入本身虽然是手段，但运用这一手段一定要有明确的目的。教师设计任何一种导入，都要十分清楚为什么要这样设计以及对学生的学习可能产生什么样的效果。

2）针对性原则

导入的类型和方法是多种多样的，不同的学科，不同内容的课题，不同的学生对象，应采取不同的导入类型和方法。换言之，就是要针对学科的特点、教材内容和学生的特点设计导入。

3）启发性原则

导入要有启发性，以便引起学生思维的积极状态。

4）高效性原则

导入只出现于某一教学阶段的起始环节，目的是引入学习课题。课堂教学的时间是有限的，因此，导入应尽量简洁、准确、少而精。

4．数学课堂教学导入技能的教学案例

案例　"代数式的值"教学案例（导入片段）

学习"代数式的值"时，可采用"巧设问题悬念法"让全体学生任意想一个数（不为0），将这个数加上本身，结果再乘以本身，结果再减去本身，结果再除以本身，告诉老师你算出的最后结果，老师能马上猜出你想的数是吗？其实教师是这样完成猜想的：设学生想的数是 x，那么有 $\dfrac{(x+x)x-x}{x}=2x-1$，从而 $x=\dfrac{最后的结果+1}{2}$，就是学生任意想的数。

评价：这样设计符合初中生的年龄特点。用字母表示数，是学生学习生涯中第一次从具体到抽象的全面跨越。在经历了数不清的具体计算和表示后，一下子通过字母表示，用一个"式"就代表了几乎无穷的具体算题，而且抽象的"式"与具体的"题"之间，经由代入求值又紧密地联系在一起，使学生意识到这一点是代数教学中的一个重中之重的问题。这样设计使学生知道随着"代入"的不同，同一个"式"可以产生那么多的值，知道具体与抽象之间的关系。

5.2.4　数学课堂教学讲解的技能

讲解，是教师向学生传授知识的主要方式，必须对学生有吸引力、说服力、感染力。为此，教师在课堂教学的讲解中要达到激发学生的主体意识，增强其学习的主动性；设疑激趣相结合，增强讲解的吸引力；增强讲解的说服力；注重生动形象，增强讲解的感染力。

1. 讲解技能的基本含义

讲解是用语言传授知识的一种教学方式。讲解技能即教师运用系统连贯的语言，表述、阐明教学内容，传授知识的教学行为方式。

讲解技能的特点：一是在知识的传播过程中，语言是作为重要的媒体来使用；二是教学信息的传输具有单向性。这些特点决定了它具有省时、省力、省资金，教学信息的传输密度较大，可以保证教师在课堂教学中的主动性，教学的流畅性和连贯性等优点。但也有缺点：一是教学本身应该是师生之间的相互作用，教学信息传输的单向性使得学生不能够直接参与到教学中来，相对来说，学生在教学中处于被动地位。二是学生对单纯靠听觉获得的知识相应来说在头脑中的保持率比较低。因此，教师在讲解过程中要观察学生的反应，以便能及时地、适当地调整教学进程，尽可能弥补教学信息传输单向性的不足。

讲解技能在教学中的作用在于：(1)使学生在一定的教学时间内可以获得较多的知识信息；(2)生动、活泼、有效的讲解能够感染学生，激发学生的学习兴趣，并可通过讲解内容的思想性影响学生的思想，达到思想教育的目的；(3)讲解技能在传授思维方法，表达思想和处理问题的方法等方面具有积极的作用。

教学语言技能的掌握是形成讲解技能的一个必要条件，但两者又是不同的两个教学技能。教学语言技能侧重于语言的形成方面，讲解技能着重于教师在表达知识内容的语言的组织以及表达程序方面。

2. 讲解技能的类型

讲解技能的类型可以根据不同的标准进行划分，下面侧重于讲解的内容，提出以下几种基本类型。

1)解释式

解释式讲解是通过讲解将未知与已知联系起来，一般用于初级的、具体的、事实性知识的讲解，是教学中经常普遍使用的一种讲解技能。教师运用这种讲解技能时，语言要尽量朴实、准确、通俗、易懂，使学生听后立即对教师解释说明的知识内容清楚、明白，取消数学学习中的疑虑。

2)描述式

描述式讲解一般以人、事和物作为描述对象，描述内容可以是人、事或物的形象、结构或发生、发展、变化过程。因此，讲解的知识多数还是形象的、具体的，也属于初级知识的范畴。教师在运用描述式讲解技能时，语言要力求生动活泼，事物形象的比喻要恰如其分，争取达到使学生对描述的对象有一定完整的、一定深度的认识的目的。

案例　"无理数"教学案例

（教师在上"无理数"一课前，先做了一个大骰子作为教具）

T：同学们，这是什么？

S：骰子！

T：它有什么用处？

S：打麻将用！

T：是的，打麻将要用它。但是除了打麻将外，它还有什么用处？

S：……

（面对大家的沉默，教师没有立即给予回答。他请两位同学上台，让一位同学在讲台上掷骰子，另一位同学在小数点后面记录骰子掷出的点数。所有的同学都聚精会神地看他俩的表演。随着骰子的一次次投掷，点数一点点记录，黑板上出现了一个不断延伸的小数：0.315 426 512 3…）

T：好！暂停！同学们，如果骰子不断地掷下去，那么我们在黑板上能得到一个什么样的小数呢？它有多少位？

S：能够得到一个有无限多位的小数。

T：是无限循环小数吗？

S：不是。

T：为什么？

S：点数是掷出来的，并没有什么规律。

T：不错。这样得到的小数，一般是一个无限不循环的小数。这种无限不循环的小数，与我们已经学过的有限小数、无限循环小数不同，是一类新的数，我们称它为"无理数"。这就是我们今天要学习的主题。

评价：如果没有事先制作的教具演示，没有学生的上台自己的动手操作，教师的"无理数"概念讲解就显得苍白无力。对于这些内容比较抽象的数学概念，在解释时要考虑学生的可接受程度。

3）论述式

论述式讲解是以概念、原理、规律、解答问题等为中心内容的讲解。运用论述式讲解技能，教师要把握的关键是通过分析建立解决问题的方案。讲解要具有启发性、条理性、科学性和逻辑性，并要注意讲解技能与其他教学技能的结合运用，使学生通过教师的讲解，在知识的理解应用方面、思想方面、能力方面都能有较大的收益。

3. 讲解技能的应用原则

在实际的数学课堂教学中，教师要较好地掌握和运用讲解技能，必须要较好地掌握和运用语言技能，紧紧围绕数学教学主题展开。在讲解过程中，讲解的目的要具体、明确，讲解重点不仅要突出，而且要抓住关键，在注意讲解的阶段性同时，努力与其他教学技能的配合运用。为此，应用讲解技能时应注意以下原则：

1)启发性原则

教师在讲解过程中要避免呆板、单调、流水账式的讲解，要善于恰当、及时地设疑、激疑和释疑，启发学生随教师一起积极思考、主动探索。

2)科学性原则

讲解过程的组织要合理，讲解内容要准确无误，确保其科学性。论据、例证要做到充分、具体、贴切，围绕主题的讲解要做到条理清楚、层次分明、逻辑严谨、结构完整。

3)针对性原则

讲解要针对以下几方面的具体情况来进行：学生的知识水平和理解、接受能力；教学大纲所规定的教学内容、教学目的、任务和要求；教师自身的学识、教育教学素养以及特长等。

4. 数学课堂教学讲解技能的教学案例

案例 "全等三角形"教学案例(导入)

问题 1：前面我们学过用直尺和圆规画角的平分线和线段的中垂线，为什么那样的画法是正确的呢？

问题 2：如果你画一个边长分别为 3 cm，4 cm，5 cm 的三角形，那么这个三角形一定是直角三角形，这里的依据又是什么呢？

[观察]

利用多媒体技术移出一些图形，如两张邮票、两张贺卡、两张入场券、两个五角星、两个三角形等。

[提问]

(1)这里有没有能完全重合的两个图形？

(2)这些能完全重合的图形具有什么特点？

[实践]

师生共同拿两张硬纸叠在一起，剪出两个三角形，如图 5-3 所示，观察发现这两个三角形具有什么特点？

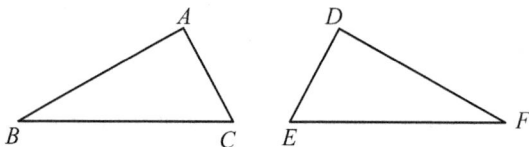

图 5-3 案例图(3)

[提问]

(1)△ABC 中的顶点 A、B、C 分别与△DEF 的哪个顶点重合？

(2)△ABC 中的∠A、∠B、∠C 分别与△DEF 中的哪个角重合？

(3)△ABC 中的边 AB、边 AC、边 BC 分别与△DEF 中的哪条边重合？

(4)△ABC 与△DEF 是什么关系？用什么符号表示？又是怎么读的？

(5)两个三角形全等时，应注意什么？

（6）已知△ABC≌△DEF，那么它们的对应边、对应角有什么数量关系？为什么？

（7）根据（1）、（2）、（3）、（4）、（5）和（6），你能发现全等三角形的性质吗？并把它用数学符号表示出来吗？

评价：本例的中心问题是全等三角形的性质，通过学生动手操作、观察、实践等方法找到答案，最终得出结论。教师在讲解过程中一定要牢牢抓住这个中心问题。从上面实例可以看出，在一般情况下讲解可以概括成如下结构模式：引入→主体讲解→总结。引入就是引入主题；主体讲解是指议论、描述、展开等；总结就是揭示出结果。这三个部分的讲解必须要紧紧围绕讲解的主题展开。

5.2.5　数学课堂教学提问的技能

有效而恰当地提问是师生交流的桥梁。通过提问，可以检查学生对已学的知识、技能掌握的情况；可以开阔学生思路，启发学生思维，帮助学生掌握学习重点，突破难点；可以发挥教师的主导作用，及时调节教学进程，使课堂教学沿着预先设计的思路进行；可以活跃课堂气氛，增进师生之间的感情，促进课堂教学的和谐发展。

1. 提问技能的基本含义

提问是通过设置、提出问题，引导学生学习，启发、促进学生思维，巩固所学知识的一种教学方式。提问技能即教师运用提问实现教学目标的教学行为方式。其特点：一是师生共同参与教学活动，使教、学双方在教学中都能处于主动地位，也可使信息传输具有多向性；二是教学信息的反馈及时、准确、可增加授课的针对性。

提问技能在教学中的作用在于：（1）激发、促进学生学习，引起和组织学生本身的活动；（2）在教会学生怎样发现问题、如何提出问题并掌握思考问题和有效地解决问题的方法方面发挥着积极作用；（3）促进学生及时复习、巩固所学的知识，并且能够把新旧知识联系起来，系统地掌握知识；（4）能够加强师生之间的相互作用，及时调节教学活动。

2. 提问技能的类型

这里所讲的提问是指课堂教学中教师提出问题，并要求学生明确回答的提问。依据教师运用提问技能时所提问题的性质，可以将其分为以下几种类型：

（1）回忆性提问：要求学生回忆所学过的知识或生活中的现象、事实等，对问题作简单的思考、回答。回忆性提问一般用于课的开始或对某一问题的论证初期，目的是检查学生掌握知识的情况，使学生回忆所学习的概念或事实等，为新知识的学习提供材料。

（2）理解性提问：要求学生用自己的语言对概念、事实、结论或解题过程等进行叙述或解释说明。理解性提问多用于某概念、原理或法则的讲解之后，或课程的结束阶段。

（3）应用性提问：建立一个简单的问题情境，让学生运用学过的知识和技能解决新问题，或发现新问题，教师也可不失时机地提出新问题。

案例　"对数的应用"教学案例

在讲授"利用对数进行计算"时，教师手拿一张纸对折，又对折，再对折，问道：

"你们看白纸厚度只有 0.083 mm，3 次对折后的厚度是 $0.083 \times 2^3 = 0.664$ mm，还不到 1 mm。假如对折 50 次，那么它的厚度是多少？会不会高过桌子？会不会高过屋顶？会不会高过教学楼？……"学生们活跃起来，纷纷发表见解，争论激烈，当教师宣布结果对折 50 次的厚度"比珠穆朗玛峰还要高"时，学生惊讶不已，迫不及待地想知道这是怎么得出的，教师抓住时机说："你们想想应该怎样计算呢？"学生们自己列出了式子：$0.083 \times 2^{50} = ?$ 为了得到结果，就需要对数的知识。

评价：这种形式的提问，能把枯燥无味的数学内容变得趣味横生。

(4)分析性提问：要求学生识别条件与原因，或找出条件之间、因果之间的关系，能有效地组织自己的思想，组织自己已有的知识，对问题进行分析。分析性提问一般用于知识的深入学习阶段。

(5)创造性提问：要求学生根据已有的知识，对问题进行分析综合、推理论证，提出创新的见解或预见事物的发展方向。

(6)评价性提问：要求学生评价一个观点、结论或解决问题的思想、方法等的价值，对有争议的问题给出自己的观点。

3. 提问技能的应用原则

课堂教学中，一个完整的提问过程应该由引入、介入、评价 3 个环节构成。引入阶段，即教师采用不同的方式使学生对提问在心理上有所准备，然后明确提出问题；介入阶段，即教师在学生回答问题受到阻碍或遇到困难时，要以不同的方式、方法，鼓励、诱导学生作答；评价阶段，指教师可以用不同的方法评价学生的回答，必要时可以将问题引申。为此，运用提问技能要注意设计好问题，把好语言关，把好时间关，把握对学生回答问题的指导，并进行必要的提示与探询。应用提问技能时应注意以下原则：

1)面向全体的原则

结合教学的实际情况，利用学生已有的知识设计适合学生年龄和能力的多种水平的问题。注意面向全体学生，使多数学生能够参与回答问题。

2)目的性原则

提问的目的要明确，问题的内容要清楚，重点要突出，表达问题的语言要简明易懂。

案例 "平面的基本性质"教学案例

(在学习"平面的基本性质"时，为了加深学生对立体几何的公理及其推论的认识，教师可提出以下问题)

(1)怎样证明 3 条两两相交且不共点的直线在同一平面内？

(2)怎样证明 4 条两两相交且不共点的直线在同一平面内？

(3)怎样证明与同一条直线都相交的三条平行直线共面？

(在解决其中的某一个具体问题时，又可给出一系列的小问题)

例如，在证明了"与同一条直线都相交的 3 条平行线在同一平面内"之后，又可提出怎样证明"与同一条直线都相交的所有平行线共面"？

评价：在这些问题的解决过程中，学生思维积极、目的明确，课堂学习气氛生动、活泼。反之，在课堂提问中如果问题提得不具体、不明确，模棱两可，会使学生把握不住问题实质，阻碍思维过程，例如在"对顶角相等"的教学中，一位老师提问："相交线有什么性质？"这样提问令学生无所适从，因为课本上并没有明确相交线性质的具体内容，学生也不知老师要求从哪个角度去回答相交线的性质。例如在推导圆锥的表面积计算公式时可设问："是否可以把圆锥转化为一种我们已学过的图形来进行思考呢？"这比"可以把圆锥转化为哪种我们已学过图形？"来得好，前者语气温和，把学生视为一个共同探讨问题的对象，令人倍感亲切，拉近了学生和教师的心理距离，使学生乐意与教师一起去思考，去解决问题；而后者的提问虽无可非议，但却给人一种居高临下的感觉，使学生觉得自己始终是一个知识的被动接受者，不利于学生主动学习。

3）启发诱导性原则

提问过程要坚持启发性。当学生考虑不充分，不能正确回答问题，或抓不住重点时，教师要运用多种方法，从不同侧面给予启发和诱导。

4）评价性原则

对学生作出的答案，教师要给予分析和确认。

4. 数学课堂教学提问技能的教学案例

案例 "双曲线及其标准方程"教学案例

（在"双曲线及其标准方程"课堂教学中，教师通过提问引思、共同探讨，求出双曲线的标准方程后，为巩固新知，了解思维动态，教师提出问题）

问题：已知双曲线的焦点在 y 轴上，并且双曲线上两点 F_1、F_2 的坐标分别是 $(3, -4\sqrt{2})$，$\left(\dfrac{9}{4}, 5\right)$，求双曲线的标准方程。

（教师让学生自己求解，并要求先完成的同学举手示意。大约过了 3 min，大部分同学还在埋头运算时，有同学表示已经完成，教师及时请他起来讲解思路）

S：据题意设双曲线标准方程为 $\dfrac{y^2}{a^2} - \dfrac{x^2}{b^2} = 1$；将 $(3, -4\sqrt{2})$，$\left(\dfrac{9}{4}, 5\right)$ 分别代入方程，得
$$\begin{cases} \dfrac{(-4\sqrt{2})^2}{a^2} - \dfrac{3^2}{b^2} = 1, \\[2mm] \dfrac{25}{a^2} - \dfrac{\left(\dfrac{9}{4}\right)^2}{b^2} = 1. \end{cases}$$

设 $m = \dfrac{1}{a^2}$，$n = \dfrac{1}{b^2}$，则方程组化为 $\begin{cases} 32m - 9n = 1, \\[2mm] 25m - \dfrac{81}{16}n = 1. \end{cases}$

解得 $\begin{cases} m = \dfrac{1}{16}, \\[2mm] n = \dfrac{1}{9}. \end{cases}$

即 $a^2 = 16$，$b^2 = 9$，故所求双曲线方程为 $\dfrac{y^2}{16} - \dfrac{x^2}{9} = 1$。

T：很好！同学们可能非常希望把 a，b 直接求出，因此采用去分母，消元求解的

方法，但这样运算就比较烦琐，而这位同学的做法采用了整体代换，方程组的次数由二次降为一次，运算既迅速又准确，应该说是一种比较好的方法。

通过本题的解答，启示我们这样设想，以后求焦点在坐标轴上双曲线的标准方程，我们也可以先将这个双曲线设成 $mx^2 - ny^2 = 1$，这里只需加上什么条件？

S：$m > 0$，$n > 0$。

T：能否改设为 $mx^2 + ny^2 = 1$ 呢？

S：也可以，只需加上条件 $m > 0$，$n < 0$ 即可。

（为了使学生对双曲线标准方程的认识更加完善，教师不失时机提出一个开放性问题）

T：已知 m，n 为实数，方程 $mx^2 + ny^2 = 1$ 表示怎样的曲线？供学生课后思考与研究。

评价：本例所设计的问题具有检测与评价意义。这是一个由点到面，由特殊到一般"举一反三"的过程，其意义在于考查学生对双曲线定义的理解水平，为掌握和利用"待定系数法"、换元法等数学方法解决类似问题奠定基础。同时，也进一步深化对双曲线的标准方程本质特征的认识。教师的两次提问起了引申拓展之功，尤其是最后的开放题跃上了新台阶，对于考评学生这一知识形成过程中的认知发展水平独有功效。

5.2.6　数学教学反思的技能

教学是教师工作的基本任务，每一个教师的成长都离不开不断的教学反思这一重要的环节。教学反思是教师自觉地把自己的课堂教学实践，作为认识对象进行全面而深入的冷静思考和总结。教学反思可以激活我们的教学智慧，探索教材内容的表达方式，构建师生互动机制及学生学习的新方式。因此，为了教师的发展和学生的学习全面发展，教师在教学过程中，要重视反思，学会反思，积极反思。

1. 数学教学反思技能的基本含义

反思是人类特有的一种内省心理活动，是人对自身认知过程的再认知。一方面，它具有内隐性，属于人的内部思维活动；另一方面，反思的过程及结果通过语言和行为表现出来，使反思具有外显性。

教学反思，是教师对自己参与的教学活动的回顾、检验与认识，本质上是对教学的一种反省认知活动。教师以自己的实践过程为思考对象，在"回放过程"的基础上，对其中的成败得失及其原因进行思考，得到一定的能用以指导自己教学的理性认识，并形成更为合理的实践方案。

数学教学反思，即对数学教学的反思性活动，指我们借助于对自己数学教学实践的行为研究，不断反思自我对数学内容，学生学习数学的规律，数学教学的目的、方法、手段以及对经验的认识，积极探索与解决数学教育实践中的问题，努力提升数学教学实践的科学性、合理性的活动过程。因此，教师要科学确定反思内容，明确教学反思步骤，灵活运用教学反思技能，提高数学课堂教学效果。

数学教学反思技能在教学中的作用表现在以下几方面：

(1)数学教学反思是实施课程教学不可或缺的技能要求，指出："教师不仅是知识的传授者，而且也是学生学习的引导者、组织者和合作者"。教学过程是师生交往、共同发展的互动过程，教师的主要职能已从知识的传播者变为学生发展的促进者。这一转变无论是在思想上，还是在对数学知识、数学内容、课堂教学的把握上，都对教师提出了新的挑战。数学教师对这些新理念的领悟，新观点的接受，新要求的落实，不是通过短期的学习就能达到的，必然要经过"反思—实践—反思"的循环往复的过程。因此，数学教学反思是实施新课程教学不可或缺的技能要求。

（2）数学教学反思是一种有益的思维活动和再学习活动。数学教学反思可以进一步地激发教师终身学习的自觉冲动，是一种有益的数学思维活动和再学习活动。不断的反思会不断地发现困惑，俗话说"教然后知困"，不断发现一个个陌生的我，从而促使自己拜师求教，书海寻宝。可以激活教师的教学智慧，探索教材内容的崭新表达方式，构建师生互动机制及学生学习新方式。

（3）数学教学反思是促进教师由"经验型"逐步走向"合理型"的核心环节。每一条教学经验的产生都有其特定的背景和制约条件，这些经验是在有意无意之间养成的许多带有个人认知特点与行为习惯的教学习惯，其经验本身所带有的局限性也是显而易见的。为了尝试新数学教育观下的教学实践，这就要求我们以理性态度审视自己的教学，把数学教学实践建立在对数学教育理论客观分析的基础上，也就是说，教师要进行数学教学反思，只有通过反思才能充分发挥先进的教学理论对教学行为的指导作用，才能激发我们理性的力量，才能把潜意识的活动纳入有意义的活动轨道，从而使教学实践趋于合理化。

2. 数学教学反思的内容

明确数学教学反思的内容，这是进行教学反思的前提。理论上，任何与教学实践相关的问题都可能成为反思的对象和内容。但一般而言，教学设计与实施的比较、教学中的成败得失、教学机智与灵感、课堂互动情况以及课堂教学改革与创新等，是反思的主要对象。

通常，我们可以从不同的角度来确定反思的内容。例如，根据教学活动的顺序，分阶段确定反思的内容；根据教学活动涉及的各种要素，确定反思的内容。当然，不同的角度之间一定会有交叉。另外，在反思的具体实施过程中，我们可以选择若干自己感受深刻的内容，有侧重地进行思考。

1）根据教学活动顺序确定反思内容

（1）对教学设计的反思：教学设计是课堂教学的蓝本，是对课堂教学的整体规划和预设，勾勒出了课堂教学活动的效益取向。设计教学方案时，教师对当前的教学内容及其地位（概念的"解构"、思想方法的"析出"、相关知识的联系方式等）、学生已有知识经验、教学目的、重点与难点；如何依据学生已有认知水平和知识的逻辑过程设计教学过程；如何突出重点和突破难点，学生在理解概念和思想方法时可能会出现哪些情况；如何处理这些情况，设计哪些练习以巩固新知识；如何评价学生的学习效果等，都已经有一定的思考和预设。教学设计的反思就是对这些思考和预设是否与教学的实际进程具有适切性进行比较和反思，找出成功和不足之处及其原因，从而有效地改进教学。

(2)对教学过程的反思：我们知道，数学教学过程是学生在教师的指导下有目的、有意识、有计划地掌握数学双基、发展数学能力的认知活动，也是学生在掌握数学的双基、发展数学能力的过程中获得全面发展的实践活动。数学教学过程既包含教师的"教"，又包含学生的"学"，是教与学矛盾统一的过程。从"学"的角度看，数学教学过程不仅是在教师指导下学习数学知识、形成技能的过程，而且还是学生发展智力、形成数学能力的过程，也是理性精神和个性心理品质发展的过程。教学过程中，学生、教师、数学教学内容、教学方法、教学媒体、教学环境、校园文化等都是影响教学效果的直接因素，其中，教师、学生和教学中介是数学教学过程中的 3 个基本要素。教学中介是教学活动中教师作用于学生的全部信息，包括教学目标、教学内容、教学方法和手段、教学组织形式、反馈和教学环境等子要素，其中的主体是教学内容。对数学教学过程的反思就是对教学过程中各要素的相互作用过程及其效果的反思。

具体可以从如下几个方面进行反思：①各教学环节的时间分配是否合理(特别要反思是否把时间用在核心概念和思想方法的理解和应用上)；②教学重点和难点的处理情况；③是否启发了学生提问，学生提问的质量如何；④问题是否恰时恰点，学生是否有充分的独立思考机会；⑤核心概念的"解构"、思想方法的"析出"是否准确、到位；⑥是否关注到学生的个性差异，学生活动是否高质高效，有没有"奇思妙想"、创新火花，有没有抓住这种机会；⑦是否渗透和强调了数学能力的培养；⑧教学内容的"价值观因素"是否得到充分挖掘，并用学生能理解的方式进行展示；⑨教师语言、行为是否符合教育教学规律，学生有什么反应；⑩教学媒体使用是否得当；⑪各种练习是否适当；⑫教学过程是否存在着"内伤"等。

(3)对教学效果的反思：对数学教学效果的反思，是指在教学活动结束后，教师对整个活动所取得的成效的价值判断，包括学生所获得的发展和教师自己的价值感受两个方面。前者主要考查学生的数学双基的掌握，数学能力发展，数学学习方法的掌握，数学的科学、人文价值的认识，以及理性精神的养成等方面；后者主要考查教师自己在教学活动中对教学内容和学生情况的了解程度的变化，个人教学经验的变化，实施有效教学能力的提升，教学思想观念的变化等。其中，教学是否达到了预期的目标，学生行为是否产生了预期的变化，是教学效果反思的重点。

(4)对个人经验的反思：这是教师对自己教学活动的持续不断的反思过程，是教师专业化成长的必由之路。对个人经验的反思有两个层面：一是反思自己日常教学经历，使之沉淀成为真正的经验；二是对经验进行解释、归纳和概括，提炼出其中的规律，使之成为有一定普适性的理论。没有经过教学反思的经验，其意义是有限的。如果教师只对个人经验作描述性的记录而不进行解释，那么这些经验就无法得到深层次解读，从而也就无法形成具有普遍意义的理论。只有对经验作出解释后，对经验的阅读才是有意义的，也就是说，形成经验的过程既是对经验的解释过程，也是对经验的理解过程。在教学反思实践中，可以使用"反思档案"，其中包括：一是忠实记录并分析所发生的种种情况，使之成为文本形式的经验；二是对文本经验本身不断加工和再创造，使经验得到升华，改善教师的理念与操作体系，甚至可以自下而上地形成新的教学理论。

案例　"四边形"教学案例(教学反思)

(1)本节课主要研究四边形的概念及内角和性质。教学中不仅要使学生掌握新知，更要培养学生探求新知的方法，充分渗透类比、转化的思想方法。

(2)在四边形概念的教学中，始终采用类比法，引导学生自主研究，激发学生探求新知识的积极性，这比教师平铺直叙四边形概念更富有思考性，有利于培养学生承上启下、以旧引新的思维能力。

(3)四边形内角和等于360°，学生在小学学习中就有感性认识，现在是要让学生从理性上探索、分析。本课通过拼图、裁图，引导学生充分建立转化思想，从多个角度寻找方法，从而得出内角和定理，进一步得出外角和定理，并且在拓展性思考、练习中，进一步强化转化思想。

(4)通过新课的实例引入以及新知的学习和实例的解决，让学生体验数学来源于生活、服务于生活的辩证思想。

(5)教学中教师主要是引导学生自主研究，开展小组讨论、合作交流的学习形式，充分调动学生自主学习的主体意识。

评价：教学实践行为的反思对象很广泛，可以对自己教学活动的目的、活动计划、活动策略、活动过程及活动评价进行反思，主要从教学定位问题、动态生成问题、教学设计问题、教学效果问题等几个方面分析；也可以对教育教学的观念进行反思。把新课程理念作为反思的着眼点，把相关经验和理论作为反思的重要参照，把调查研究作为反思的重要依据，把整体反思与局部反思相结合，把反思贯穿课堂教学的全过程。

2)根据教学活动涉及的要素确定反思内容

从教学活动中涉及的要素角度，可以从如下几个方面确定反思内容。

(1)知识层面：主要是在课堂教学活动后反思对数学内容的"解构"是否到位，并提出改进措施。因为本课题主要解决核心概念和思想方法的教学问题，因此主要反思概念的"解构"及其核心的确定是否到位，内容所反映的思想方法的"析出"是否准确，以及内容所反映的价值观内涵是否得到揭示。另外，还要通过对学生反应的分析，反观概念的核心、思想方法以及价值观内涵的呈现是否与学生的理解方式相匹配。

(2)教的层面：主要是反思教师在与课堂教学相关的活动中的行为表现及其效果，并提出改进建议。包括教学目标的定位，重点难点的处理，教学阶段的划分与教学处理，教与学的方式，教学组织形式，问题情境的设置(与数学、生活或其他学科联系的背景)，提问质量，师生互动，板书的设计，计算机等教学技术的运用，对教材内容的处理，课题的引进，课堂作业的布置，因材施教，小组活动的设计等。其中特别要注意反思是否围绕数学概念、思想方法开展教学活动以及落实情况。

(3)学的层面：主要是反思学生在课堂中的行为表现，分析其成因，并据此提出教学改进建议，反馈到教学设计的改进中。具体包括对学生当前认知水平的分析和估计是否符合学生现状，学生对概念的本质、思想方法的理解状况及其原因，学生对课堂中某些关键性问题的反应(包括行为表现、语言表达等)及其原因分析，对课堂中学生思维活动特征的分析，对学生使用的问题解决策略的分析，对学生作业情况及其原因的分析等。

（4）情感态度价值观层面：包括用与学生心理发展相适应的方式呈现内容的价值观内涵，课堂氛围的营造，教师与学生、学生与学生之间的感情沟通，数学学习兴趣的培养，对数学学习的认识与态度，学习动机与自信心，学生主动参与的程度等。

3. 数学教学反思的步骤

具体进行教学反思时，要注意"不求全面，但求深刻"。通常可以按照如下步骤进行。

1）截取课堂教学片段及其相关的教学设计

截取的片段应该是与自己感兴趣的问题紧密相关的，描述了一个完整的教学事件。因此，为了更加真实地反映实际情况，需要我们事先对教学设计进行深入分析，从中析出自己感兴趣的问题，并在听课过程中有目的、有计划、有系统地对课堂中师生之间的相互作用过程进行仔细观察。它主要包括活动的形式、内容和结果等，做出"全息记录"，并通过观看录像进行仔细核对。有必要时，应当通过"追问"的方式，如"当时你是怎么想的？""你为什么这样说？"等，向学生进一步搜集相关信息。

2）提炼反思的问题（案例问题）

案例问题是案例的灵魂，是反思活动的主要线索。这些问题不仅要围绕反思的主题，揭示案例中的各种困惑，更重要的是要有启发性，能够引发其他人的反思和讨论。因此，提炼反思问题时应注意：第一，围绕当前的课堂教学活动；第二，是被广大教师普遍关注的；第三，重要但容易被忽视的；第四，课堂教学改革中的疑难问题；第五，不同层次的教师能够参与讨论的；第六，可以与一定的理论相衔接的。好的反思问题是那些能够引发大家思考和讨论的问题，是大家都"有话可说"的问题，而不是"最后能达成一致意见"的问题。

3）个人撰写反思材料

撰写反思材料时，应围绕自己感兴趣的反思问题。可以通过分析教师的教学和学生的课堂反映，即教师是怎么教的、学生是怎么说或想的，考察其中的利弊、得失，并进行原因分析，分析时应当有一定的理论高度，最后应当给出改进的方案。

4）集体讨论

讨论时应当有成员之间完全平等交流的氛围，各种意见应当得到充分表达，不同观点应当注意相互包容。讨论应当有忠实的原始记录。

5）个人再反思，并撰写反思论文

教师应及时对整个教学历程以反思论文的形式作出总结。在撰写论文时，除了对第三步写出的反思材料进行修改、完善外，还应对自己在整个活动中的"心路历程"也有所反映。

总之，从某种意义上说，教学是一种学术活动。教学反思是教师专业发展和自我成长的核心因素，实践＋反思＝成长。教师的反思能力决定着他的教育教学实践能力和在工作中开展研究的能力。如果教师对自己的教育教学实践缺乏反省，不对自己的教学经验进行概括，课堂教学实践后不反思，那么他们就很难成长为专家型教师。因此，必须通过反思，教师才能不断更新教学观念，改善教学行为，提升教学水平，同时形成对教学现象、教学问题的深层次思考和创造性见解，努力使自己真正成为"研究型教师"。

案例　"充分条件与必要条件"教学案例（教学课后反思）

（1）本课学习是为今后进一步学习其他知识作准备，随着后续章节的学习，对充要条件的理解和应用将贯彻始终，学生对逻辑知识的应用将越来越广泛和深入，相应地对逻辑知识的理解和掌握水平也将越来越高，同时学生的认知是一个循序渐进的过程，片面地强调求难、求偏均不能很好地完成本课教学任务，因此本课教学一定要从学生实际和教科书的具体内容出发，提出恰如其分的教学要求，避免一步到位。

（2）对教材中的例 1 选题的几点思考。

①这组题设置由一般（不等关系）到特殊（等量关系），为什么？

②教材仅设置例 1 一道例题，要完成本课教学目标，如何把握其设计意图？学生由此题可得怎样的知识和心得？教师要如何运用教材更好地体现自己的教学思想？都值得我们教学人员仔细推敲。

评价：教师在每一堂课结束后，都应进行教学反思或评价，既要肯定一堂课的成功之处，也要有不足的记录。可以对基本概念进行反思，对定理、法则进行反思，对解题进行反思，还可以对整节课的教学内容与目标、过程与方法、价值观及情感等方面都做出全面反思。"教学反思"不仅有利于今后改进教学，更能让教师深刻体会到教无定法、学无止境的教育理念。

4. 数学课堂教学反思技能的教学案例

案例　"足球上的优美定理"教学案例

案例背景：2001 年 10 月 7 日北京时间 21 时 22 分，中国国家队在世界杯外围赛十强赛的第 6 场比赛中，以 1∶0 击败阿曼队，提前两轮获得日韩世界杯决赛阶段比赛的参赛权，实现了近五十年的愿望，一时之间，中国球迷沸腾起来。张老师基于这样背景下上了一堂研究型课。

案例过程：

（1）观察并提出问题：足球近似球体，它实际上是由黑白两色橡胶皮黏合而成的，其中黑色橡胶皮为正五边形，白色橡胶皮为正六边形。试问：黑白两色橡胶皮各有多少块？这是不是唯一的构造方式？

（2）利用数学建模的思想把实际问题转化为数学问题：把组成足球的每一个面看成平面，足球是一个多面体。

（3）探索各种多面体中的面数、棱数和顶点数之间的一般规律，指导学生阅读学习：欧拉公式的简单证明。

（4）得到现实问题的答案：把足球看成多面体，它由 12 个正五边形、20 个正六边形组成，这种构造方式是唯一的。

课后反思：

（1）这个案例使用的教学内容既富有生活色彩又具有深刻的数学内涵，足球对于高中学生来说几乎是最常见的体育器械，又有 2001 年中国队首次进入世界杯的背景，所以当教师拿着一个足球进教室上数学课的时候，学生的兴趣可以说被调动到了最高点。

（2）学习历经了完整的数学建模过程，通过阅读，了解欧拉公式的直观证明（一个拓扑学方法），得到问题的完全答案。

（3）当数学文化的魅力真正渗入教材、到达课堂、融入教学时，数学就会更平易近人，数学教学就会通过文化层面让学生进一步理解数学、喜欢数学、热爱数学。

评价：反思是站在旁观者角度，批判考察自己的行动的能力。教学反思记录了课后的感想、经验，及对今后教学的建议，还记录了学生的不同一般的解题方法或意外的思维或出现错误等重要信息，为优化今后的教学积累材料。当学生走进数学课堂时，他们对数学已有自己的认识和感受，教师不能按自己的意愿在每一个空白处随心所欲地画上自己所希望的色彩。在涉及数学知识、数学活动经验、兴趣爱好、社会生活阅历等方面问题时，教师都必须根据学生的特点设计教学过程。数学课程标准特别强调教师的有效教学应指向学生有意义的数学学习，创造真实的问题情境或学习环境，以诱发进行数学活动，在活动的过程中尽可能让学生把解决问题的思维暴露出来。

第6章 数学概念的教学

案例 "平方根"概念的教学过程

(1)创设问题情境，引入课题。"如果一个数的平方等于 9，这个数是多少？""$x^2 = \frac{4}{25}$，则 x 等于多少呢？"

(2)归纳概括，明确定义。①概括平方根的定义，以及开平方运算的概念；②明确平方运算与开平方运算的互逆关系。

(3)讨论归纳，建立概念。利用分类讨论思想，分析讨论正数、零、负数的平方根。

(4)引入符号运算，深化理解。①理解 $\sqrt{x}$ 的含义及 x 的取值范围；②理解 $-\sqrt{x-1}$ 的含义及 x 的取值范围。

(5)应用平方根概念计算：基本练习、变式练习（被开方数不是完全平方数时可用计算器）。

数学教学从数学知识的形态上进行区分，大体可分为数学概念的教学、数学命题的教学和数学问题解决的教学三个部分。这种区分不是绝对的，事实上这三类教学之间有密切的联系。该案例是一节数学"概念"的教学。那么，数学概念有什么特点呢？在数学概念的教学过程中主要有哪些教学策略呢？以及如何促进学生理解和建构概念呢？这是本章将要学习和讨论的主要问题。

6.1 数学概念的特点

数学概念是构建数学理论大厦的基石，是学生进行数学思维的核心。学生在解决计算、证明、作图等具体问题中无时无刻不用到数学概念。例如，不理解二次根式的概念，则化简二次根式 $\sqrt{(x-5)^2} - \sqrt{(1-x)^2}$ 就无法进行；不了解直角三角形、斜边、斜边上的高、边在直线上的射影、等比中项等概念，则论证"直角三角形中，斜边上的高是两直角边在斜边上的射影的比例中项"也将变得困难。所以，概念教学在数学教学中占有特别重要的地位。

数学概念主要有如下特点：

1. 数学概念具有高度的概括性和抽象性

数学概念是客观事物的数和形方面的本质属性的反映。它是排除一类对象的具体物质内容（如颜色、气味、重量等）以后的抽象。例如，从 5 个苹果、5 个女孩、5 棵树等不同的实际情境抽象概括出数字"5"。数学概念的抽象程度、概括程度还表现出层次性。有些概念具有明显的直观意义，如几何中的直线、角、圆等概念，代数中的自然数、负数。有的概念是通过对已有的概念进一步抽象概括而产生的，例如函数、分式、向量等，还有许多概念则纯粹是"思维的自由想象和创造的产物"，又如四元数、n 维空间、群、环、域等。低抽象度概念一般可以看作高抽象度概念的具体模型。

数学概念通常用抽象的符号表示。这些符号使得数学较其他学科更加简明、清晰、准确。所以，一个数学概念通常包括五个方面：概念的名称、定义、符号、例子和属性。例如，"平行线"是概念的名称；"在同一平面内，不相交的两条直线"是概念的定义；"∥"是符号；不同位置和方向上的各组平行线可以看作正例及其变式；"两条没有公共点的直线叫作平行线"可以看作一个反例；"平行线"的属性有：传递性、同位角相等、内错角相等。又如数学中"等差数列"的概念，"等差数列"是概念的名称；"一个数列从第二项起，后一项与前一项的差总是同一个常数"是定义；一般用符号"$\{a_n\}$"表示一个数列，如果是等差数列，则公差用 d 表示；符合定义特征的不同具体数列称为正例，反之是反例；"等差数列"的属性有："等差"、通项公式、前 n 项和公式都有特殊规律等。

2. 数学概念具有一定的系统结构

数学发展的历史表明，数学是一个有机的整体。数学概念是随着数学知识的发展而不断发展，学习数学概念也要在数学知识体系中不断加深认识。例如，一次函数—二次函数—有理分式函数—指数函数—对数函数—三角函数—反三角函数等概念之间都有其内在的联系。数学课程总是把许多重要的数学概念、数学思想按螺旋上升的方式分散安排。这就要求教师不仅要了解所教内容的意义和应用，更要经常"瞻前顾后"，适时强调该内容与其他内容的联系，促进学生不断从新的角度理解原有的知识，对认知结构进行调整和重新组织。例如，二次三项式 ax^2+bx+c 出现在中学代数式一章，与一元二次方程 $ax^2+bx+c=0$ 及一元二次不等式 $ax^2+bx+c>0(<0)$ 两个专题分为三个阶段学习，学生会将它们当作孤立的不同内容来接受。但当引入二次函数 $f(x)=ax^2+bx+c$，就可以把上述三方面内容统一在函数概念之下。例如，代数式的最大公因式，方程组的解，直线的交点，独立事件同时发生的概率等这些貌似无关、相距很远的概念，如能用集合的交的概念来统一，它们的共同特征就一目了然。因此，教学要始终重视知识的整体理解和整体加工处理，将原来彼此分散、彼此分割开来的知识联系成一个统一的整体，揭示出整体规律、整体思想以及处理问题的多种角度和方法。

从数学概念之间的关系中来学习概念，可深化对所学概念的认识，有利于加深对有关概念的理解，也便于学生记忆。

3. 许多数学概念同时具有两种属性

数学概念既表现为一种动态的算法、操作过程，又表现为一种静态的结构、对象。例如，三角函数 $\cos\beta$，可以看作 x 与 r 之比的运算，又可以作为比值。数列极限 $\lim\limits_{n\to\infty}a_n$ 既代表序列变化趋势的过程，又代表发展变化的结果。不仅如此，许多研究表明，数学概念的认知顺序通常是"先过程，后对象"。例如，现在的函数教学仍要从"变量观点"的定义开始，因为它是一个过程性质的概念，与函数的"对应"观点相比较，更易于学生掌握。又如，对于函数，$y=2\sin\left(x+\dfrac{\pi}{6}\right)+3$，采用描点法求其图像，就是一种典型的过程性思维：由点连成线，由局部合成整体；如果采取先画 $y=\sin x$ 的图像，再根据条件做平移和放大等，则是一种结构性思维。这两种途径不仅体现了方法的不同，也代表着不同水平的思维。针对数学概念的二重性特征，在实际运用时必须根据情境的需要，灵活地改变认识的角度，有时要把某个概念当作有操作步骤的过程，有时又需将它作为一个整体性的静态的对象。例如，要是学生对函数的理解停留在"过程"水平，认为函数就是给 x 赋一个值相应计算出 y 的一个值，那么对 $f\pm g$，$f\cdot g$，$\dfrac{f}{g}$，就会发生理解上的困难。

6.2　数学概念教与学的认知心理学基础

数学课程不仅要考虑数学自身的特点，更应遵循学生学习数学的心理规律，强调数学教学活动必须建立在学生的认知发展水平和已有的知识经验基础之上。认知心理学认为学习就是学习者原有认知结构的组织和重新组织。这要求教师在进行数学教学时，既要注意学习材料本身的意义和逻辑性，也要关注学生的已有知识基础，以及学生学习数学的动机和兴趣。

6.2.1　学生数学学习的情感因素

认知主义心理学认为，学生的概念形成过程不是消极、被动的，而是个人积极、主动地尝试探究、发现概念的过程。没有学生的积极参与活动和思考，就不可能产生有效的学习。而参与程度与学生学习时产生的情感因素密切相关。如学习数学的动机、对学习内容的喜好、成功的学习经历体验、适度的学习焦虑、成就感、自信心与意志等。超负荷的训练、枯燥无味的学习过程、屡次失败的经历都会给学生数学学习留下阴影。因此，数学教学应该关注学习者的情感因素，使学生的非智力因素与智力因素协调发展。

由于数学概念在数学知识学习之先，学生认识不到学习的目的性、重要性，加之数学概念本身较为抽象，常常造成学生缺乏学习的热情。为此，教师应当为学生创设一个积极向上而又民主和谐的数学学习环境，使得他们能够在其中自主地、充满自信地学习数学，平等地交流各自的数学理解，并通过相互合作去解决所面对的问题。

在教学任务的设计和安排方面，要充分考虑学生认知的需要。当学生学习我们想要教给他们的某种知识时，他们必须有一种对知识的需要，这种需要不是指社会或经济的需要，而是指智力上的需要。当学生因现有知识的局限，面对问题情境产生困难时，他们更有可能体验一种想要解决问题的内在愿望。问题的解决可能导致他们对现有知识的修正或新知识的建构。一般而言，好的数学任务应具有以下特征：(1)它的关注点应该是数学。(2)对学生而言它是富有挑战性的，但也是可达到的。(3)它要求学生解释和验证他们的答案。

6.2.2 学生的日常经验在数学概念形成中的影响

学生过去的经验，既包括日常生活经验，又包括在学校数学课中已获得的知识、技能，是保证学生顺利掌握新数学概念的重要条件。近年来，研究者关注比较多的是学生的日常概念(或者前概念)与科学概念之间的关系。科学概念是指定义明确的，有一定逻辑意义和体系属性的概念。我们在课程中所教的数学概念就属于科学概念。对于同一个概念，学生在系统地学习科学知识之前所具有的想法被人们称为"前概念"(pre-concept)。也有一些研究者用"自发性概念"来表示产生于学生的日常生活的自然形成的认识。现代学习心理学和实践研究表明，儿童在进入学校之前、在学习学校数学之先，头脑里并非空白一片，像一块"白板"。事实上，他们在日常的生活实践中已形成了一定的"数学概念"。他们对现实世界中的空间形式和数量关系有自己的看法和理解。这些概念通常具有合理的成分，但不精确，有些甚至是错误的。其中与科学概念不同的观念被称为错误概念(mis-concept)。例如，把"$-a$"看成负数。因为，这时学生所熟悉的仍只是正数。在日常生活中，"垂直"通常是以地平面为参照。学生在学习几何概念"互相垂直"时，就会以日常的"垂直"概念代替"互相垂直"概念。用日常概念"角"来代替数学概念"角"时，学生在理解"平角"就会出现许多错误。在学习"平方根"与"算术平方根"这两个概念时，由于一个正数的平方根涉及正负两个数，这与许多学生的经验非常不同，于是就出现了学习的困难。与此同时，又要学习"算术平方根"概念，这样就出现有时要取正负两个数，有时又只取一个正数的情况，从而引起学生记忆和理解的混乱。更多的例子则表明一些日常经验可以帮助学生理解抽象的数学概念。例如，把"坐标"解释为"座位的标记"，即"第几排第几号"，这对理解坐标系概念是有帮助的。

作为教师，我们应明确日常概念对科学概念的理解可以产生积极或消极的两种影响。事实上，学生掌握的科学概念许多都是从日常概念中发展而来的，研究学生自身的经验和概念，可以使教师更好地理解他们考虑问题的方法和理由。因此，概念教学要以学生的日常概念为基础进行设计，对照科学概念，帮助学生从自发性概念中去粗取精，去伪存真，提高概念教学的效果。

6.2.3 新旧概念之间的不同关系及其学习类型

根据抽象程度的不同，新旧概念之间一般可以有三种关系，这些关系分别对应三种学习类型：

1. 下位关系学习或类属学习

当新知识从属于学生数学认知结构中已有的、包容范围较广的知识时，则构成下位关系。这是新知识与学生已有认知结构之间的一种最为普遍的关系。例如，学生先学习了"三角形"的概念，再学习等腰三角形、等边三角形，或者锐角、钝角、直角三角形的概念时就构成下位关系的学习。再如，学生掌握"函数"的一般定义、性质以后，再学习具体的函数：幂函数、指数函数、对数函数、三角函数等也构成下位关系学习。从中可以看出，这种学习一般表现为通过增加条件对上位概念进行限制，或补充而形成新的概念。

2. 上位关系学习或总括学习

当要学习的新知识比已有知识的概括程度更高、包容范围更广，可以把一系列已有知识包容其中时，即原有的观念是从属观念，而新学习的观念是总括性观念。新旧知识之间便构成一种上下位关系，这时的学习就称为上位学习或总括学习。例如，高中数学中的"导数概念"就是对学生已学习的"瞬时变化率"概念的进一步概括。实数概念是对"有理数""无理数""正数""负数""零"概念的发展。在上位关系学习过程中，关键是从下位概念中归纳概括出它们的共同特征。

3. 并列结合学习

如果新旧知识之间既不产生下位关系，又不产生上位关系，但是新的内容与学习者已有的一些观念有某种属性或结构的相似，所以可以通过合理地组织这些潜在的已有的观念学习新知识，这种学习类型就称为并列结合学习。在实际学习中，很多新概念的学习都属于这种学习。例如，学习"直线与平面的平行（垂直）"就需要组织起学生在平面几何中获得的"直线与直线的平行（或垂直）"的知识进行学习。学习"负数"就需要组织起学生已有的"相反意义的量"的观念。"向量"的概念可以组织起学生在物理学习中已建立的"位移""速度"等概念。进一步，可以通过类比数及其运算研究向量运算。通过并列结合学习，学生能够从貌似无关的两个事物中发现它们的某些共同的本质特征，从而获得对知识的一种全新理解。

从上面的论述中可以发现，无论哪种类型的概念学习，在教学开始时一般都需要一些先于具体的教学内容而向学生呈现的一种引导性材料，它的作用是在学生认知结构中原有的观念和新的学习任务之间建立起关联。这些材料在认知心理学中称作"先行组织者"，这种教学策略就是先行组织者策略。

6.3 数学概念教学的方法

学生的概念学习从本质上看就是概念获得的过程，它要在教师的指导下来进行。一般来说，概念获得包括概念形成与概念同化两种方式。学生理解和掌握概念的过程实际上是掌握同类事物的共同、关键属性的过程。如果某类数学对象的关键属性主要是由学生对大量同类数学对象的不同例证进行分析、类比、猜测、联想、归纳等活动基础上，独立概括出来的，那么这种概念获得的方式就叫作概念形成。

概念形成的心理过程依次是：（1）感知、辨别不同事例；（2）从一类相同事例中抽出共性；（3）将这种共性与记忆中的观念相联系；（4）同已知的其他概念分化；（5）将本质属性一般化；（6）下定义。

首先，我们以概念形成理论为基础简述数学概念的教学过程。概念教学的基本步骤依次是：（1）创设情境引入数学概念；（2）分析、比较不同的例证，对相关属性进行概括和综合；（3）从例证中概括出共同特征；（4）抽象出概念的本质属性；（5）形成概念的定义，并用符号表示数学概念；（6）概念正反例证辨析，进一步明确概念的内涵和外延；（7）概念的初步应用，建立与相关概念的联系。下面依次来介绍这七步概念教学的具体步骤。

1. 创设情境引入数学概念

一般来说,学习一个新概念,首先应让学生体会和认识学习的必要性,包括明确学习这一概念的意义,了解概念的作用,引发学生学习的动机。这就是概念引入环节的主要目的和任务。

新概念的引入方式一般可分为两大类:一类是从数学概念体系的发展过程中引入新概念;另一类是从解决实际问题的需要出发引入新概念。

(1)从数学知识内部的发展需要引入。有些概念是由某一概念通过逐步推广引申而得到的(如任意角三角函数由锐角三角函数推广而来),有的概念是由某一概念的内涵或外延进一步推广而得到的,例如高中数学"角"(象限角、任意角)、"函数"(对应的观点)。有的新概念的产生源于对已有概念的引申思考。例如,"平方根"概念就源于开平方运算,即平方运算的逆运算。又如,高中数学中"函数的单调性"(或"奇偶性")概念,在引入设计中可以强调:"我们已经学习过好几种函数,有正比例函数、反比例函数、一次函数、二次函数和幂函数,对每一种函数都结合图像研究了它们的具体性质,主要有定义域、值域、增减性、对称性、特殊点(例如与坐标轴的交点,最高、最低点,不变点等)等。这些函数之间有区别,但有些性质也是相同的,从这节课开始我们就来研究函数的一些共同性质"。

(2)通过新旧知识的类比引入。类比在数学教学中起着特别重要的作用。广泛用于概念的形成、证明教学和解各类习题的过程中。通过类比引入,运用类比方法也是促进学生在概念学习过程中积极思维的有效途径,因为学生一旦发现新概念同过去已知概念相似,就能推测这些概念特征的相同之处。例如,在形成立体几何基本概念的教学中,可以广泛地运用类比方法,使学生形成一对对类似概念,如圆周角和球面、圆和球体、角和二面角、平行线和平行平面、三角形和四面体、平行四边形和平行六面体等。对类似的概念进行比较,为确定共同特征和发现差异提供了可能。类比法也可应用于代数概念的形成过程中。

(3)从实际应用的需要引入。中学数学的许多概念都有着丰富的现实背景,这不仅可以使学生了解数学的作用,而且为引入数学概念提供很好的素材。例如,负数概念可以从收入与支出、输球和赢球、盈利和亏本等实际问题引入;平均变化率概念可以从平均速度、增长率、膨胀率等实际问题引入;方差概念可以从均值相同时如何选拔参赛运动员等问题引入。

(4)从实验活动引入。数学活动不仅仅限于利用纸和笔进行运算和证明,观察、实验、尝试、猜测等活动,也是数学研究的重要方式。有些数学概念就可以通过安排学生亲手实践来探索和发现。这种引入方式有助于学生了解数学概念产生的背景和线索,加深感悟,促进对数学概念的记忆和理解。例如,小学生第一次学习整数的有余数除法的概念时,就可以采用"分豆子"的实践活动来进行。

2. 分析、比较不同的例证,对相关属性进行概括和综合

例如,"函数单调性"的教学中,我们就可以首先举出若干函数的例子,如正比例函数 $f(x)=2x$,反比例函数 $f(x)=\dfrac{1}{x}$,二次函数 $f(x)=x^2$,让学生观察、思考,初

步得出有的"在某个区间上图像上升",有的"在某个区间上图像下降",并进而通过表格定量地分析自变量的增大与函数值的变化之间的规律,为学生抽象概括本质属性奠定基础。这里的例证一方面应以正例为主;另一方面又要关注正例的多种变式。

3. 从例证中概括出共同特征

以"函数的单调性"教学为例,上述函数有很多不同的性质,学生观察思考上述例证,教师可以引导学生尝试概括,从图像、函数值等不同的视角概括出"增函数""减函数"的共同的特征。

4. 抽象出概念的本质属性

例如"增函数"的定义是"一般地,设函数 $f(x)$ 的定义域为 D,如果对于定义域 D 内的某个区间上的任意两个自变量的值 x_1,x_2,当 $x_1 < x_2$ 时,都有 $f(x_1) < f(x_2)$,那么就说 $f(x)$ 在这个区间上是增函数。此区间就叫作函数 $f(x)$ 的单调增区间。"学生独立概括定义时可能出现不全面、不完善的情形,例如不注意"在某个区间上"以及"任意的……",逐步使学生形成和理解用准确的数学语言描述的概念定义,明确概念的内涵。数学的符号体系和表示是数学最有意义的成就之一。掌握并运用它可以有效地发展学生数学思考和交流的能力。数学教学应该揭示符号表示的过程及其重要性,教师不仅要介绍和说明数学概念的符号表示,更要在教学中规范的使用数学符号,并且向学生强调数学符号的意义解释,加强文字语言与数学符号语言之间的互换练习。例如,$f(x)$ 表示以 x 为自变量,对应关系为 f 的函数;$f(a)$ 表示在 $f(x)$ 的定义域中取一个确定的值 a 时所对应的函数值。

5. 形成概念的定义,并用符号表示数学概念

将该概念与其他有关概念进行联系和分化,使新概念与认知结构中已有的起固着点作用的相关概念建立起实质的联系。例如,学习三角函数中的"第一象限的角"这个概念以后,如果不及时与已有的"锐角"概念分化,则学生很容易把两个概念混淆。为此,本阶段教学中应注意:(1)对定义的关键词进行分析。(2)以实例(正例、反例)为载体,让学生进行辨析。防止概念理解错误的一种有效方法是举反例,反例就是与定义对象内涵不一致(扩大或缩小)的例子。(3)让学生自己举出若干实例,检验学生对概念的理解。

6. 概念正反例证辨析,进一步明确概念的内涵和外延

本质上是检验和修正概念定义的过程。通过学生解决用概念作判断的具体事例,形成用概念作判断的具体步骤。通过运用概念,使得抽象概念变成思维中的具体概念。例如,形成"任意角三角函数"概念的定义后,为了让学生熟悉定义,从中概括出用定义解题的步骤,可以安排如下问题:(1)分别求自变量 $\frac{\pi}{2}$,π,$-\frac{\pi}{3}$ 所对应的正弦函数值和余弦函数值。(2)角 α 的终边过点 $P\left(\frac{1}{2}, -\frac{1}{2}\right)$,求它的三角函数值。

7. 概念的初步应用,建立与相关概念的联系

在概念获得的过程中,很重要的是通过概念之间的关系来认识新概念,由于在这个过程中经历了新旧概念的相互作用,无论是已有的概念还是新概念在认识上都有了发展,认知心理学家把此时的概念称为"精致的概念"。在数学学习中,"精致"可以从

两个方面进行：一方面是对新概念的内涵与外延进行尽量详细的"深加工"，通常表现为对各种可能的特例或变式进行剖析，分析可能发生的概念理解错误；另一方面是加强概念与概念之间关系结构的"组织"，使所学概念与其相关的知识之间的联系明确化，从而形成一个合理有序的概念系统。例如，学习"任意角三角函数"概念后，通过概念的"精致"引导学生认识概念的细节，并将新概念纳入概念系统中去，使学生全面理解三角函数概念。这里包括如下内容：(1)三角函数值的符号问题；(2)终边与坐标轴重合时的三角函数值；(3)终边相同的角的同名三角函数值；(4)与锐角三角函数的比较；(5)从"形"的角度看三角函数——三角函数线，联系的观点；(6)终边上任意一点的坐标表示的三角函数等。

中学数学的运算、推理、证明等都是以有关概念为依据的，在教学中，应加强概念的运算、推理、证明中的应用。有时围绕着一个概念要配备多种练习题，让学生从多角度、多层次上进行应用。先巩固性应用，后综合性应用，在应用中达到切实掌握数学概念的目的。

如果学习过程是以定义的方式直接向学生呈现概念的关键特征，实际上是新的数学概念在已有概念的基础上添加其他新的特征性质而形成，这时学生利用自己认知结构中已有的相关知识对新概念进行加工、改造，从而理解新概念的意义，这种获得概念的方式就叫作概念同化。以概念同化方式学习概念一般要经历以下几个阶段：(1)揭示概念的关键属性，给出定义、名称和符号；(2)对概念进行特殊地分类，讨论这个概念所包含的各种特例，突出概念的本质特征；(3)使新概念与已有认知结构中的有关概念建立联系，把新概念纳入已有概念体系中，同化新概念；(4)用肯定例证与否定例证让学生辨认，使新概念与已有认知结构中的相关概念分化；(5)把新概念纳入相应的概念体系中，使有关概念融会贯通，组成一个整体。

总的来看，概念同化主要是从抽象定义出发，以演绎的思维方式理解和掌握概念。

6.4　数学概念教学的案例

下面我们通过"函数的单调性"的教学案例来进一步研讨数学概念的教学。

一、教学目标

(1)通过数形结合，理解函数单调性的概念，初步掌握利用函数图像和单调性定义判断、证明函数单调性的方法。

(2)通过对函数图像学生观察、归纳单调性定义的探究，渗透数形结合数学思想方法，培养抽象概括的能力，以及数学语言的转换和表达能力；通过对函数单调性的证明，提高学生的推理论证能力。

(3)通过知识的探究过程培养学生细心观察、认真分析、严谨论证的良好思维习惯，让学生经历从具体到抽象，从特殊到一般，从感性到理性的认知过程。

二、教学重点

函数单调性的概念、判断及证明。

三、教学难点

归纳、抽象概括函数单调性的定义，以及根据定义证明函数的单调性。

四、教学方法

教师启发讲授，学生探究学习。

五、教学辅助手段

计算机、投影仪。

六、教学过程

(一)创设情境，引入课题

如图 6-1 所示是北京市 2010 年 8 月 8 日一天 24 h 内气温随时间变化的曲线图。

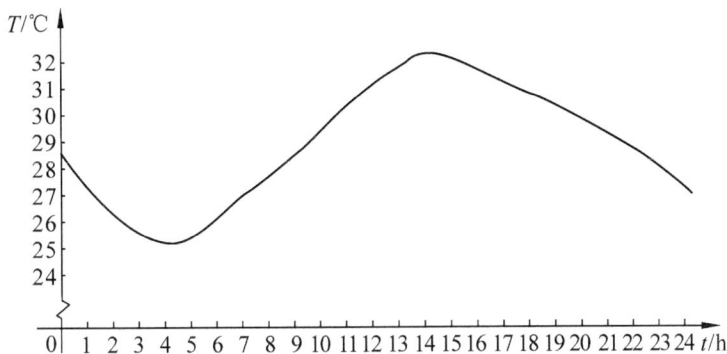

图 6-1 问题 1 图

引导学生识图，捕捉信息，启发学生思考。

问题 1 观察图形，能得到什么信息？

预案：(1)当天的最高温度、最低温度以及何时达到。

(2)在某时刻的温度。

(3)某些时段温度升高，某些时段温度降低。

教师归纳概括：在生活中，我们关心很多数据的变化规律，了解这些数据的变化规律，对我们的生活是很有帮助的。

问题 2 还能举出生活中其他的数据变化情况吗？

预案：水位高低、燃油价格、股票价格等。

教师归纳概括：用函数观点看，其实就是随着自变量的变化，函数值相应怎样变化，是变大还是变小。

【设计意图】由生活情境引入新课，激发兴趣。

(二)从直观到抽象，逐步建立概念

对于自变量变化时，函数值是变大还是变小，初中同学们就有了一定的认识，但是没有严格的定义，今天我们的任务首先就是建立函数单调性的严格定义。

1.借助图像，直观感知

问题 3 分别作出函数 $y=x+2$，$y=-x+2$，$y=x^2$，$y=\dfrac{1}{x}$ 的图像，并且观察自变量变化时，函数值有什么变化规律，如图 6-2 所示？

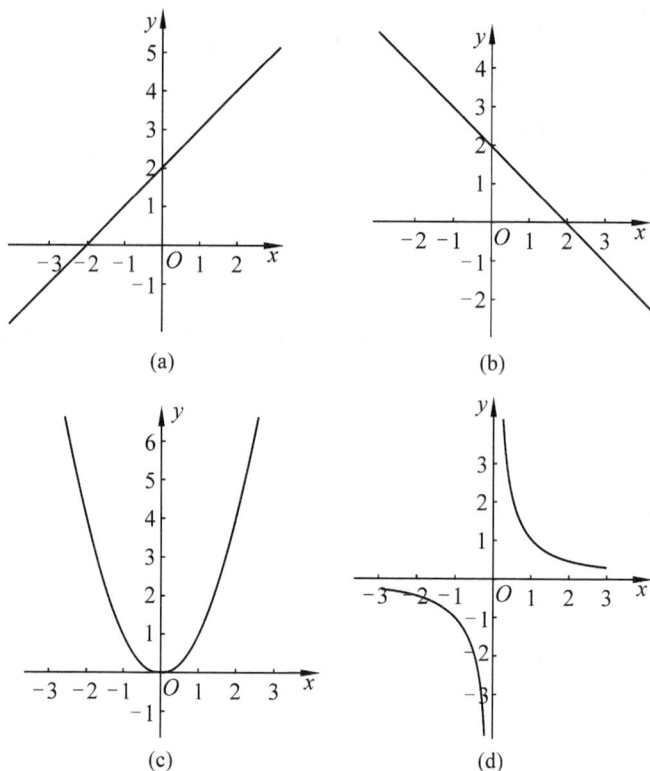

图 6-2　问题 2 图

预案：(1) 函数 $y=x+2$ 在整个定义域内，y 随 x 的增大而增大；函数 $y=-x+2$ 在整个定义域内，y 随 x 的增大而减小。

(2) 函数 $y=x^2$ 在 $[0,+\infty)$ 上，y 随 x 的增大而增大；在 $(-\infty,0)$ 上，y 随 x 的增大而减小。

(3) 函数 $y=\dfrac{1}{x}$ 在 $(0,+\infty)$ 上，y 随 x 的增大而减小；在 $(-\infty,0)$ 上，y 随 x 的增大而减小。

【设计意图】引导学生进行分类描述（增函数、减函数），同时感悟函数的单调性是对定义域内某个区间而言的，是函数的局部性质。

问题 4　能不能根据自己的理解说说什么是增函数、减函数？

预案：如果函数 $f(x)$ 在某个区间上随自变量 x 的增大，y 也越来越大，我们说函数 $f(x)$ 在该区间上为增函数；如果函数 $f(x)$ 在某个区间上随自变量 x 的增大，y 越来越小，我们说函数 $f(x)$ 在该区间上为减函数。

教师归纳概括：这种认识是从图像的角度得到的，是对函数单调性的直观描述性。

【设计意图】从图像直观感知函数单调性，完成对函数单调性的第一次认识。

2. 探究规律，理性认识

问题 5　如图 6-3 所示是函数 $y=x+\dfrac{2}{x}(x>0)$ 的图像，能说出这个函数分别在哪个区间为增函数和减函数吗?

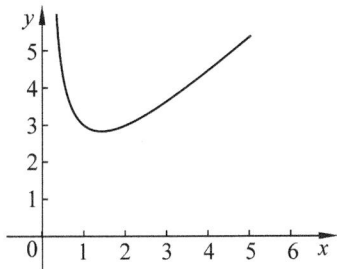

图 6-3　问题 5 图

【设计意图】学生的困难是难以确定分界点的确切位置。通过讨论,使学生感受到用函数图像判断函数单调性虽然比较直观,但有时不够精确,需要结合解析式进行严密化、定量化的研究,使学生体会到用数量大小关系严格表述函数单调性的必要性。

问题 6　如何从解析式的分析,说明 $f(x)=x^2$ 在 $[0,+\infty)$ 为增函数?

预案:(1)在给定区间内取两个数,如 1 和 2,因为 $1^2<2^2$,所以 $f(x)=x^2$ 在 $[0,+\infty)$ 为增函数。

(2)仿(1),取很多组验证均满足,所以 $f(x)=x^2$ 在 $[0,+\infty)$ 为增函数。

(3)任取 x_1,$x_2\in[0,+\infty)$,且 $x_1<x_2$,因为 $x_1^2-x_2^2=(x_1+x_2)(x_1-x_2)<0$,即 $x_1^2<x_2^2$,所以 $f(x)=x^2$ 在 $[0,+\infty)$ 为增函数。

对于学生错误的回答,引导学生分别用图形语言和文字语言进行辨析,使学生认识到问题的根源在于自变量不可能被穷举,从而引导学生在给定的区间内任意取两个自变量 x_1,x_2。

【设计意图】把对单调性的认识由感性上升到理性认识的高度,完成对概念的第二次认识。事实上也给出了证明单调性的方法,为证明单调性做好铺垫。

3. 抽象概括,形成概念

问题 7　你能用准确的数学符号语言表述增函数的定义吗?

师生共同探究,得出增函数严格的定义,然后学生类比得出减函数的定义。

判断题:

①已知 $f(x)=\dfrac{1}{x}$,因为 $f(-1)<f(2)$,所以函数 $f(x)$ 是增函数。

②若函数 $f(x)$ 满足 $f(2)<f(3)$,则函数 $f(x)$ 在区间 $[2,3]$ 上为增函数。

③若函数 $f(x)$ 在区间 $(1,2)$ 和 $(2,3)$ 上均为增函数,则函数 $f(x)$ 在区间 $(1,3)$ 上为增函数。

④因为函数 $f(x)=\dfrac{1}{x}$ 在区间 $(-\infty,0)$ 和 $(0,+\infty)$ 上都是减函数,所以 $f(x)=\dfrac{1}{x}$ 在 $(-\infty,0)\bigcup(0,+\infty)$ 上是减函数。

通过判断题,强调以下几方面:

①单调性是对定义域内某个区间而言的,离开了定义域和相应区间就谈不上单调性。

②对于某个具体函数的单调区间,可以是整个定义域(如一次函数),可以是定义域内某个区间(如二次函数),也可以根本不单调(如常函数)。

③函数在定义域内的两个区间 A,B 上都是增(或减)函数,一般不能认为函数在 $A \cup B$ 上是增(或减)函数。

思考:如何说明一个函数在某个区间上不是单调函数?

【设计意图】让学生由特殊到一般,从具体到抽象归纳出单调性的定义,通过对判断题的辨析,加深学生对定义的理解,完成对概念的第三次认识。

(三)概念的初步应用,适当拓展

例   证明函数 $f(x) = x + \dfrac{2}{x}$ 在 $(\sqrt{2}, +\infty)$ 上是增函数。

(1)分析解决问题,针对学生可能出现的问题,组织学生讨论、交流。

证明:任取 x_1,$x_2 \in (\sqrt{2}, +\infty)$,且 $x_1 < x_2$,   (设元)

$$f(x_1) - f(x_2) = \left(x_1 + \dfrac{2}{x_1}\right) - \left(x_2 + \dfrac{2}{x_2}\right) \qquad (求差)$$

$$= (x_1 - x_2) + \left(\dfrac{2}{x_1} - \dfrac{2}{x_2}\right) \qquad (变形)$$

$$= (x_1 - x_2) + \dfrac{2(x_2 - x_1)}{x_1 x_2}$$

$$= (x_1 - x_2)\left(1 - \dfrac{2}{x_1 x_2}\right)$$

$$= (x_1 - x_2)\dfrac{x_1 x_2 - 2}{x_1 x_2}.$$

∵ $\sqrt{2} < x_1 < x_2$,

∴ $x_1 - x_2 < 0$,$x_1 x_2 > 0$,   (断号)

∴ $f(x_1) - f(x_2) < 0$,即 $f(x_1) < f(x_2)$,

∴ 函数 $f(x) = x + \dfrac{2}{x}$ 在 $(\sqrt{2}, +\infty)$ 上是增函数。   (定论)

(2)归纳解题步骤。

引导学生归纳证明函数单调性的步骤:设元、求差、变形、断号、定论。

练习:证明函数 $f(x) = \sqrt{x}$ 在 $[0, +\infty]$ 上是增函数。

问题8 要证明函数 $f(x)$ 在区间 (a, b) 上是增函数,除了用定义来证,如果可以证得对任意的 x_1,$x_2 \in (a, b)$,且 $x_1 \neq x_2$,有 $\dfrac{f(x_2) - f(x_1)}{x_2 - x_1} > 0$ 可以吗?

引导学生分析这种叙述与定义的等价性。让学生尝试用这种等价形式证明函数 $f(x) = \sqrt{x}$ 在 $[0, +\infty]$ 上是增函数。

【设计意图】初步掌握根据定义证明函数单调性的方法和步骤。等价形式进一步发展可以得到导数法,为用导数方法研究函数单调性埋下伏笔。

(四)归纳小结,提高认识

学生交流在本节课学习中的体会、收获,交流学习过程中的体验和感受,师生合作共同完成小结。

(1)概念探究过程:直观到抽象、特殊到一般、感性到理性。

(2)证明方法和步骤:设元、求差、变形、断号、定论。

(3)数学思想方法和思维方法:数形结合、等价转化、类比等。

(五)布置作业(略)

第7章　数学命题的教学

在本章中，我们将一起学习和探讨"定理""公式""公理"等数学知识的教学，主要包括它们的教学策略，以及教学过程的设计。

7.1　数学命题及其教学的基本内涵

案例　正弦定理的证明及应用教学过程

(1)创设问题情境，引出问题：①回顾直角三角形边与角的有关性质，突出由计算两个锐角的正弦值得出 $\dfrac{\sin A}{a} = \dfrac{\sin B}{b} = \dfrac{1}{c} = \dfrac{\sin C}{c}$。②引入问题：直角三角形有这样的性质，那么其他类型的三角形，即锐角三角形、钝角三角形是否也满足这个规律呢？

(2)探究并得出正弦定理：①利用几何画板验证一个任意三角形当顶点变化时是否满足相应的关系，形成三角形正弦定理的猜想，产生进一步证明的心向；②用不同方法(例如面积法、外接圆法、向量法)探究正弦定理的证明；③反思思维方法和证明过程，体会向量方法证明的优势。

(3)分析正弦定理的意义、表述、符号表示及其变形。

(4)正弦定理的应用：①结合典型例题进行教学，让学生经历运用正弦定理解决一些与几何测量和计算有关的实际问题的过程；②体会用正弦定理解决问题的特点。

以上是一节数学"定理"的教学。它与前面的数学"概念"教学有什么不同呢？

在数学中，用来表示数学判断的陈述句或符号的组合叫作数学命题。它们揭示了从现实世界的空间形式和数量关系中抽象出来的一般规律。由于正确的数学命题一般包括公理、定理、公式、法则等，因此，数学命题的教学，主要指数学公理、定理、公式、法则等的教学。

数学命题的教学不仅是数学概念教学的展开与深化，同时也是数学问题解决教学的基础，而且是形成数学技能、培养数学能力的重要途径。因此，数学命题的教学对于学生的数学学习具有重要意义。

7.2　数学命题的教学方法

数学是人们对客观世界定性把握和定量刻画的基础上，逐步抽象概括，形成模型、方法和理论，并进行应用的过程。这个过程充满探索与创造，这个过程中产生的一些思考方式，逐渐成为数学科学研究与应用的思维特征。因此，数学教学不仅要关注学生怎样理解，还要关注学生思维方式的训练和培养。例如，促进学生有条理地思考、有效地进行表达和交流，用数学方式描述问题、分析问题、解决问题，使学生逐渐摒弃基于经验的思维习惯，形成良好的数学修养，最终能运用数学的思维方式去观察、分析现实社会。

"培养学生数学地思考问题"也是数学课程标准的基本目标之一。例如，"经历运用数学符号和图形描述现实世界的过程，建立初步的数感和符号感，发展抽象思维"，"丰富对现实空间及图形的认识，建立初步的空间观念，发展形象思维"，"经历运用数据描述信息、作出判断的过程，发展统计观念"。这三个方面更加丰富了数学思维方式的内涵。在数学情境中，思维活动一般包括解释、预测、猜想、证明、符号化、结构化、计算、一般化、公式化、转化、探寻与分类等。数学命题教学的设计应凸显数学猜想的形成过程，以及数学证明的探索发现过程，并按照"观察（实验）—归纳—猜想—证明"的数学活动过程进行教学设计，不断发展学生的合情推理能力和逻辑推理能力。

7.2.1　数学公理的教学方法

数学公理是指一组不证自明的命题，与不用定义的原始概念地位作用类似。

数学公理的教学，首先应当使学生了解什么是公理，体会到引入公理的必要性。公理这个名称，首次出现于初中几何，是在学生初步掌握推理方法的基础上提出来的。教学时可以引导学生回忆前面一些定理的证明过程，使学生认识到定理的证明是以它前面的一些定理为依据的。在此基础上可以这样提出问题："如果每一个后面的定理都依据前面的定理来推证，那么怎样来证明第一个定理呢？"由此，让学生体会到每一数学体系内，必定存在着一些作为推理基础且不加证明的原始命题，即数学公理。

公理教学宜采用学生自己动手探索、观察实验，或者由学生熟知的具体事例或生活经验归纳出规律的策略。公理的真实性是人们从长期的生产实践中总结出来的，在教学中应该让学生理解这种真实性，明确公理的意义，教学才能收到好的效果。例如对于直线的基本性质（公理）："经过两点有一条直线，并且只有一条直线。"教材中已采取了用实验来明确的办法，即过一个点作直线，再过两个点作直线，然后总结出规律。在教学中，这个过程最好让学生自己动手，在纸上实践，并可以让学生考虑和尝试过 3 个点作直线（有时能画一条，有时画不出），这样学生对"有且只有"的含义更为明确、深刻。公理的内容，也以先让学生尝试总结出为好，得出结论后，还要用更多的实际事例去验证，只要求学生理解，而无须死记这些实例。

再如"在所有连接两点的线中，线段最短"这一公理的教学，课本中采用把连接两点的曲线、折线拉直，与线段比较的办法。在教学中，应具体操作，而不要仅仅是口头表述一下。此外还可以利用学生走路的经验，两地之间，走直路或走弯路，或走折线形的路哪个路程最短。这样学生便会对公理有深刻印象，并能学着加以应用。

7.2.2　定理、公式的教学方法

7.2.2.1　定理、公式的引入

按照现代教育原理和心理学原则，在数学教学中，不宜由教师直接给出定理的现成内容，而应该启发学生，通过实验、观察、演算、分析、类比、归纳、作图等步骤，

自己探索规律，建立猜想，发现命题。作为引入的数学任务应能引起学生认知新知识的内在需要。以下是几种比较好的引入方法：

（1）通过对具体事物观察和实验与实践活动，作出猜想。典型的例子是教三角形内角和定理时，可以让学生事先各自用硬纸做一个任意形状的三角形，把它的三个内角剪开后拼在一起，自己发现三个内角之和等于 180°。

又如，在"有理数乘法法则"教学中，有的教师以"蜗牛运动"为问题情境，利用学生已有的知识——"数轴"为工具，通过让学生在数轴上表示—用符号表示—概括一般规律的策略，引导学生或者独立观察、思考，或者合作交流探索"有理数乘法法则"。

（2）通过推理直接发现结论。例如，"三角形任何两边的和大于第三边"，就是由公理"两点之间，线段最短"直接推出的。还有"直角三角形斜边上的中线等于斜边的一半"，课本中也是采取了由演绎推理到直接推出的办法。再如，多边形的内角和定理就是由三角形的内角和定理通过推理而得出的。

还可以通过归纳或类比推理再作出猜想的办法引入定理、公式，例如，在教"商的算术平方根的性质"时，可以先组织学生演算：$\left(\sqrt{\frac{2}{5}}\right)^2=?$，$\left(\frac{\sqrt{2}}{\sqrt{5}}\right)^2=?$然后提问："演算结果表明，$\sqrt{\frac{2}{5}}$和$\frac{\sqrt{2}}{\sqrt{5}}$都是$\frac{2}{5}$的算术平方根，而$\frac{2}{5}$的算术平方根只有一个，你由此可以得到什么等式?"接下来由特殊到一般，以$\frac{a}{b}(a\geq 0，b>0)$代替$\frac{2}{5}$，逐步引导学生得到商的算术平方根的性质：$\sqrt{\frac{a}{b}}=\frac{\sqrt{a}}{\sqrt{b}}(a\geq 0，b>0)$。

（3）通过命题间的关系，由一个命题推导出它的逆命题。例如，教过线段垂直平分线的性质定理以后，在学判定定理时，可引导学生把已学过的性质定理作为原命题，让学生推导出它的逆命题，再加以证明。

7.2.2.2 定理、公式的证明

1. 引导学生分清定理、公式的条件与结论

这既是弄清命题本身的要求，又是对命题进行证明的前提，也是应用命题来解决问题的需要。

每个数学定理、公式都有相应的适用范围，都是在某些条件下或某个范围内成立的相对真理。例如，算术根的运算法则是以各个算术根存在为前提；对数运算法则必须以各对数有意义为前提等。

一般地，前提是结论的充分条件，具有"若 p 则 q"的形式。但有一些定理的表述采取的是简化形式，容易使条件和结论变得不十分明显，学生开始时会感到难以掌握。例如，"圆的内接四边形的对角互补"，对于这类命题，可以先转换为"若 p 则 q"的形式，即"若两个角是圆的内接四边形的一组对角，则这两个角互补"。

对于用文字叙述的定理，分清条件和结论后还要进一步用数学符号表达出来。如"三角形 3 个内角的和等于 180°"，即"如果 3 个角是一个三角形的 3 个内角，那么这 3 个角的和等于 180°"。用数学符号表达为：若△ABC 的 3 个内角为∠A、∠B、∠C，

则 $\angle A+\angle B+\angle C=180°$。

弄清与定理、公式有关的概念、关键词的意义。例如，学习定理"在角平分线上的点到这个角的两边距离相等"。应让学生首先回忆"角平分线"和"点到直线的距离"这两个概念。学习定理"同弧或等弧所对的圆周角相等"时，就需特别强调"等弧"的概念，它并非是长度相等的弧，而是"在同圆或等圆中，能够互相重合的弧"。再如，"过直线外一点有且仅有一条直线与已知直线平行"，其关键词"有且仅有"指出存在性与唯一性。

2. 帮助学生掌握定理、公式的证明

定理（公式）的证明是定理的重要组成部分，是定理教学的重点，许多定理的证明方法本身就是重要的数学方法，所以定理的证明不仅是得出结论的手段，它本身也是学生学习的重要内容。定理证明的教学还是学生学习思维方法、发展思维能力、培养良好的思维品质和思维习惯的最为重要的过程。教学时，教师要着重分析，使学生了解证明的思路和方法。

对于定理、公式证明，以下的教学处理常常是有效的。

1）分析证明的思路，掌握证明的方法

掌握证明的方法主要是掌握思考的方法，要让学生掌握"从求证着想，从已知入手"的方法。"从求证着想"，即通常所说的分析法或逆推法，从要证的结论想起，看看要使之成立必须具备些什么条件，进一步又想，要使这些条件成立，又需什么条件……依此继续下去，直到与已知条件或已学的定义、公理、定理联系上。"从已知入手"即综合法或顺推，将组成证明的推理过程从已知开始逐步展开，直至推出结论为止。通过前一过程，找到证明的途径，通过后一过程，完成证明的书写。分析是通向发现之路，综合是通向论证之路。教科书由于文字表达的局限，多采用综合法写出证明，教师应注意，教学中需自己作教学法的处理。

人们比较熟悉在证明几何定理时运用分析法，其实，在证明代数公式时，运用分析法也常常是有效的。

例　若 $a\geqslant3$，求证 $\sqrt{a}-\sqrt{a-1}<\sqrt{a-2}-\sqrt{a-3}$。

我们可以这样思考：为了证明这个不等式，考虑到 $a\geqslant3$ 时不等式两边均为正数，即

故只需证明 $\sqrt{a}+\sqrt{a-3}<\sqrt{a-1}+\sqrt{a-2}$，

这又只需证明 $(\sqrt{a}+\sqrt{a-3})^2<(\sqrt{a-1}+\sqrt{a-2})^2$

即 $\sqrt{a(a-3)}<\sqrt{(a-1)(a-2)}$

这又只需证明 $\left[\sqrt{a(a-3)}\right]^2<\left[\sqrt{(a-1)(a-2)}\right]^2$

即 $a(a-3)<(a-1)(a-2)$

即 $0<2$

而这是显然的，故结论得证，思路变得很清晰、自然，最后再用综合法写出证明过程。

2)注意定理、公式的多种证法

对一个命题采用多种证明方法，不仅可以开拓学生的思路，训练思维能力，而且还能使学生从横向和纵向方面把握命题，加深对命题的理解。但考虑到教学时间的限制，可以以一种证明为主，另外的证明方法经教师提示后由学生自己在课后完成。

例如，正弦定理的证明，在直角三角形中，边之间的比就是锐角三角函数，研究直角三角形的正弦，就能证明直角三角形中的正弦定理。考察锐角三角形，可以发现 $a\sin B$ 与 $b\sin A$ 都表示 AB 边上的高，利用同高的两种不同表示，很容易证明锐角三角形的正弦定理。钝角三角形中可以利用正弦函数的诱导公式证明正弦定理。除了这些方法之外，还可以用向量的投影和数量积的概念证明正弦定理，即向量法。

我们对定理寻求多种证法，还需有所分析和比较。而首先应该是，其思路相对于学生知识实际上是最简单、最自然的那些方法。例如，上面关于正弦定理的证明中，向量方法虽然简单巧妙，但是这种方法的思路对许多师生仍显得不自然。

中学课本中对等腰梯形判定定理的证明，是通过在同一底上的两个角相等的梯形是轴对称图形而完成的。这一证法对于学生巩固和运用轴对称概念固然有些好处，但从证法本身来说，并不简单，思路也不自然。

3)重视定理证明的书写格式和要求

课堂教学中定理证明的书写对学生起着示范作用，要根据教学的不同阶段对学生的不同要求，在书写格式中予以明确，做到条理清楚、表达准确、严谨而不烦琐。

7.2.2.3 定理、公式的应用

学习定理、公式的主要目的在于应用。教学中，及时指出定理的应用价值和适用范围，对引起学生的有意注意，提高学习积极性、目的性以及运用知识的准确性都是十分必要的。例如，教余弦定理时，应向学生指出，它不仅在以后解三角形中广泛应用，而且在解有关测量问题、其他平面几何问题，解析几何问题时都要用到。

要精心安排习题，让学生进一步有目的、有计划地进行定理、公式应用的练习。在应用中学会分析、综合，学会将问题进行转化后应用定理的能力。

对于定理的应用，学生顺用较易，逆用及变形使用则较难。例如，当看到 $\tan(\alpha+\beta)$ 时，容易想到正切的和角公式，得出 $\dfrac{\tan\alpha+\tan\beta}{1-\tan\alpha\tan\beta}$；但同样是应用正切的和角公式，学生在遇到形如 $\dfrac{a+b}{1-ab}$ 的式子时，却很难想到它与该公式的联系。因此，教师应适当补充这方面的例题和习题，注意培养学生活用、逆用及变用定理、公式的能力。

学生解答问题时表现出独立的见解，教师应及时予以肯定。总之，教师要积极鼓励学生，培养他们独立钻研、大胆求索的优良作风。

7.3　数学命题教学的案例

直线与平面垂直的判定^①

一、内容和内容解析

直线与平面垂直是直线和平面相交中的一种特殊情况，它是空间中直线与直线垂直位置关系的拓展，又是平面与平面垂直的基础，是空间中垂直位置关系间转化的重心，同时它又是直线和平面所成的角、直线与平面、平面与平面距离等内容的基础，因而它是空间点、直线、平面间位置关系中的核心概念之一，如图 7-1 所示。

直线与直线垂直　→←　直线与平面垂直　→←　平面与平面垂直

图 7-1　直线与直线垂直、直线与平面垂直、平面与平面垂直

直线与平面垂直的定义：如果一条直线与一个平面内的任意一条直线都垂直，就称这条直线与这个平面互相垂直。定义中的"任意一条直线"就是"所有直线"。定义本身也表明了直线与平面垂直的意义，即如果一条直线垂直于一个平面，那么这条直线就垂直于这个平面内的所有直线。

直线与平面垂直的判定定理：一条直线与一个平面内的两条相交直线都垂直，则该直线与此平面垂直。该定理把原来定义中要求与任意一条（无限）直线垂直转化为只要与两条（有限）相交直线垂直就行了，使直线与平面垂直的判定简捷而又具有可操作性。

对直线与平面垂直的定义的研究遵循"直观感知、抽象概括"的认知过程展开，而对直线与平面垂直的判定的研究则遵循"直观感知、操作确认、归纳总结、初步运用"的认知过程展开，通过该内容的学习，进一步培养学生空间想象能力和几何直观能力，发展学生的合情推理能力、一定的推理论证能力和运用图形语言进行交流的能力。同时体验和感悟转化的数学思想，即"空间问题转化为平面问题""无限问题转化为有限问题""直线与直线垂直和直线与平面垂直的相互转化"。

教学重点：直观感知、操作确认，概括出直线与平面垂直的定义和判定定理。

二、目标和目标解析

目标：理解直线与平面垂直的意义，掌握直线与平面垂直的判定定理。

目标解析：

(1)借助对图片、实例的观察，抽象概括出直线与平面垂直的定义。

(2)通过直观感知、操作确认，归纳出直线与平面垂直的判定定理。

(3)能运用直线与平面垂直的判定定理，证明与直线和平面垂直有关的简单命题：在平面内选择两条相交直线，证明它们与平面外的直线垂直。

(4)能运用直线与平面垂直定义证明两条直线垂直，即证明一条直线垂直于另一条

---

① 案例来源：孔小明，浙江省金华市金华第一中学。

直线所在的平面。

三、教学问题诊断分析

学生已经学习了直线与平面平行的判定及性质，学习了两直线（共面或异面）互相垂直的位置关系，有了"通过观察、操作并抽象概括等活动获得数学结论"的体会，有了一定的空间想象能力、几何直观能力和推理论证能力。

在直线与平面垂直的判定定理中，学生对为什么要且只要两条相交直线的理解有一定的困难，因为定义中"任一条直线"指的是"所有直线"，这种用"有限"代替"无限"的过程导致学生形成理解上的思维障碍。同时，由于学生的空间想象能力、推理论证能力有待进一步加强，在直线与平面垂直判定定理的运用中，不知如何选择已知平面内的两条相交直线证直线与平面线垂直，或选择与直线垂直的平面证明直线与直线垂直，导致证明过程中无从着手或发生错误。

教学难点：操作确认并概括出直线与平面垂直的判定定理及其初步运用。

四、教学支持条件分析

为了有效实现教学目标，条件许可可准备投影仪、多媒体课件、三角板、教鞭（表直线）。学生自备学具：三角形纸片、三角板、笔（表直线）、课本（表平面）。

五、教学过程设计

（一）观察归纳直线与平面垂直的定义

1. 直观感知

问题 1：请同学们观察图片，如图 7-2 所示，说出旗杆与地面、大桥桥柱与水面是什么位置关系？你能举出一些类似的例子吗？

(a)　　　　　　　　　　　　　(b)

图 7-2　问题 1 图

设计意图：从实际背景出发，直观感知直线和平面垂直的位置关系，从而建立初步印象，为下一步的数学抽象做准备。

师生活动：观察图片，引导学生举出更多直线与平面垂直的例子，如教室内直立的墙角线和地面的位置关系，直立书的书脊与桌面的位置关系等，由此引出课题。

2. 观察归纳

思考 1：直线和平面垂直的意义是什么？

我们已经学过直线和平面平行的判定和性质，知道直线和平面平行的问题可转化为考查直线和平面内直线平行的关系，直线和平面垂直的问题同样可以转化为考查直线和平面内直线的关系。

问题 2：(1)如图 7-3 所示，在阳光下观察直立于地面旗杆 AB 及它在地面的影子

BC，旗杆所在的直线与影子所在直线的位置关系是什么？

(2)旗杆 AB 与地面上任意一条不过旗杆底部 B 的直线 $B'C'$ 的位置关系又是什么？由此可以得到什么结论？

设计意图：引导学生用"平面化"与"降维"的思想来思考问题，通过观察思考，感知直线与平面垂直的本质内涵。

师生活动：学生思考作答，教师用多媒体课件演示旗杆在地面上的影子随着时间的变化而移动的过程，再引导学生根据异面直线所成角的概念得出旗杆所在直线与地面内的任意一条直线都垂直。

问题 3：如图 7-4 所示，AC，AD 是用来固定旗杆 AB 的铁链，它们与地面内任意一条直线都垂直吗？

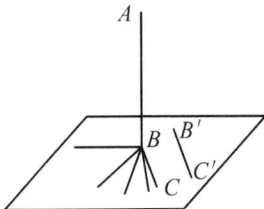
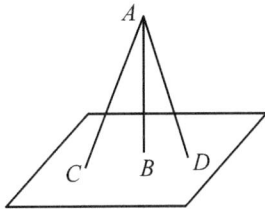

图 7-3　问题 2 图　　　　　　图 7-4　问题 3 图

设计意图：通过反面剖析，进一步感悟直线与平面垂直的本质。

师生活动：引导学生将三角板直立于桌面上，用一直角边作旗杆 AB，斜边作为铁链 AC，观察桌面上的直线（用笔表示）是否与 AC 垂直，由此否定上述结论。

问题 4：通过上述观察分析，你认为应该如何定义一条直线与一个平面垂直？

设计意图：让学生归纳、概括出直线与平面垂直的定义。

师生活动：学生回答，教师补充完善，指出定义中的"任意一条直线"与"所有直线"是同义词，同时给出直线与平面垂直的记法与画法。

定义：如果直线 l 与平面 α 内的任意一条直线都垂直，我们就说直线 l 与平面 α 互相垂直，记作：$l \perp \alpha$。直线 l 叫作平面 α 的垂线，平面 α 叫作直线 l 的垂面。直线与平面垂直时，它们唯一的公共点 P 叫作垂足。

画法：画直线与平面垂直时，通常把直线画成与表示平面的平行四边形的一边垂直，如图 7-5 所示。

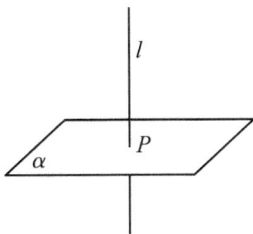

图 7-5　问题 4 图

3. 辨析讨论

辨析 1：下列命题是否正确？为什么？

(1)如果一条直线垂直于一个平面内的无数条直线，那么这条直线与这个平面垂直。

(2)如果一条直线垂直一个平面，那么这条直线就垂直于这个平面内的任一直线。

设计意图：通过问题辨析与讨论，加深概念的理解，掌握概念的本质属性。由(1)使学生明确定义中的"任意一条直线"是"所有直线"的意思。由(2)使学生明确，直线与平面垂直的定义既是判定又是性质，"直线与直线垂直"和"直线与平面垂直"可以相互转化。

师生活动：命题(1)判断中引导学生用笔表示直线，用三角板两条直角边表示两条垂直直线，用书本表示平面举出反例。教师利用三角板和教鞭进行演示，将一块大直角三角板的一条直角边 AC 放在黑板面上，这时另一条直角边 BC 就和黑板面的一条直线(即三角板与黑板面的交线 AC)垂直，在此基础上在黑板面上放一根和 AC 平行的教鞭 EF 并平行移动，那么 BC 始终和 EF 垂直，但 BC 不一定和黑板面垂直，最后教师给出反例的直观图，如图 7-6 所示。由命题(2)给出下列常用命题：

$$\left.\begin{array}{c}a\perp\alpha\\b\subset\alpha\end{array}\right\}\Rightarrow a\perp b$$

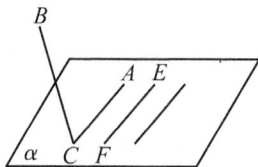

图 7-6　直观图

指出它是判断直线与直线垂直的常用方法，它将直线与直线垂直的问题转化为判定一条直线垂直于另一条直线所在的平面。

(二)探究发现直线与平面垂直的判定定理

1. 分析实例

思考 2：我们该如何检验学校广场上的旗杆是否与地面垂直？

虽然可以根据直线与平面垂直的定义判定直线与平面垂直，但由于利用定义判定直线与平面垂直需要考察平面内的每一条直线与已知直线是否垂直，这种方法实际上难以实施，因为我们无法去——检验，因而有必要寻找一个便捷、可行的判断直线和平面垂直的方法。

问题 5：如图 7-7 所示，观察跨栏、简易木架等实物，你认为其竖杆能竖直立于地面的原因是什么？

设计意图：通过图片观察思考，感知判定直线与平面垂直时只需平面内有限条直线(两条相交直线)，从中体验有限与无限之间的辩证关系。

师生活动：引导学生观察思考，师生共同分析竖杆能竖直立于地面的原因：它固定在两相交横杆上且与两横杆垂直。

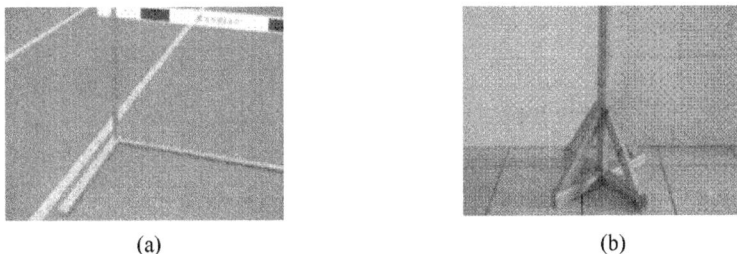

(a)　　　　　　　　　　　　　　(b)

图 7-7　问题 5 图

2. 操作确认

实验：如图 7-8 所示，请同学们拿出准备好的一块（任意）三角形的纸片，我们一起来做一个试验：过△ABC 的顶点 A 翻折纸片，得到折痕 AD，将翻折后的纸片竖起放置在桌面上（BD，DC 边与桌面接触）。

问题 6：(1)折痕 AD 与桌面垂直吗？

(2)如何翻折才能使折痕 AD 与桌面所在的平面垂直？

设计意图：通过观察试验，分析折痕 AD 与桌面不垂直的原因，探究发现折痕 AD 与桌面垂直的条件。

师生活动：在折纸试验中，学生会出现"垂直"与"不垂直"两种情况，引导学生进行交流，根据直线与平面垂直的定义分析"不垂直"的原因。学生再次折纸，经过讨论交流，发现当且仅当折痕 AD 是 BC 边上的高，即 $AD \perp BC$，翻折后折痕 AD 与桌面垂直。

问题 7：如图 7-9 所示，由折痕 $AD \perp BC$，翻折之后垂直关系，即 $AD \perp CD$，$AD \perp BD$ 发生变化吗？由此你能得到什么结论？

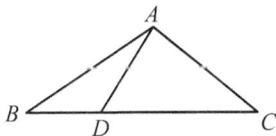

图 7-8　问题 6 图

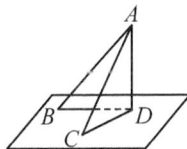

图 7-9　问题 7 图

设计意图：引导学生发现折痕 AD 与桌面垂直的条件：AD 垂直桌面内两条相交直线。

师生活动：师生共同分析折痕 AD 是 BC 边上的高时的实质：AD 是 BC 边上的高时，翻折之后垂直关系不变，即 $AD \perp CD$，$AD \perp BD$。这就是说，当 AD 垂直于桌面内的两条相交直线 CD，BD 时，它就垂直于桌面。

问题 8：(1)如图 7-10 所示，把 AD，BD，CD 抽象为直线 l，m，n，把桌面抽象为平面 α，直线 l 与平面 α 垂直的条件是什么？

(2)如图 7-11 所示，若 α 内两条相交直线 m，n 与 l 无公共点且 $l \perp m$，$l \perp n$，直线 l 还垂直平面 α 吗？由此你能给出判定直线与平面垂直的方法吗？

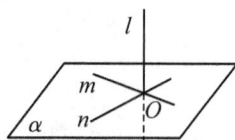

图 7-10　问题 8 图(1)　　　图 7-11　问题 8 图(2)

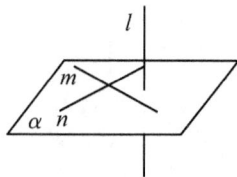

设计意图：让学生归纳出直线与平面垂直的判定定理，并能用符号语言准确表示，使学生明白要判断一条直线与一个平面是否垂直，取决于在这个平面内能否找到两条相交直线和已知直线垂直，至于这两条相交直线是否和已知直线有公共点是无关紧要的。

师生活动：学生叙述结论，不完善的地方教师引导、补充完整，并结合"两条相交直线确定一个平面"的事实作简要说明，然后让学生用图形语言与符号语言来表示定理。指出定理体现了"直线与平面垂直"与"直线与直线垂直"互相转化的数学思想。

定理：一条直线与一个平面内的两条相交直线都垂直，则该直线与此平面垂直。

用符号语言表示为：

$$\left.\begin{array}{l} m\subset\alpha,\ n\subset\alpha,\ m\bigcap n=O \\ l\perp m,\ l\perp n \end{array}\right\}\Rightarrow l\perp\alpha$$

3. 质疑深化

辨析 2：下列命题是否正确？为什么？

如果一条直线与一个梯形的两条边垂直，那么这条直线垂直于梯形所在的平面。

设计意图：通过辨析，强化定理中"两条相交直线"的条件。

师生活动：学生思考作答，教师再次强调"相交"条件。

(三)初步应用

问题 9：求证：与三角形的两条边同时垂直的直线必与第三条边垂直。

设计意图：初步感受如何运用直线与平面垂直的判定定理与定义解决问题，明确运用判定定理的条件。

师生活动：学生根据题意画图，如图 7-12 所示，将其转化为几何命题，$\triangle ABC$中，$a\perp AC$，$a\perp BC$，求证：$a\perp AB$。请两位同学扮演，其余同学在练习本上完成，师生共同评析，明确运用线面垂直判定定理时的具体步骤，防止缺少条件，特别是"相交"的条件。

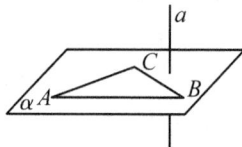

图 7-12　问题 9 图

问题 10：如图 7-13 所示，已知 $a\parallel b$，$a\perp\alpha$，求证：$b\perp\alpha$。

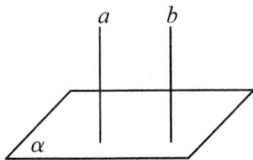

图 7-13　问题 10 图(1)

设计意图：进一步感受如何运用直线与平面垂直的判定定理或用定义证明直线与平面垂直，体会空间中平行关系与垂直关系的转化与联系。

师生活动：教师引导学生分析思路，可用判定定理证，也可利用定义证，提示辅助线的添法。学生在练习本上完成，对照课本完善自己的解题步骤。让学生用文字语言叙述：如果两条平行直线中的一条直线垂直于一个平面，那么另一条直线也垂直于这个平面。指出：命题体现了平行关系与垂直关系的联系，其结果可以作为直线和平面垂直的又一个判定方法。

练习：如图 7-14 所示，在正方体 $ABCD-A_1B_1C_1D_1$ 中，E，F 分别是 AA_1，CC_1 的中点，判断下列结论是否正确：

①$AC \perp$ 面 CDD_1C_1　　　②$AC \perp$ 面 BDD_1B_1

③$EF \perp$ 面 BDD_1B_1　　　④$AC \perp BD$

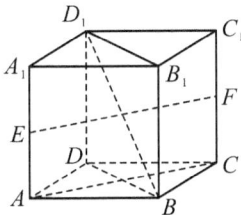

图 7-14　问题 10 图(2)

设计意图：利用所学知识解决直线与平面垂直的有关问题，体会转化思想在解决问题中的作用。其中①是定义的应用；②是判定定理的应用；③是结论的应用；④是判定定理与定义的应用。

师生活动：学生思考讨论，请一位同学用投影仪展示并分析其思路，教师参与讨论。

(四)总结反思

(1)通过本节课的学习，你学会了哪些判断直线与平面垂直的方法？

(2)上述判断直线与平面垂直的方法体现了什么数学思想？

(3)关于直线与平面垂直你还有什么问题？

设计意图：培养学生反思的习惯，鼓励学生对问题进行质疑和概括。

师生活动：学生发言，互相补充，教师点评完善，并归纳出判断直线与平面垂直的三种方法，利用定义，利用判定定理，利用问题 10 的结论。这些方法体现了转化的数学思想，同时强调"平面化"是解决立体几何问题的一般思路。

7.4 数学命题教学的原则与策略

数学命题的教学主要有以下几方面原则：

1. 需要原则

需要原则是指在数学命题获得的教学中，教师为了引起学生注意，激发学生学习动机，调动学生积极情感，通过有效的问题引起学生强烈的内在期望和认知需要的一种教学策略。认知心理学的研究表明，当学生学习某种新知识时，他们必须有一种对知识的需要，即因现有知识的局限，面对问题情境产生困难时，他们更有可能体验一种想要解决问题的内在愿望，而且问题的解决可能导致他们对现有知识的修正或新知识的建构。

例如，在数学归纳法原理的学习中，由逐项验证的不可行、经验归纳法不可靠而引出问题："能否找到一种严格的、非经验的推理方法，通过有限步骤证明一个有关任意自然数 n 的命题？"这样的问题，建立在学生已有经验的基础上，而又令学生意识到已有经验的不足，引起进一步探索的需要。由难度适当的问题而引起的认知冲突，可以激发学生的求知欲和思维的积极性，提高学生的数学学习兴趣。

好的数学任务一般应具有以下特征：（1）它的关注点应该是数学；（2）对学生而言它是富有挑战性的，但也是可达到的；（3）它要求学生解释和验证他们的答案。

2. 过程性策略

过程性策略是指在数学命题的证明阶段，教师通过适当的教学方式，启发学生直接或间接地感受、体验数学知识产生、发展、演变的动态过程，从而引导学生积极主动地进行思维活动，促进新知识建构的一种教学策略。

贯彻数学命题教学的过程性策略，就是要求教师在教学中通过暴露数学思维的过程、揭示数学命题的产生、推证过程及突出数学思想方法的提炼和应用过程，来启发、引导学生直接或间接地感受"再创造"的过程，架起一座从数学家的思维活动通向学生的思维活动过渡的桥梁，使学生知其然又知其所以然。

过程性策略要求，教师不能也不应该将事先准备好的证明思路匆匆"抛"给学生，而应当将思维过程的本来面目，保留或再现思维活动中失败的部分，特别是数学命题的发现过程、证明思路的产生过程，遇到障碍改变思路的过程，这对学生的发展有重要价值。

3. 变式策略

变式策略是指在数学命题应用的教学过程中，通过变式练习等多种方式，促进学生理解数学命题及其所蕴含的思想方法的本质特征的一种教学策略。通过设置变式，可以达到深化理解命题的适用条件和范围的目的。例如，在学习"平行线分线段成比例定理"时，教师常选择如图 7-15 所示作为示意图，为了突出了解定理中"截得的线段"，排除非本质特征因素的干扰，加深对命题的理解，有经验的教师常会在练习中选择其他几个变式图形，如图 7-16～图 7-19 所示，使学生的认识及时得到深化。

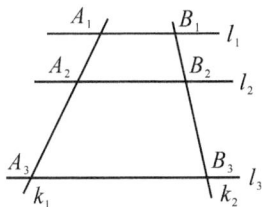

图 7-15 变式图形(1)

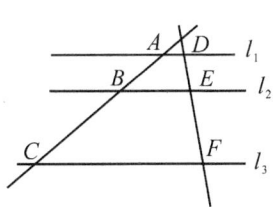

图 7-16 变式图形(2)

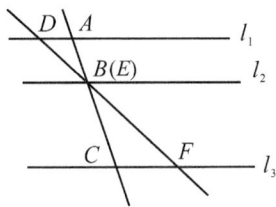

图 7-17 变式图形(3)

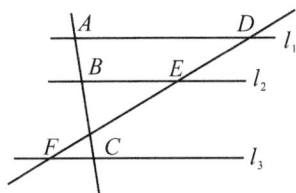

图 7-18 变式图形(4)

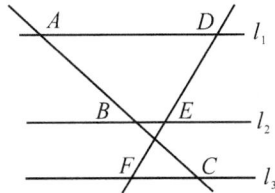

图 7-19 变式图形(5)

变式的来源很多,有命题的多样化表达、命题证明方法的变式,以及推广和引申命题等,其实质在于:一方面,扩大数学命题的应用范围;另一方面,试图利用不同方法建立所学命题与相关知识的联系,培养学生灵活转换、举一反三的能力,促进学生创新能力的培养和发展。

4. 系统化策略

数学命题是一个有系统的知识体系。弄清各个命题在数学体系中的地位、作用,以及命题之间的相互关系,可以从总体上把握数学命题的全貌,加深对数学命题的理解,牢固记忆。正如美国教育家布鲁纳所指出:"获得的知识如果没有完整的结构把它们联系在一起,那是一种多半会被遗忘的知识。一串不连贯的论据在记忆中仅有短促的可怜的寿命。"

在命题教学过程中,一方面,通过单元小结、一章小结或阶段复习、总复习,把学过的知识整理成系统的知识体系,形成命题的知识链;另一方面,可以通过讨论一些公式、定理的推广方法来表现命题知识的系统性。

从不同方向的联系考查知识之间的关系,也是利用系统化策略的含义之一。有些数学知识之间的逻辑关系并不一定就那么清晰可辨。有些知识原本存在某种层次关系,但因为内容组织或教学的需要,被置于不同专题下,这就需要教师特别注意使用系统化策略,采取适当措施让学生意识到这种关系,使他们的联系更加"四通八达",使学生头脑中的数学知识结构梳理得更加合理顺畅。

第8章　数学解题教学

在数学学习的经历中，解题是必不可少的训练。然而，如今我们却认为：解题是必不可少的教学活动，且需要师生共同参与。这个观点是基于：学习了某些数学知识未必能够驾驭这些知识；不少学生不因数学知识为难，而为解答问题为难。可见，数学解题需要的是数学思维能力，同时也能发展数学思维能力。数学解题教学必须提升到课堂教学的高度上来，而不仅仅是课余训练。数学解题一例：

已知 $f(x)=\log_{a^2}(x^2-2ax-3)$ 在 $(-\infty,-2)$ 递增，求 a 的取值范围。

解：需 $x^2-2ax-3>0$，即 $\Delta=4a^2+12>0$，所以 $a\neq0$ 即可；

需在 $(-\infty,-2)$ 上 $f(x)$ 递增，必须 $x^2-2ax-3$ 递减，且其较小根 $-2\leqslant x_1<0$；

需 $a^2<1$，即 $-1<a<1$，且 $a\neq0$；

由于另一个根 $x_2>0$，所以 $x_2=\dfrac{-3}{x_1}\geqslant\dfrac{-3}{-2}=\dfrac{3}{2}$，$x_1+x_2\geqslant-\dfrac{1}{2}$，因而 $2a\geqslant-\dfrac{1}{2}$，$a\geqslant-\dfrac{1}{4}$；

结合 $-1<a<1$，且 $a\neq0$，得 $a\in\left[-\dfrac{1}{4},0\right)\cup(0,1)$。

你能看到，解题的本质是在驾驭知识，是知识学习的高级阶段。

在数学教育的实践中，不间断的教学改革促进了教学方式方法的变革，各种教学模式层出不穷。然而，有一个问题却是几乎一致被认同的，这就是不解数学题是学不好数学的，意思是指数学思维能力将得不到良好发展。

8.1　数学解题教学的作用

解题是中学数学教学过程的一个重要组成部分，无论在中国还是外国，都非常重视青少年的数学教育，并且在众多国际性活动的参与中表现出对该问题的一致性观点，并把它提升到数学学习的重要内容和实践，加以研究并实施。

8.1.1　学生的需要

从学生学习角度来看：（1）它能使学生加深并巩固所学基础知识以及基本技能；（2）它是教师对学生初步运用所学知识和进行独立作业的检查，是实施个别指导的必要方式；（3）它能促成学生综合运用知识和技能的数学实践活动，借以提高对基本问题目标谋求转化的数学思维能力，以及获得可能的思维方法创新；（4）它在当今社会的实用性价值已经是不可回避或替代的事实，甚至促使人们试图探索数学对人成长的影响。因此，无论怎么看，学生都必须学会解数学题，它是学会数学、运用数学、发展数学的必由之路。

8.1.2　教师的需要

从教师教学的角度看：(1)作为学生数学学习的指导者，教师不仅要组织好学生共同完成数学课本上的知识学习、进行必要的技能训练，而且还要能正确熟练地解答学生在数学习题训练中产生的困难，给予他们有效的指导和个别化帮助；(2)清楚数学习题的功能和结构，根据教学的具体需要合理地选配习题；(3)不仅要熟悉解答中学数学习题的各种技能和技巧(创新)，还要掌握解题中的数学思想方法和策略；(4)编制具有一定适应性水平的命题和评价，以期与社会需求做出适应性对接。

教师的职责决定着教师解题必须先行一步，要做指导者必须先做探索者。这样，教师必须优先解题，数学问题的亲历过程就成为数学教师自身发展的基本功和培养途径。

8.1.3　解题教学的功能

我们需要正视的一个基本事实是：你可能懂得若干数学知识，但你不一定知道如何利用它们，这就是数学解题要做的事情。

数学解题教学目的在于发展能力，属于师生双方的共同活动，是需要培养和培训才能达到的。可见，一个不具备较强数学解题能力的数学老师，称不上真正意义上的数学名师。这样一来，高校师范生搞好解题教学研究，就成为基础数学教学活动的一个重要拓展空间。中学生参与解题活动是"驾驭知识的学习"，是知识学习的较高层次。

首先，在教学的各个阶段，通过解题能使教师和学生一起，掌握知识，形成必要的技能技巧，发展数学思维，从而建立起良好的知识结构和思维系统。这就是数学解题教学的基本功能。其次，作为有效的教学评价手段也已被广泛用于教学实践当中了。我们看到，在许多专业性、水平性、选拔性评价中，通常也都采用"笔试解题"方式，就是对这种功能的认同。

综上所述，数学解题教学具有以下两方面的作用。

(1)深化教学内容，促进和考量师生数学思维能力的发展。

(2)考量数学教师专业水平的优劣，催化数学名师的成长。

作为评价手段，通过解题可以评价教学的效果和水平。虽然对教学效果和水平的评价可以选择其他形式，但目前仍是以解题为主要的评价手段。目前，我国中学数学评价(含日常测试、中考、高考)以考查学生知识水平为主，同时结合考查能力水平。而自主招生考试和各类数学竞赛则以考察能力为主。根据解答情况做出评价，这是对数学解题教学评价功能的一个重要应用。实际上，对学生的评价可间接地显示对教师水平做出的评价。

需要强调的是，师范类本科学生必须研究数学解题，这不是一种技能，而是一种能力，是数学专业水准的主体标志，应当成为师范类数学教育专业亟待建设的教学特色之一。在中学，师生团队解题能力的共同提高是一种自信和魅力所在，它可能是当今基础教育获得突破的要诀——减负在于老师！

8.2 中学数学问题的结构与分类

数学问题是抽象化了的结果，采用公允的形式加以规范，具有自身特有的组织形式，而不同的形式表现出不同的结构。正确把握数学问题的结构有助于解题教学，有利于学生解题能力的发展。

8.2.1 数学问题及解决

强调"问题解决"是 20 世纪 80 年代初期以来国际数学教育的潮流。在第六届国际数学教育大会上，"问题解决、模型化和应用"课题组的报告中指出："一个(数学)问题是一个对人具有智力挑战特征的，没有现成的直接解法、程序或算法的未解决的问题情境。"对于数学问题的含义我们可以从以下两个方面来认识：

(1)我们可以把问题看成一个系统。如果对某个人来说，一个系统的全部元素、元素的性质和元素间的关系，都是他所知道的，那么这个系统对于他来说就是稳定系统。如果这个系统中至少有一个元素、性质或关系是他所不知道的，那么这个系统对他来说就是问题系统。如果这个问题系统的元素、性质和关系都是有关数学的，那么它就是一个数学问题。

(2)当实际问题转化成数学问题后，都抽去了对象的物质性，变成了抽象的形式，即数学问题的特征是形式化。

例如著名的"哥尼斯堡七桥"问题，当欧拉把它抽象成"一笔画"问题时，它就被形式化了，从而变成了一个数学问题。数学问题形式化后，只保留了数学所要研究的本质属性，这样就有利于数学概念、命题的形成，为研究数学和学习数学提供了便利，更加有利于学生理解和认识数学知识。但是了解形式化问题的获得过程，也是很重要的。因此学生在解决问题时，不但要解那种纯粹形式化的数学问题，还要解决一些带有现实背景的实际问题，尝试为这些实际问题建立数学模型，这对于培养学生的创造能力会起到很好的作用。

数学问题可以分为两大类：一类是非常规问题(数学建模问题)，它反映非数学领域(或称现实特征)的问题情境，也包含一定数学概念、规则和结果，目标是建立起符合其规律性的数学模型。另一类是纯粹数学问题，是建立在纯数学领域里的形式化的问题情境。

作为"问题解决"中的问题，主要指非常规问题，它包括了非传统的文字应用题，以及智力游戏题等开放性问题。从认知心理学的角度看，所谓问题解决就是从已知状态到目标状态(或可能状态)的运动过程，它是一系列指向目标的心理操作。这一过程是将先前已获得的知识用于新的、不熟悉的情况的过程。

就我国中学尤其是初中数学的现状来说，解题主要是课本上所出现的形式化了的纯粹数学问题，即常规问题和某些经典问题，而对那些密切联系现代生活、生产和生存相关的题目(实际问题、开放题、探究题)的研究，在中学教学实践中还比较薄弱，从基础教育定性而言它们已属于较高层次的发展要求。以下的讨论主要指纯数学问题

（简称数学题），它们构成了现阶段中学数学问题的主体。

对学生发展能力而言，教师所编选的数学问题要满足以下三个条件：

(1)接受性。学生愿意考虑并且具有考虑它们的知识和能力。

(2)障碍性。学生不能直接看出问题的解法和答案，必须经过思考和转化。

(3)探究性。学生不能按常规方法套用，需要尝试和探索研究。

8.2.2　中学数学问题的结构

一个数学题由三部分组成，这就是：条件、运算和目标。有时可能注意不够的是运算，而习惯性的理解为条件和目标，其实运算是对象间的基本关系所在。

1. 条件

条件是指问题已知的和给定的东西，它们可以是数据、关系、图形，也可以是问题的状态。

问题的状态，是指在问题所涉及的范围内，解决问题过程中的某一时刻的表达形式。问题的初始状态就是问题在最初时刻的表达形式。例如，"证明任何 6 个人的聚会中，总有 3 个人彼此相识或彼此不相识"，这一问题中"6 个人聚会"这个初始状态就是条件，它很重要。若不是这个状态，而是"5 个人聚会"，那么原题的结论就不复成立。

有些问题的条件不是明确给出的（隐蔽的），需要解决者去发掘。

2. 运算

运算是指对象间的关系和允许对它们施加的操作。它们可以是系统内对象之间的逻辑关系、运算关系，以及依据这些关系进行的数学推理和运算，也可以是具体的操作的数学化。在证明题中允许运用的推理规则、定义和定理；在求解题中允许运用的运算公式、法则；在作图题中允许运用作图工具和使用规定；在智力问题中，像"乒乓球问题"里天平秤的称法也属于运算。运算是解题的基础，是把问题由初始状态向目标状态转化的理论根据。

3. 目标

目标（或目标状态）是指在一个问题系统变成稳定系统以后，这个稳定系统的一种状态。

例如，"已知 8 个外观一样的乒乓球，其中有一个次品，它较其他球轻，如何找出这个次品球"，这个问题的目标就是找出那个次品。它的初始状态是：8 个外观完全相同的球，哪一个是次品一点也不知道，即目标状态不明确。但用天平称了一次后，排除了一部分，再称一次，又排除一部分，于是每称一次就接近目标一步，最终达到目标状态。

问题一旦达到目标状态，我们就认为它不再是一个问题系统，而是一个稳定系统。一个数学问题的目标，不论是直接或间接地提出，都应该是清楚的，这个目标可能是求某个未知元（如数、式、方程、不等式以及一个图表乃至一种方法等）；也可能是做出某个图形或证实某个论断的正确性。问题的提出可能用一般约定的语句，如计算、解方程、求最大值、证明等，还可能包含解答问题的具体要求，如对结果的表达方式、近似计算的精确度，使用工具的限制等。

8.3　中学数学问题的分类

中学数学问题按问题在教学中的使用功能来分，一般分为例题、口答题、板演题、课堂练习题、作业题、复习题、考试题、思考题、讨论题、综合题、竞赛题等；按问题的操作属性来分，有计算题、证明题、作图题、应用题等，比如，在各种考试命题中的"综合性大题"就是如此区别的；按问题的解答方式来分，有选择题、填空题、判断题、改错题、综合题等。

以上分类的特点是十分明显的，可以帮助我们合理地"使用问题"。不过，从学数学，用数学解决问题的本质看，还必须从题目的质的方面，即从题目的条件、结论和运算关系方面加以分类。

在一个数学问题系统中，若把问题的条件、问题的结论、解题的方法以及解题的依据称为解题的基本要素，那么根据这四个要素中已知的多少，又可将数学问题分为以下几种类型：若四个要素都是解题者已知的，我们称它为标准题；若它们中的一个要素、两个要素、三个要素是解题者未知的，则分别称它们为训练题、探索题、开放题。

1. 标准题

标准题可以理解为"熟题"，比如，你学过的定理、公式、性质，解答过的题目。你对这些问题的条件、结论、方法和依据，基本上可以一一历数。练习这样一类的题目主要是达到熟悉和熟化之目的。属于知识层面水平。

2. 训练题

训练题的目的是为实现关系的推演，形成内部的定向操作，属于标准问题的变异。属于理解层面水平。

3. 探索题

探索题较之训练题缺少了较多的条件，使内部运算关系变得隐晦或多样化，使得必须做出逻辑断定，或者分类讨论来实现。这种内部关系呈现出的复杂性，处理手段表现出的多样性，把数学思维活动的严谨、抽象、灵活性生动地展现出来，探索题可使数学思维能力得以提升。属于综合应用层面水平。

4. 开放题

开放题具有很大的开放空间，主要是结论的不确定性。解决这类问题就意味着创新。目前在基础教育阶段还比较少，至多是作为"专题性问题课堂"来使用的，用以提升学生、教师的研究兴趣和创新能力。这类题属于扩展，归类，甚至评价层面的水平，对能力有较高的要求。

通过数学题分类，对于教师尤其是青年教师把握习题的难易程度是有必要的，也是有好处的。显然它们由易到难的顺序是标准题(第一类题)、训练题(第二类题)、探索题(第三类题)、开放题(第四类题)。

目前，中学数学课本的习题大体分为三个层次，即"练习题""习题""复习题"。一般来说，在练习中安排第一、第二类题；复习中安排第三、第四类题；习题则介于两者之间，开放题在现行课本中还很少选编。

5. 常规题和非常规题

对于标准题和训练题，它们不存在或仅有一个未知要素，具有定向的目标和常规的解题方法，我们称其为"常规题"；探索题和开放题，未知要素较多，通常不具有定向的目标和明确的解题方法，我们称之为"非常规题"。

这两类题的作用及解题思维过程是有较大区别的。常规题常用作及时巩固课堂知识，强化思维定式，训练并熟化基本技能；而非常规题则用于培养学生的思维灵活性、深刻性和广阔性，具备培养学生提出问题、分析问题和解决问题能力的较强功能。例如，在高考题目或竞赛题目的编拟中，那些较难的题目应当属于非常规题目之列。

另外，按照题目条件的完备与否或者结论确定与否，还有把问题分为封闭性题和开放题的说法。现行课本中的习题绝大多数是封闭题，开放题是在"问题解决"思潮中出现的。不管怎样，开放题的解决对数学能力有较高的要求，能表现解答者较高的数学思维水平。

在解题过程中，解题者通常是通过转化题的结构，去完成从未知到已知的转化，也就是把开放题转化为探索题，再把探索题转化为训练题或标准性题。可见"转化"是解题的基本指导思想，是数学解题教学的灵魂。

8.4　解题认知过程及解题教学基本要求

数学解题教学过程的设计，应该遵循数学解题的认知过程，形成清晰的解题步骤。也就是说，解题教学的过程与解题过程应当保持结构上的一致性。因此，在明确解题教学的要求之前，先对解题的认知过程加以讨论。

8.4.1　数学解题的认知过程及解题思维模式

数学题都是由条件、运算、目标(结论)构成的，解题就是解题者所建构的从条件指向结论的思维链。

1. 解题观点

从教育心理学的观点看，解题过程就是以思维为主导、以题目目标为定向的高级心理活动过程。

实践告诉我们，解题过程是知识的运用过程，是解题者(个人)面向对象的数学化过程，包括对其形式化、表格化和图形化，进而纳入一个特定的模式化系统中来，确认系统内部所满足的整体属性和局部属性。

在此基础上确认个别对象在系统中的身份、位置、属性，借以实现它与其他对象的关联，使解题目标明确开来。可见，解题过程首先是一个数学化的过程，进而是主体知识的延伸，或称为扩展。

我们可以看到它与课本主体知识系统的地位的不同：课本主体知识是被作为"两个重心"展现的，既作为"知识"，又作为"过程"；"习题"则仅作为一种"过程"展开，而并不作为公认的结论。也就是说，它未能作为"定理"加以对待，有"时过境迁"之遗憾，这个过程仅仅作为能力发展。这就是我们所持的数学解题观点。

2. 解题理论

由于解题的实践性属性，决定了它必然表现出特有的实践形态。虽然在这个实践形态上诸家的理解众说纷纭，可谓仁者见仁，智者见智，但共同的却都在期盼一种明确的、带有鲜明指导作用的"学说"，借以构成指导作用，消减个人解题的"盲动行为"，提升解题实践的效率和质量，形成对某些认可性和认定性评价的有效支持。如此看来，这样的一种期盼由于需求而变得具有现实意义。因为有效而具有价值，成为人们的追求。

那么，什么是解题理论呢？肯定地说，理论是思想的进一步表述。由上可见，数学解题是实践的，同时它又离不开数学知识本身，知识是它的重要依托。是否可以这样讲，解题是基于知识之上的再创造过程。否则，我们将无法解释为什么有些人已经懂得了那些知识，可是它们却不能有效地回答有关问题了。假若我们可以认同这个观点，那么，解题理论将可以上升为一种学说，即"基于知识之上的数学再创造"的实践学说。由此，作为一种学说，它必须能呈现出有益于实践的数学思维的可操作模式——解题思维模式。

3. 解题思维模式（四进程）

解题实践呈现了如下的一般性认知操作：认识与理解题目"环境"；全面识别信息，并把握目标和它所处的"地位"；联想与探索，联想已知和可能获得的信息，实施指向目标的探索；分析、处理，并探索性地提出解题的各种"设想"；完成解题方案的逻辑组织化。

一般地，数学解题的思维过程，都清晰地表现为四个连贯的思维进程。

(1)模式断定。审题，准确地认清题目条件和目标及其"环境"状态。

(2)目标定位。题目的目标是什么，是否考虑转换成更加适宜的新目标。

(3)路径探求。分析题目的条件及各种量之间的关系，探求达到目标的途径。

(4)技术实现。从已知条件出发，采用恰当的技术方法，对探求路径给予落实。

对条件或目标或解题方法进行拓广，属于开放题的范围，在此不做讨论。

在前三个进程中都存有"探求"问题，即模式探求、目标探求、路径探求，三者又具有顺序性，模式在先，紧接着是目标，再就是路径。三者之间构成了一个特定环境下，以目标为核心的实践探索过程，它是动态的。这三者构成了解题思维过程的主体，但绝不能称其为全部，我们还需要把它"呈现"给观众，或曰"评判者"，特别是后者的评判至关重要，在特定的历史条件下"技术实现"（呈现解题过程）变得不可或缺——它是我们解题的成果。我们既重视解题思维的过程，又重视解题思维的成果。

顺便指出，对特定知识主体的扩展、归结和评价，往往是数学命题的主要拓展空间。

在以上认识基础上，我们可以说，"数学解题方法"是我们围绕着模式、目标、路径展开的动态的探索过程中，以转化思想主导的方略和技术的实现过程。

8.4.2　数学解题教学的基本要求

数学解题能力是数学能力的主要标志，对教师、师范生和中学生来说，就是数学水平的标志，需要经历逐步提高的发展过程。通过数学解题教学，应该逐步达到以下基本要求：

(1)思维严谨，具有自我判断能力。

(2)能迅速确定目标、进程，尤其是模式断定具有举足轻重的作用。

(3)能用数学语言准确地表达自己的思维活动过程，用数学语言达成自我适应的表述。

(4)能合理、准确地进行运算，力求计算正确，作图清晰，表述规范。

(5)养成解题后的反思习惯。

8.4.3　数学解题的目标转换与路径探求(实例)

数学解题实质上是"驾取知识的教学"，必须作为重要的课堂教学过程加以实施，转变把课堂只作为知识教学的单一格局，开设生动的数学解题教学课堂，力求使师生形成带有个性特点的数学思维方法，从根本上减轻学生的"负担"。

例 1　设集合 $A=\{x \mid x^2<4\}$，$B=\left\{x \mid 1<\dfrac{4}{x+3}\right\}$。

(1)求 $A\cap B$。

(2)若不等式 $2x^2+ax+b<0$ 解集是 B，求 a，b 的值。

思考：对(1)用"顺推法"分别求解即得。对(2)"联想"不等式解集的界点是方程的根，借助韦达定理解决。

解：(1)答案：$A\cap B=\{x \mid -2<x<1\}$。

(2)不等式 $2x^2+ax+b<0$ 的解集是 $B=\{x \mid -3<x<1\}$，所以 $-\dfrac{a}{2}=-2$，$\dfrac{b}{2}=-3$，得 $a=4$，$b=-6$。

例 2　函数 $f(x)=\begin{cases}4x-4, & x\leqslant 1, \\ x^2-4x+3, & x>1\end{cases}$ 的图像和函数 $g(x)=\log_2 x$ 的图像的交点个数是(　　)个？

A. 4　　　　　　B. 3　　　　　　C. 2　　　　　　D. 1

答案：选 B。

思考：用"数形结合法"，目标是交点个数问题，宜作图观察再做出选择，尤其是两个图像都经过 $(1, 0)$。

直线过 $(1, 0)$，对数函数也过 $(1, 0)$。

直线过 $\left(\dfrac{1}{2}, -2\right)$ 时对数函数过 $\left(\dfrac{1}{2}, -1\right)$，直线过 $\left(\dfrac{1}{16}, -\dfrac{15}{4}\right)$ 时对数函数过 $\left(\dfrac{1}{16}, -4\right)$，可见在 $\dfrac{1}{16}$ 与 $\dfrac{1}{2}$ 之间有一个交点。

$f(x)=x^2-4x+3$ 过 $(3, 0)$ 和 $(4, 3)$，$g(x)=\log_2 x$ 过 $\left(3, 1+\log_2 \dfrac{3}{2}\right)$ 和 $(4, 2)$，故在 3 和 4 间有一个交点。

例 3　设函数 $f(x)=ax^2+bx+c(a>0)$ 满足 $f(1)=-\dfrac{a}{2}$。

(1)求证函数 $f(x)$ 有两个根。

(2)设 x_1，x_2 是函数 $f(x)$ 的两个根，求 $|x_1-x_2|$ 的取值范围。

(3)求证：$f(x)$ 在 $(0,2)$ 内至少有一个零点。

思考：用"顺推法"，论域是二次函数；两个根的距离，$(0,2)$ 间至少有一个零点；路径分别是看 Δ，用韦达定理看结果的符号变化，注意"运算技术"。

$f(1)=-\dfrac{a}{2}=a+b+c$，所以 $3a+2b+2c=0$ 或 $c=-\dfrac{3}{2}a-b$，$f(x)=ax^2+bx-\dfrac{3}{2}a-b$，这样 $b^2-4\times a\times\left(-\dfrac{3}{2}a-b\right)=b^2+6a^2+4ab=(b+2a)^2+2a^2>0$（已知 $a>0$），

故有两个根点；设两个根 x_1，x_2，$x_1+x_2=-\dfrac{b}{a}$，$x_1x_2=\dfrac{-\dfrac{3}{2}a-b}{a}=-\dfrac{3}{2}-\dfrac{b}{a}$，从而 $(x_1-x_2)^2=(x_1+x_2)^2-4x_1x_2=\dfrac{b^2}{a^2}-4\left(-\dfrac{3}{2}-\dfrac{b}{a}\right)=\left(\dfrac{b^2}{a^2}+6+\dfrac{4b}{a}\right)=\dfrac{b^2+6a^2+4ab}{a^2}=\dfrac{(b+2a)^2+2a^2}{a^2}=2+\left(\dfrac{b+2a}{a}\right)^2>2$，得 $|x_1-x_2|>\sqrt{2}$。

$f(2)=4a+2b+c=3a+2b+2c+a-c=a-c$。若 $c\leqslant0$，就有 $f(2)>0$，$f(1)=-\dfrac{a}{2}<0$，完成"目标转换法"，知在 1，2 之间有零点；若 $c\geqslant0$，则 $f(0)=c>0$，而 $f(1)=-\dfrac{a}{2}<0$，可知在 0，1 之间有根。综合知在 $(0,2)$ 至少有一个零点。

解：(1)$f(1)=-\dfrac{a}{2}=a+b+c$，$c=-\dfrac{3}{2}a-b$，这样 $\Delta=b^2+6a^2+4ab=(b+2a)^2+2a^2>0$（已知 $a>0$），故 $f(x)$ 有两个根点。

(2)设两个根为 x_1，x_2，有 $x_1+x_2=-\dfrac{b}{a}$，$x_1x_2=-\dfrac{3}{2}-\dfrac{b}{a}$，所以 $(x_1-x_2)^2=\dfrac{b^2+6a^2+4ab}{a^2}=\dfrac{(b+2a)^2+2a^2}{a^2}=2+\left(\dfrac{b+2a}{a}\right)^2>2$，即 $|x_1-x_2|>\sqrt{2}$。

(3)因为 $f(1)=-\dfrac{a}{2}=a+b+c$，所以 $f(2)=4a+2b+c=a-c$。这样，若 $c\leqslant0$，则 $f(2)>0$，又 $f(1)=-\dfrac{a}{2}<0$，知 1，2 之间有零点；若 $c>0$，则 $f(0)=c>0$，而 $f(1)=-\dfrac{a}{2}<0$，知 0，1 之间有零点。综合，在 $(0,2)$ 上至少有一个零点。

例4 已知 $y=f(x)$ 是偶函数，且当 $x>0$ 时 $f(x)=(x-1)^2$，若当 $x\in\left[-2,-\dfrac{1}{2}\right]$ 时，$n\leqslant f(x)\leqslant m$ 恒成立，试求 $m-n$ 的值。

思考：用"顺推法"，目标：$m-n$ 的值。$f(x)$ 为偶函数，求 $x<0$ 时，$f(x)$ 的值。

解：当 $x<0$ 时，设其函数表达式为 $f(x)$。此时 $-x>0$，所以 $f(-x)=(-x-1)^2=(x+1)^2$，依偶函数定义得 $f(x)=f(-x)=(x+1)^2$，$x<0$。因此，$f(x)=\begin{cases}(x-1)^2, & x>0,\\(x+1)^2, & x<0.\end{cases}$ 这样 $x\in\left[-2,-\dfrac{1}{2}\right]$ 时，因为对称轴 $x=-1$，所以 $n=f(-1)=0$，

$m=f(-2)=1$，得 $m-n=1$。

注意：①本法属"常规技术"，求出偶函数的表达式会产生障碍，对以上思想不能理解是主要问题。②除①法外，还可以利用图像的平移关系得到函数的另一段表达式，即利用 $x+2$ 替换 $f(x)=(x-1)^2$ 中得 x，立得 $f(x)=(x+1)^2$，$x<0$。即得 $f(x)=\begin{cases}(x-1)^2, & x>0, \\ (x+1)^2, & x<0.\end{cases}$ ③用"待定系数法"也能得到 $x<0$ 时函数的表达式，属于常规技术，不详细说明。

例 5　对于每个实数 x，$f(x)$ 取值 $4x+1$，$x+2$，$-2x+4$ 三个函数的最小值，则 $f(x)$ 的最大值。

思考：用"数形结合法"得到函数的分段表达式即可。

解：$f(x)=\begin{cases}4x+1, & x\in\left(-\infty, \dfrac{1}{3}\right) \\[2mm] x+2, & x\in\left(\dfrac{1}{3}, \dfrac{2}{3}\right) \\[2mm] -2x+4, & x\in\left(\dfrac{2}{3}, +\infty\right)\end{cases}$

$$f(x)_{\max}=(-2x+4)\mid_{\max}=-\frac{4}{3}+4=\frac{8}{3}$$

例 6　函数 $y=\lg(3-4x+x^2)$ 的定义域 M，$x\in M$ 时，求 $f(x)=2^{x+2}-3\times4^x$ 的最大值。

思考：用"变量替换法"，目标是最值，需确定 M，$f(x)=2^{x+2}-3\times4^x$ 的特点怎样？令 $2^x=t$，则 $f(x)=4\times2^x-3(2^x)^2=t(4-3t)=-3t^2+4t=-3\left(t-\dfrac{2}{3}\right)^2+\dfrac{4}{3}$。

解：由 $3-4x+x^2=(x-1)(x-3)$ 得知 $M=\{x\mid x<1$ 或 $x>3\}$。在令 $2^x=t$，得 $f(x)=4\times2^x-3(2^x)^2=t(4-3t)$，其开口朝下，对称轴是 $t=\dfrac{2}{3}$，知 $2^x=\dfrac{2}{3}$ 时取得最大值，即 $x=\log_2\dfrac{2}{3}=1-\log_2 3$（$<1$），所以 $f_{\max}=4\times\dfrac{2}{3}-3\times\left(\dfrac{2}{3}\right)^2=\dfrac{4}{3}$。

例 7　证明：$50^{99}>99!$。

思考：在一般化基础上"猜想"，再证明之。

证明：$50=\dfrac{99+1}{2}$，猜想 $\left(\dfrac{n+1}{2}\right)^n>n!$ 对 $n>2$ 的整数成立。事实上 $\dfrac{1+2+3+\cdots+n}{n}>\sqrt[n]{1\cdot2\cdot3\cdots\cdot n}=\sqrt[n]{n!}$ 成立 $\Leftrightarrow\dfrac{n(n+1)}{2n}>\sqrt[n]{n!}$ 成立 $\Leftrightarrow\dfrac{(n+1)}{2}>\sqrt[n]{n!}$，即 $\left(\dfrac{n+1}{2}\right)^n>n!$ 成立。

例 8　已知 $x\in\mathbf{R}$，试确定 $\sqrt{x^2+x+1}-\sqrt{x^2-x+1}$ 的所有可能值。

思考：用"数形结合法"，联想距离公式。

解：$\sqrt{x^2+x+1}=\sqrt{\left(x+\dfrac{1}{2}\right)^2+\left(\dfrac{\sqrt3}{2}\right)^2}$ 表示 $A(x, 0)$ 与 $B\left(-\dfrac{1}{2}, -\dfrac{\sqrt3}{2}\right)$ 的距离。

$$\sqrt{x^2-x+1}=\sqrt{\left(x-\frac{1}{2}\right)^2+\left(\frac{\sqrt{3}}{2}\right)^2}$$ 表示 $A(x,\ 0)$ 与 $C\left(\frac{1}{2},\ -\frac{\sqrt{3}}{2}\right)$ 的距离。

$A(x,\ 0)$ 是直线 $y=0$ 上的动点，$|BC|=1$，$||AB|-|BC||<1$。因此，$-1<\sqrt{x^2+x+1}-\sqrt{x^2-x+1}<1$。

8.5　培养解题能力的途径和数学解题思想

数学解题能力是一种综合能力，是指综合运用数学知识、数学技能和数学思维方法的实践能力；是数学水平的体现，应通过解题教学实践得到培养，有必要处理好知识教学与解题教学的关系，把解题教学提高到发展数学思维能力的高度来认识，使数学教学效果得以明显改善。

8.5.1　培养解题能力的基本途径

解题不仅是指解决纯数学题，也包含和数学有关的应用问题，以及从实际问题中建构数学模型。解题教学在课堂教学中要占据合理的比例，事实上，它属于"驾驭知识的教学"，通过它学生才能获得能力的跨越发展。

1. 培养学生认真审题的习惯，提高审题能力

数学问题一般包括已知条件和需要解决的问题两部分，审题就是要求学生对条件和问题进行全面认识，对与条件和问题有关的情况进行分析研究。具体地说，就是要分清题目中哪些是已知，哪些是未知，涉及哪些数学基本知识点（概念、术语、符号等），进而对系统做出模式断定。对于复杂的综合题，还要注意观察可能的数形特点。

2. 引导学生发现规律，寻求解题途径

数学问题中已知条件和需要解决的问题之间有内在的逻辑联系和必然的因果关系，解数学题的过程，就是灵活运用所学知识，去揭示这种联系和关系的过程。揭示了这种逻辑联系也就找到了由条件到结果的途径。寻求解题途径的方法常有顺推法、逆推法、等价转化、特殊化、一般化、归纳、类比等。解题时运用这些特有方法寻找解题途径是否奏效，关键在于是否能灵活运用和大胆试探。

3. 培养学生在解题后进行反思的习惯

待解决问题之后，再回过头来对自己的解题活动加以回顾与探讨、分析与研究，是非常必要的一个环节。这是数学解题过程的最后阶段，也是对提高学生解题能力最有意义的阶段。学生通过对解题的结果和解法进行细致分析，通过对解题的主要思想、关键因素和同一类型问题的解法进行概括，从解题中抽出数学的基本思想和基本方法加以概括，并将它们运用到新的问题中去。

4. 合理地控制学生的解题活动

学生的解题活动最能影响他们的思维发展，要使数学解题活动在发展学生思维方面取得最佳效果，还必须合理地控制学生的解题活动，即要求在教师指导下，由学生独立地进行探索解题。

要合理地控制学生的解题活动，就是要创设情境、启迪思维、指明方向，引导学生主动、独立地活动，向学生提供功能特征显著，又能使他们充分认识其功能作用的数学问题。可见，这是不同于"知识教学"的高层活动。

8.5.2　常用的数学解题思想

数学问题的解决过程，实质是命题的不断变换和数学思想方法反复运用的过程。数学思想是对数学知识和方法的本质的认识，它是数学科学和数学学科固有的灵魂。数学方法就是解决数学问题的根本策略，是数学思想的具体体现。

1. 转化思想

在数学解题教学中，我们常常将困难问题转化为容易问题，陌生问题转化为熟悉问题，这就是转化思想，又称作化归思想，它是解决新问题、获得新知识的重要思想。其他许多重要的数学思想，例如数形结合思想、分类讨论思想、方程与函数思想、整体思想等均体现了化归过程，因此转化思想是数学思想的核心和精髓，是数学思想的灵魂。在课标及新教材中蕴含转化思想的知识点极多，教学中要十分重视对转化思想的渗透和运用，通过不断地渗透、不断地积累，让学生逐渐内化为自己的经验，形成解决问题的自觉意识。

2. 函数思想

函数思想是指变量与变量的一种对应思想，或者说是一个集合到另一个集合的映射思想。数学中常常将某一变量看作另一变量的函数，反过来，把问题中复杂的解析式当作单一字母处理，这就是变量代换。函数思想的核心就是力图把事物之间的关系化作特定函数关系，借助于函数性质解决问题。

3. 方程思想

人们通过长期解决问题的实践，不但对方程的概念、同解方程的原理、解方程的方法有了深刻的认识，而且认识到方程是已知量与未知量构成的矛盾统一体，它是从已知探索未知的桥梁。从分析问题中的数量关系入手，抓住等量关系，运用数学形式语言将相等关系转化为未知量的限制条件，再通过解方程使问题获解的思维方法，称为方程思想。它是笛卡儿首先总结出来的，是解决大量数学问题的导航器，在代数、几何以及数学各个分支学科中都有广泛的应用。方程思想是函数思想的一种定值变形。

4. 数形结合思想

将数与式的代数信息和点与形的几何信息互相转换，把数量关系的精确性与几何图形的直观性有机结合起来，从而易于将已知条件和解题目标联系起来，使问题得到解决。这种解题方法即数形结合方法。几何图形中存在一定的数量关系，根据图形内在的数量关系，去揭示几何图形的某些性质，从这点出发，可以用代数的方法去解一些几何题。解析法就是通过坐标变换将几何问题化为代数问题的。数形结合关系是双向的。

5. 分类思想

分类思想是一种依据数学对象本质属性的相同点和差异点，将数学对象分为不同种类的思想，数学分类要满足以下两点要求：

(1)相称性，即保证分类对象既不重复又不遗漏。

(2)同一性，即每次分类必须保持同一的分类标准。分类标准必须根据具体情况而定，即使同一数学对象也有不同的分类标准，导致不同的分类结果。

6.归纳与类比思想

归纳与类比是重要的数学方法，也是解题的基本思想方法。特别对于非常规数学问题，归纳和类比是探求解题途径的重要手段。我们在解决问题时，往往从特殊的、简单的、局部的事例出发，探求一般的规律，这种由特殊到一般的思维活动就是归纳。显然，归纳必然会产生猜想；或者把已知的、熟悉的数学事实与要解决的问题进行比照，通过某些相同或相似的性质联想另外相同或类似的性质，这种由此及彼的思维方法就是联想。显然，联想即会发生类比。

"归纳—猜想""联想—类比"是引导发现和创造的重要手段和途径。

第9章 数学教育热点问题研究

《国家基础教育课程改革纲要》指出课程改革要改变课程过于注重知识传授的倾向，强调形成积极主动的学习态度，使获得基础知识与基本技能的过程同时成为学会学习和形成正确价值观的过程；改变课程结构过于强调学科本位、科目过多和缺乏整合的现状，整体设置九年一贯的课程门类和课时比例，并设置综合课程，以适应不同地区和学生发展的需求，体现课程结构的均衡性、综合性和选择性；改变课程内容"难、繁、偏、旧"和过于注重书本知识的现状，加强课程内容与学生生活以及现代社会和科技发展的联系，关注学生的学习兴趣和经验，精选终身学习必备的基础知识和技能；改变课程实施过于强调接受学习、死记硬背、机械训练的现状，倡导学生主动参与、乐于探究、勤于动手，培养学生搜集和处理信息的能力、获取新知识的能力、分析和解决问题的能力以及交流与合作的能力；改变课程评价过分强调甄别与选拔的功能，发挥评价促进学生发展、教师提高和改进教学实践的功能……

新一轮基础教育课程改革致力于改变课堂教学中过于强调接受学习、死记硬背、机械训练的现状，倡导学生主动参与、乐于探究、勤于动手，培养学生搜集和处理信息的能力、获取新知识的能力、分析和解决问题的能力以及交流与合作的能力。《普通高中数学课程标准(实验)》也指出："学生的数学学习活动不应只限于接受、记忆、模仿和练习……高中数学课程应力求通过各种不同形式的自主学习、探究活动，让学生体验数学发现和创造的历程，发展他们的创新意识。"因此，转变学生的学习方式就成为基础教育课程改革的重要内容，本章将就研究性学习、探究性学习，以及数学建模等热点问题做概略介绍。

9.1 数学探究性学习

《普通高中数学课程标准(实验)》中重点提到"倡导积极主动，勇于探索的学习方式""发展学生的应用意识"等基本理念。数学探究成为新课程中所倡导的一种重要学习方式，目的是在探究的过程中，让学生能够体验创造的激情，建立严谨的科学态度和不怕困难的科学精神。

9.1.1 探究性学习的意义

美国心理学家布鲁纳说："探究是教学的生命线。"探究性学习(教学)是20世纪50年代由美国芝加哥大学施瓦布教授在"教育现代化运动"中倡导指出的。他认为在教学过程中，学生学习的过程与科学的研究过程在本质上是一致的，因此，学生应像"科学家"一样，以主人的身份去发现问题、解决问题，并且在探究的过程中获取知识、发现技能、培养能力特别是创造能力，同时受到科学方法、科学精神、价值观的教育，并发展自己的个性。这种思想提出之后对教育产生巨大影响，并逐渐在20世纪90年代形成了比较系统的科学探究理论。

在数学教学中，探究性学习是相对于接受式学习而言的，是学生在教师创设的类似于学术（或科学）研究的数学学习情境中，采用数学探究技能，经历发现、操作、实验、归纳、猜想、验证等数学活动，解决问题、获取数学知识的学习方式与策略。探究性学习不是将知识目标放在首位，而是将能力目标放在首位，其功能是在基础课程的学习中，让学生经历像数学家一样研究、探索数学规律的过程，从中获得直接经验、体验、感悟其中的数学思想和方法，培养探究精神和探究能力，使学生学会自己动手、自己学习，获得终身学习的能力。

9.1.2 探究性学习的特点

探究性学习与接受式学习、注入式学习、启发式学习、自学式学习、合作式学习不同，有它自己的特点。

1. 自主性

相对于被动接受式学习来说，探究性学习是把学生置于主体地位，是基于学生兴趣展开的主动学习活动，学生选择感兴趣的问题，主动承担学习的责任，通过一系列的观察、实验、猜想、归纳等活动，借助小组合作探究等方式，获取数学知识，获得情感体验，提高学习效率。学生是学习的真正主人，这是探究性学习的核心。

2. 实践性

探究性学习是以学生主体实践活动为主线展开的，学生在做中学，在学中做，学生的实践活动贯穿于整个学习过程的始终，具有极强的实践性。首先，强调亲身参与，要求学生脑、眼、手、口并用，用自己的身体去经历，用自己的心灵去感悟；其次，重视探究经验，把学生的个人知识、直接经验、生活世界看成重要的学习资源，鼓励学生经过探究，自己"发现知识"。让学生在学习中活动，在活动中学习，是探究性学习的鲜明特点之一。

3. 开放性

探究性学习具有明显的开放性，主要表现为三个方面，一是学习内容的开放性。探究性学习在内容上注重联系学生的生活实际，联系自然、社会发展的实际问题，特别关注与人类生存、社会经济发展、科学技术发展相关的问题。研究问题的广泛性、综合性，决定了探究性学习的内容不再局限于僵化的课本知识、学科知识，而是开放的知识体系。二是学习时空的开放性。学习内容的开放性促使学生必须走出书本和课堂，走向社会，利用图书馆、网络，采用调查访问、实地考察等手段最大限度地收集资料，把课内与课外、学校与社会有机地结合在一起。三是学习结果的开放性。探究性学习更强调科学素养的养成，允许学生按自己的理解以及熟悉的方式解决问题，允许学生按照各自的能力和所掌握的资料以及各自的思维方式得出不同的结论，不追求结论的唯一性和标准化。

4. 创造性

探究性学习，注重的是能力培养，特别是创造性能力的培养。它不以掌握系统知识为主要目的，鼓励学生大胆质疑，进行多向思维，从多角度、多层面，更全面地认识同一事物，并善于把它们整合为整体性知识，能创造性地运用所学知识对新情况做出判断、组合、改造，在更深刻认识中不断培养自己的创新知识和创造能力。

9.1.3　探究性学习的教学过程

探究性学习是新课程所倡导的一种新型的学习方式，许多教师都在对此进行探索和实验。总结出很多数学探究性学习的模式。一般地，探究性学习有以下几种基本方式。

1. 问题讨论式

问题讨论式探究学习，就是围绕问题的解决展开探究，其一般程序是：从特定的问题情境出发→学生自主发现、提出、选择问题→自主探究、解决问题→发现新问题→解决新问题→……→得出多个结论。

例如，函数概念对于初中学生来说非常抽象，学生很难理解课本中给出的定义。教学中不能让学生只关注函数的解析式、自变量取值范围和函数值，应使学生体会函数能够反映实际事物的变化规律。不妨作这样的教学设计：

下列问题中有哪些是变量，它们之间的关系用什么方式表示？同一个问题中的变量之间有什么联系？

(1)汽车以 60 km/h 的速度匀速行驶，行驶里程为 s km，时间为 t h。

(2)每张电影票的售价为 10 元，一场电影售出票 x 张，票房收入为 y 元。

(3)用长为 10 m 的绳子围成矩形，矩形的长度为 x m，面积为 S m²。

(4)体检时心电图，时间与心脏部位的生物电流。

然后让学生反复比较，得出两个变量的本质属性：一个变量每取一个确定的值；另一个变量也相应地唯一确定一个值。再让学生自己举出一些函数的实例，逐渐抽象、概括出函数定义。

再如，同底数幂的乘法法则的探究设计：

根据乘方的意义填空，看看计算结果有什么规律？

(1)$2^5 \times 2^2 = 2^{(\ )}$　　　　　　　　(2)$a^5 \cdot a^2 = a^{(\ )}$

(3)$2^m \times 2^n = 2^{(\ )}$　　　　　　　　(4)$a^m \times a^n = a^{(\ )}$

在这个探究过程中，经历了两次发展性探究，第一次是从第(1)题底数、指数都是具体数，发展为第(2)、(3)题底数、指数分别是字母、具体数，体现了从特殊到一般的发展规律；第二次是在第(2)、(3)题基础上进一步发展到第(4)题底数、指数都是字母情形，使规律更具有一般性。

2. 知识发现式

知识发现式探究学习，就是要学生亲历知识"发现"的过程，主动参与知识建构的过程。一个具体的数学对象(概念、命题、定理、公式、性质、例题、习题等)的发现式探究一般包括以下环节：展示情境—提出问题—形成猜想—探究规律—验证结论—交流评价—应用拓展。例如，对于义务教育"不等式性质"的教学可作如下设计①。

1)展示情境，提出问题

教师出示天平，调至平衡状态，在天平的两边同时放入 5 kg、3 kg 的砝码，天平

---

① 案例来源：叶明军，山东省兖州市第九中学。

不平衡；两边再同时加入 2 kg 的砝码，天平还不平衡；在天平的两边又同时加入两个相同质量的砝码(不知其质量是多少，设为 a kg)，天平仍不平衡(CAI 课件展示)，如图 9-1 所示。

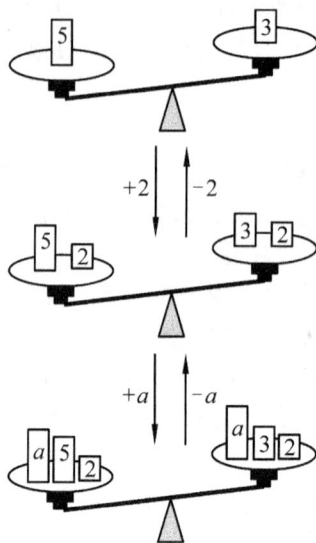

图 9-1　天平调至平稳图

T：通过观察老师的演示，你能用不等式表示出上面的实验过程吗？

(用学生熟悉的生活实例引入教学内容，提出问题，使学生体会到生活中的不等关系。学生学习的主动性一下子被调动起来了。)

S_1：上面的实验过程用不等式表示为：由 $5>3$，得 $5+2>3+2$；由 $7>5$，得 $7+a>5+a$。

(这里体现了数学源于生活的思想，渗透了数学建模的思想。)

T：刚才那个同学说的不等式，是否反映了不等式的一些性质呢？下面我们来探究这个问题。

2)归纳猜想，探究规律(CAI 课件展示)，见表 9-1

表 9-1　填写探究报告单

不　等　式	不等式的两边都加上同一个数(式)	结　　果	你发现的规律
$5>3$	加上 2	$5+2>3+2$	
$-1<0$	加上 0.5	$-1+0.5<0+0.5$	
…	…	…	
$a>b$	加上 e	$a+e>b+e$	

此表格具有启发性、开放性，有利于学生自主探究(观察、归纳、猜想、探究)与合作交流。

T：我们看这个小组填写的探究报告单（投影显示），见表 9-2。

表 9-2　探究报告单

不　等　式	不等式的两边都加 上同一个数（式）	结　　果	你发现的规律
$5 > 3$	加上 2	$5 + 2 > 3 + 2$	（1）不等式的两 边加的是同一 个数（式） （2）不等号方向 不变
$-1 < 0$	加上 0.5	$-1 + 0.5 < 0 + 0.5$	
$0 < 0.5$	加上 1	$0 + 1 < 0.5 + 1$	
$2 < 3.5$	加上 3	$2 + 3 < 3.5 + 3$	
$3 > 2$	加上 0.3	$3 + 0.3 > 2 + 0.3$	
$a > b$	加上 c	$a + c > b + c$	

3）建立模型，交流评价

T：这个小组发现的规律很好！你能由此得出不等式的什么性质，并用字母表示此性质吗？

（同学们大都发现了不等式的性质，并且在小组内讨论、交流自己的发现，评价他人的发现，使结论准确简捷。）

S_1：不等式的两边都加上同一个数（或式子），不等号的方向不变。

S_2：不等式的这一性质用字母表示为：如果 $a > b$，那么 $a + c > b + c$。

（由感性认识上升到理性认识，特殊升华到一般，学生的认知产生了质的飞跃。）

T：上面的关系是否正确呢？请同学们举例验证。

S：$4 > 3$，两边都加上 1，得 $5 > 4$。正确！

T：好！同学们通过观察、归纳，得到了不等式的一个性质，并且验证了它的正确性。

（类似地，再得出不等式的其他性质）

4）巩固练习，拓展应用（CAI 课件展示以下题）

开放题：a 是任意有理数，试比较 $5a$ 与 $3a$ 的大小。

解：$\because 5 > 3$，$\therefore 5a > 3a$。

这种解法正确吗？如果正确，请说出根据；如果不正确，请说明理由。

（设计开放性题目，有利于引导学生进行探究。学生通过分析、分类、归纳、推理等活动，掌握了基础知识，体验了分类讨论的数学方法，获得了成功的体验。）

3．实验探究式

实验探究式就是借助实验、调查等手段来解决"未知"问题，其一般程序是：针对要解决的问题→设计实验→操作实验→分析实验数据（或预设实验结果）→得出结论。

如组织学生测量教学楼的高度，具体操作以下几方面的设计：

（1）分组，讨论各种不同测量方法。

（2）小组分工，分别用不同的方法测量（如直接测量教学楼的高度；先测量每层楼的高度，再计算教学楼的高度；如图 9-2 所示为用镜面反射的方法求出教学楼的高度等）。

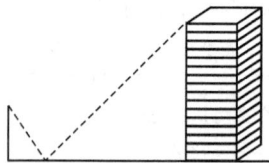

图 9-2　测量教学楼的高度

（3）对各种测量方法是否简易可行以及测量的结果是否准确等进行比较、质疑、评价。

（4）推选小组代表向全班介绍测量方案、过程和结果。这样学生真正体验到测量方案的确定、最佳方案的选择、测量的过程及结果。

总之，在数学教学中教师的课堂教学设计，应当具有启发性、探究性、开放性、挑战性。要把数学知识的"生长过程"等探究内容展现出来，让学生在活动中去探究、去发现，在动脑中去分析、去归纳，在应用中去拓展、去反思，不断地这样训练，学生就能在获取基础知识和基本技能的同时，获取探索精神和创新能力。

9.1.4　探究性学习中的注意事项

1. 探究性教学的目的要与学生活动的过程相统一

教师在教学目标中，首先要明确探究的目的，然后精心设计探究的问题和学生学习的探究活动，要以探究问题为主线，循序渐进，不断地促进学生探究能力的发展和提高。探究目的和学生活动要一致，做到有的放矢，不要只见形式不见内容，也不能"神龙见首不见尾"，既要注重过程也要注重结果，否则探究性教学只能是哗众取宠，华而不实。

2. 教师的"扶""引""放"与学生的"学"相统一

在教学过程中一般情况下是由教师提供给学生一些必要的资料进行探究，教师在实施探究过程中，应以"扶"的方式帮学生"上路"，以"引"的方式让学生"学走路"，以"放"的方式让学生"自己走路"，从"扶"到"放"的设计形式构成了一个循序渐进的培养学生探究能力的框架。

3. 教师的教与培养学生的探究意识和习惯相统一

课程标准中强调探究有利于激发学生的智力潜能。教师首先要力求培养学生的探究意识和良好的探究习惯，这样才有可能提高探究的技巧和发展学生的探究能力。因此，教师在教学中应强调把教学策略建立在学生主体之上，不是把知识的结论告知学生，而是关注学生如何才能得出结论，在学生学会并在会学方面下功夫。在教学中要善于总结，把握探究的"度"，帮助学生确定能达到的探究目标，提供学生分组探究系列活动以培养合作精神，让课堂成为学生探究的乐园。

4. 教师的教学理念与教学实践相统一

学校教育的根本任务是教会学生如何学习，如何创造，而不是单纯地给学生大量的知识，把学生当作装知识的容器。教师应成为新课改的实践者和创造者，不要说的是新理念，行的是老教法。在实际教学中应充分研究课型，不拘泥于教材，懂得不是

"教教材"，而是"用教材"，精心准备材料，搜集有用素材，把探究渗透到每一节课，每一个习题与活动中去。以新课程新理念构建新的教学体系，积极推进课程改革。

9.2　研究性学习

　　教育部 2000 年 1 月颁布的《全日制普通高级中学课程计划（试验修订稿）》中决定要在普通高级中学教学中开展研究性学习活动。教育部印发的《普通高中"研究性学习"实施指南（试行）》将研究性学习定义为："研究性学习是学生在教师指导下，从自然、社会和生活中选择和确定专题进行研究，并在研究过程中主动地获取知识、应用知识、解决问题的学习活动。"这是我国高中课程改革的一项重大举措，自此研究性学习作为我国基础教育课程体系中的一个独具特色的课程领域，无疑已成为我国当前课程改革的一大亮点。它已经作为教学改革的时尚话题被探寻着、议论着，也被追逐着、改造着。本节主要介绍研究性学习的内涵、意义、特征及其实施要点。

9.2.1　研究性学习的内涵、基本特征及意义

　　1. 研究性学习的内涵

　　对于研究性学习内涵通常有两种界定：广义的理解是泛指学生探究问题的学习；狭义的理解是指课堂教学中，学生在教师指导下，用类似科学研究的方式获取知识、应用知识、解决问题的学习方式。用类似科学研究的方式，即让学生通过观察、比较、发现、提出问题，作出解决问题的猜想，尝试解答并进行验证的过程去揭示知识规律，求得问题的解决。研究性学习重在学生在教师指导下的积极主动的学习过程，因此研究性学习不应被看成是一种教学法，而应当是让学生个体掌握知识的一种学习方式。

　　在人类的教育实践中，历来包含着两种不同类型的教育形式：一是通过系统的传授，让学习者"接受"人类已有的知识；二是通过学生亲身的实践，让学习者"体验"到知识使用的乐趣，自主构建自己的知识体系。如果把与前者相应的教育称为"传授性教育"，与前者相适应学习方式称为"接受性学习"，那么把与后者相适应的教育称为"体验性教育"，与之相适应的学习方式称为"研究性学习"。从全面发展来看这两者不可缺一。过去注重于知识传授的倾向，学习主动性被压抑，不利于培养学生的创新精神和实践能力，我们应当看到这两种学习方式在学科教学中都是必要的，而且是相辅相成的。

　　2. 研究性学习的基本特征

　　研究性学习是教师和学生共同探索求新知的学习过程，是教师和学生围绕问题共同完成研究内容，相互合作交流的过程。这种学习方式的主要特征有以下几方面：

　　1）自主性

　　研究性学习强调学生对某一问题的主动探究。学生根据自身的兴趣、爱好、条件选择和确定研究专题，并自行确定学习内容、目标以及解决问题的方式，是整个课题研究过程中的提出者、设计者、实施者。在研究性学习中，学生的学习方式发生了改变，要求我们教师应不断努力汲取新的知识，提高自身的综合素质，能成为学生学习

上的促进者、组织者、指导者。

2) 开放性

开放性是研究性学习的基本特点。在研究性学习中，学习的内容（或专题、课题）不是约定俗成的，而是来源于学生生活着的现实世界，意在解决学生关注的一些社会问题或其他问题。学生的学习方式、途径方法，最后研究结果的内容和形式各异，突破了学生原有数学教学的封闭状态，把学生置于一种动态、开放、主动、多元的学习环境中。在学习过程中，由于个人兴趣、经验和研究活动的需要不同，研究目标的定位、研究过程的设计、研究方法和手段的应用以及研究结果的表达也不尽相同，为学生、教师提供了广阔的空间。这种开放性学习，不仅改变了学生学习的地点和内容，而且提供给学生更多的获取知识的方式和渠道，更重要的是培养了学生一种开放性的思维。

3) 探究性

数学是具有创新意识的知识主体，创新意识需要研究性学习方式来开发，因此探究性是数学研究性学习的核心。在研究性学习的过程中，学生不是被动地接受、记忆教师传授的知识，而是凭借自身敏锐地去发现问题、解决问题、自行探求结论，那么就要求教师引导、归纳、呈现一些需要学习探究的问题以供学生研究。数学研究性学习不应是学习一个数学知识或方法去探究其应用，而是在探究过程中获取数学知识或方法。探究不是目的，而是手段，通过探究性学习开发学生的创新意识。

4) 实践性

研究性学习不再局限于对学生纯学术性的书本知识的传授，而是强调理论与社会、科学与生活的联系，特别关注例如环境问题、现代科技对当代生活的影响，以及与社会发展的密切相关的重大问题。让学生自己动手实践，在实践中体验、学会学习，通过自身解决问题，亲自了解知识的发生和发展过程。教师在研究性学习的教学设计和实施中，应该尽量为学生参与社会实践活动提供条件和可能。

5) 过程性

研究性学习重在学习的过程而非结果，重在思维方法的学习和思维水平的提高。在研究性学习的过程中，学生调查、观察以及运用现代信息技术的能力都得到提高，并能掌握一定的科学研究的方法和技能，并且研究性学习所要达到的培养研究能力、创新意识和创新精神的目标，也只有在研究性学习过程中才能真正实现。

3. 研究性学习的意义

(1) 研究性学习有利于培养学生的创新精神和实践能力。创新意识和实践能力是学生未来发展所具备的基本能力。研究性学习关注学生的思维发展。在探究的过程中，学生不仅掌握了知识和方法，而且通过探究，创新意识得以开发。学生在提出问题、分析问题、解决问题每一个环节中对问题都有自己的深入思考，在此过程中培养了学生科学研究的态度和创新精神、创新思维，掌握了科学研究的方法，同时也提高了实践操作、解决实际问题的能力。

(2) 研究性学习有利于转变学生在教学中的被动地位，培养学生自主探究的学习方式。以往的教学多注重的是教师的教学，认为教师只要讲得好，学生基本上是能学好。

但是事实证明单纯注重依靠教师知识传授的接受式学习对于学生自主学习和创新思维的能力的培养作用不大，而研究性学习最大的特点是让学生自主地学习。学生的学习方式从单一的接受性的学习转变为接受性学习、研究性学习相结合，使研究性学习成为学生学习的一种基本学习方式。为此教师应为学生提供充足的自由空间和主动性发挥的余地，为学生的个性发展和创造性发展创造条件。

（3）研究性学习有利于建立新型的师生关系。在研究性学习中，教师与学生一起研究课题不再是高高在上的"权威者"，而是学生的引导者、组织者和帮助者。教师与学生的关系已不再是讲授与接受的关系了，师生在共同探究、讨论、各抒己见、相互切磋的过程中进行教学活动，师生之间建立了一种民主、平等、交流的关系。

9.2.2　研究性学习的实施

在数学教学中研究性学习的实施一般可分为四个阶段：创设问题情境阶段、确定研究课题和研究方案阶段、实施体验阶段、表达和交流阶段。在学习过程中，这四个阶段并不是截然分开的，而是相互交叉和相互推进的。

1. 创设问题情境阶段

本阶段教师要为学生创造一定的问题情境，营造一种探索研究的氛围，并布置研究任务。这时，可以开设讲座、组织参观访问、进行信息交流活动、介绍已有的研究性学习案例做好背景知识的铺垫，调动出学生已有的知识和经验，诱发探究动机。

2. 确定研究课题和研究方案阶段

在提出问题的基础上，应进一步确定研究范围或研究题目。研究课题可以由教师提出，也可以由学生根据自身的兴趣、爱好和其他条件自行提出，但较多情况下是通过师生合作、对选题的社会价值和研究可能性进行判断论证，教师以一名参与者、组织者的身份平等地参与学生的讨论，共同确立研究课题。过程中，教师应帮助学生了解研究题目的知识水平，以及题目中隐含的有争议性的问题，使学生从多个角度认识、分析问题。可以通过确立课题小组的方式，组织学生的讨论、研究，提出解决问题的具体方案，包括研究的主要内容、研究的步骤和程序、研究的具体方法，并预测研究可能获得的结果。

3. 实施体验阶段

在确定研究问题并有了初步的解决方案以后，学生要进入具体解决问题的过程。在本阶段中，通过学生的实践、体验，形成一定的观念、态度，掌握一定的方法。实践体验的内容包括：主动搜集和加工处理信息，小组合作与各种形式的沟通，以科学的态度解决问题，通过调查研究归纳得出解决问题重要的思路或观点，并在小组内和个人之间进行初步地交流。教师则要针对学生的实际，进行一些方法指导和思路点拨，对学生的创意和闪光点要适时地表扬。

4. 表达和交流阶段

本阶段学生要将自己或小组归纳整理、总结提炼的资料以书面形式或口头报告展示出来。学生之间的交流、研讨、成果的分享是研究性学习不可缺少的一个环节。在交流、研讨中学生要学会理解和宽容，学会客观地分析和辩证地思考，要敢于和善于申辩。

9.2.3 研究性学习案例

课题：怎样购车更划算？

1. 研究目的

(1)通过对购车方式的调查与研究，使学生综合运用所学数学知识解决问题，发展学生的数学应用意识，加深学生对等比数列的理解和认识。

(2)在分组合作研究及全班交流的过程中，使学生进一步积累数学活动的经验，增强学生数学学习的信心。

2. 研究方法

调查研究、分析、讨论。

3. 活动方式

实际调查(或上网查阅资料)、自主探究、分组活动、全班交流研讨。

4. 问题与解决的具体策略

(1)课题背景：自改革开放以来，特别是近些年，我国的经济飞速发展，家庭的收入也在提高，随之而来的消费心理也日趋膨胀，买车对寻常百姓家来说已不再是梦。那么怎样购车更划算呢？目前市场购车有两种方式：一种是一次性付款购车；另一种是分期付款购车。

(2)明确问题的实质，弄清楚什么是一次性付款和分期付款。一次性付款，即一次性付钱购买商品，一次解决问题，不需要考虑余下的事项。这种方式要求购车人具有足够的经济实力，一般消费人群为高收入者。而所谓分期付款，即将钱分成若干次付清以达到购车的目的。分期付款可分为两部分：第一部分即首付，它要象征性地相对于后面的付款多付一些钱；第二部分即月付，每月要交一些钱但远低于首付的钱数，这样经过一段时间，钱慢慢付清，车子也就属于自己了，一般消费人群为广大工薪族。

(3)两种情况下的选择。当消费者拥有足够多的现金又准备买车时，是选择一次性付款呢，还是分期付款购车呢？当然是前者，正所谓"时间就是金钱"，选择后者不仅会多花了时间，而且聪明的商家自然不会少算这笔账，必然会把这部分所值的钱算进总账去，因此此种情况下购车，一次性付款购车要优于分期付款购车；而当消费者没有足够的钱时，可以选择后者。

(4)分期付款的几种方式的讨论。以西安奥拓车为例，见表9-3。

表9-3　分期付款的几种方式

	A	B	C
首付(元)	6 688	18 888	28 888
月付(元)	1 278	968	698

40个月分期付款，余款月息为1%。

不考虑月息，粗略看购车总费用：

$$A：6\ 688+1\ 278×40=57\ 808(元)$$
$$B：18\ 888+968×40=57\ 608(元)$$
$$C：28\ 888+698×40=56\ 808(元)$$

这样看，C 较 A、B 更合算，但这只是在不考虑月息的情况下成立。一旦考虑月息，月付的多，月息自然也就高。这样注意月付的时间是有讲究的，月初付的总利息要低于月底付的总利息。下面的计算的过程中，我们假定月付的时间为月初付：

总利息：

A：$\{[(1\ 278 \times (-40) - 1\ 278) \times (-1.01) - 1\ 278] \times (-1.01) \cdots\} \times (-1.01) = 13\ 009.16$（元）

B：$\{[(968 \times (-40) - 968) \times (-1.01) - 968] \times (-1.01) \cdots\} \times (-1.01) = 9\ 853.57$（元）

C：$\{[(698 \times (-40) - 698) \times (-1.01) - 698] \times (-1.01) \cdots\} \times (-1.01) = 7\ 105.16$（元）

总费用：

$$A：57\ 808 - 13\ 009.16 = 44\ 798.84（元）$$
$$B：57\ 608 - 9\ 853.57 = 47\ 754.13（元）$$
$$C：56\ 808 - 7\ 105.16 = 49\ 702.84（元）$$

由上容易得出：A＜B＜C。

在不考虑月息的情况下：A＞B＞C。

在实际的买卖过程中，商家和消费者考虑的角度是不一样的。商家做买卖只求赚钱，他不会考虑月息是多少，因此他最希望消费者选用 A 种购车方式，这样实际收到的钱最多，获取的利益最大。而对于消费者，他要考虑月息，因此他也会选择 A 种购车方式，这样他实际花费的钱最少。但是 A 种方式首付虽少，月付却多，这样便会加重消费者每月的负担，因此他就会退而求其次选择 B 种方式购车，B 对于商家利益有所减少，但较 A 相差不多，而 B 对于消费者损失更大一些。选择 C 商家所受损失又略大于消费者，虽是这样，但钱数仍然是商家有利。

5. 进一步研讨、选定方案

A 种方式对双方均有利，B 种方式、C 种方式均是商家利大于消费者，由此可见商家在买卖过程中总处于有利地位，消费者选择 A 种方式购车相对而言最有利。各小组完善自己的研究方案并写出研究报告。

9.2.4　研究性学习的评价

评价是人们对某一事物的价值判断。而研究性学习的评价是以学生在研究性学习活动中的状态和成果为依据，对学生的研究性学习活动作出价值判断和信息反馈，以促进学生研究性学习活动的健康展开，研究性学习的目的是真正全面实现的教学实践活动。

1. 研究性学习的评价原则

研究性学习强调学生的主动学习和探究，注重培养学生的创新精神、实践能力和终身学习能力，重视情感体验，形成科学态度，学会交往与合作。因此，研究性学习评价应遵循以下原则：

1）过程性原则

与传统的评价只重视结果不同，研究性学习更加重视学生学习的过程，重视学习上在研究过程中所表现出来的学习态度和学习方法,强调学生在亲身参与和探索活动中所获得的感悟和体验,重视在发现问题、提出问题和解决问题中的知能结合、思维运用和见解创新,而且与传统评价只是在学习结束时不同,研究性学习评价应该贯穿于学习的全过程。

2)灵活性原则

灵活性原则表现为评价主体、评价标准和评价方法等各方面。研究性学习强调建构学校、社会和家庭三者的有机结合的评价体系,形成多元化评价主体。学生不仅是研究性学习的主体,也是评价自身的研究性学习素养发展状况的主体。根据评价的标准与解释方式的区别,评价可以分为相对评价、绝对评价和个体间的差异评价。

3)激励性原则

研究性学习把学生看成是正在成长和发展中的个体,是具有思想和尊严、渴望得到赞扬和鼓励的活生生的生命,因此把评价看成是调动学生积极性,激励学生进步,引发、提高和维持学生学习欲望,推动研究性学习持续发展的有效手段。

4)发展性原则

研究性学习的提出基于促进学生发展,并在发展的基础上有一定的创新能力,促进其综合素质的提高以及个性与特长的发展,因此研究性学习评价的主要功能和根本意义,既不在于鉴定和选拔,也不在于进行警戒与惩罚,而在于检查研究性学习的达成水平与学生的实际潜力和发展趋势,从而促进学生研究性学习水平的全面提高,是一种以促进学生发展为最终指向的发展性评价。

2. 研究性学习评价的内容

研究性学习的评价关注的不仅是研究成果、研究水平的高低,还有学习内容的丰富性和学习方法的多样性,强调学生要学会收集、分析、归纳、整理资料,学会发现问题、提出问题、解决问题的基本方法。因此,研究性学习的评价内容是多方面的、发展性的,一般要关注以下几个方面:

(1)学生参与研究性学习的程度和态度。

(2)学生在研究性学习中的收获以及情感体验。

(3)学生研究性活动的成果及水平。

(4)学生在研究性学习活动中体现出的创新精神和实践能力。

(5)学生在研究性学习中的合作交流和协调能力。

(6)学生综合运用知识的能力和数学水平的提高。

9.3 数学建模与数学教育

现代社会是信息社会,信息量空前膨胀,信息交流空前频繁。现代科学技术发展的一个重要特征是各门学科日益定量化、精确化,这必然促使人们定量地思维,而定量化思维的核心是数学。而数学建模(Mathematical Modeling)就几乎是一切应用数学作为工具去解决实际问题的必然选择,人们可以通过建立数学模型,分析求解,使问题条理化,从而进行定量化思维。本节主题是介绍数学建模思想,重点讨论如何建立数学模型，探讨怎样从遇到的实际问题出发，进行抽象和假设，运用数学工具得到一个数学结构，然后再运用数学方法揭示实际问题的真面目。

9.3.1　数学建模的相关概念

1. 数学模型

所谓模型是一种结构，是通过对原型的形式化或模拟与抽象得到的，是一种行为或过程的定量或定性的表示，通过它可以认识所代替的原型的性质和规律。例如，地理课上使用的地球仪和地图是地球表面的模型，深圳的"锦绣中华"是中国许多名胜古迹模型的集合；再如北京的世界公园是世界上许多名胜的模型的集合。模型的分类很复杂，按照不同的考虑方式，有不同的分类方法。按模型的表达形式，模型大致地可分为实体模型和符号模型两大类。实体模型包括实物模型（例如，建筑物模型，作战用的沙盘模型，长江截流模型等，它们仅是将现实物体的尺寸加以改变，看起来比较逼真）和模拟模型（如地图、线路图等，它们在一定假设之下，用形象鲜明、便于处理的一系列符号代表现实物体的特征）。符号模型通常包括数学模型、仿真模型和化学、音乐等学科的符号模型，也包括用自然语言（如用汉语、英语等语言）对事物所作的直观描述，因此，符号模型也称语言模型。

数学模型（Mathematical Model）是指对于现实世界的某一特定对象，为了某个特定的目的，做出一些必要的简化和假设，运用适当的数学工具得到的一个数学结构。它是对客观事物的空间形式和数量关系的一个近似的反映。它或者能够解释特定现象的现实生态，或者能预测对象的未来状况，或者能提供处理对象的最优决策或控制。关于对数学模型的含义有以下两种理解方式：

（1）广义的理解，一切数学概念、数学理论体系、数学公式、方程以及算法系统都可称为数学模型。例如由于人们在实际生活中对计数的需要，算术便产生了，算术正是分享猎物、计算盈亏等实际问题的数学模型；方程是表示平衡关系的数学模型；函数是表示物体变化运动的数学模型；几何则是物体空间结构的数学模型。

（2）狭义的理解，数学模型是指解决特定问题的一种数学框架或结构。这一框架或结构可以用一组方程来表示，可用数学解析或函数关系式来表示，也可以用程序语言、图形、图表等表示。例如，二元一次方程组是"鸡兔同笼"问题的数学模型；一次函数是匀速直线运动的数学模型；"一笔画"问题是"七桥问题（1736 年）"的数学模型。

在应用数学中，数学模型一般都是指后面这一类，这也是我们主要研究的。我们在一般情况下是按狭义理解数学模型的。

2. 数学建模

数学模型是数学抽象的产物，是针对或参照某种事物系统的特征或数量相依关系，采用形式化的数学语言，概括地或近似地表述出来的一种数学关系结构。相应地，数学建模即是对实际问题进行抽象、简化，建立数学模型，求解数学模型，分析数学模型、验证数学模型解的全过程。通过对实际问题抽象和简化，使用数学语言对实际现象进行一个近似的刻画，以便于人们更深刻地认识所研究的对象。应当注意，数学模型不是对现实系统的简单模拟，它是人们用以认识现实系统和解决实际问题的工具。

因此，数学模型是对现实对象的信息通过提炼、分析、归纳、翻译的结果。这样通过数学上的演绎和分析求解，使得我们能够深化，对所研究的实际问题的认识。

9.3.2　数学建模的一般过程

建立数学模型分为哪些步骤并没有固定的模式，不同的学者有不同的看法。现就一般情况给出数学建模的步骤。

1. 模型准备

对于一个实际问题进行数学建模，它的价值就在于能在已有的基础上有所创造。因此，在建模前就要在了解有关背景知识的基础上分析问题，明确建立模型的目的，掌握对象的各种信息（如统计数据等），弄清实际对象的特征，查阅前人在这方面的工作情况。总之，就是要做好建立模型的准备工作。

2. 模型假设

要建立一个合理的数学模型，必须分析清楚哪些是主要的本质的因素，哪些是次要的非本质的因素。其目的就在于选出主要因素忽略非本质因素，这样不但使问题简化，便于进行数学描述，而且又抓住了问题的本质。以建立"七桥问题"的数学模型为例，欧拉不考虑元素的长短与大小，也不涉及具体量的计算，而只关注研究对象中与位置关系有关的性质；在研究过程中，为了简化问题，把陆地、岛与半岛简化抽象成点，桥简化抽象成线，忽略次要因素的影响，作出恰当假设。欧拉不拘泥于解决个别的特殊问题，而是要解决具有一般性、普遍性的问题，这样才使问题的解决更具有科学价值，更能推动科学的发展。

3. 模型建立

这是整个数学建模中最关键的一步，是一个从实际到数学的过程。在此过程中，应当根据所做的假设，利用适当的数学工具建立各个量之间的等式或不等式关系，列出表格，画出图形或确定其他数学结构。

4. 模型求解

对于上述建立的模型进行数学上的求解，包括解方程、画图形、证明定理以及逻辑运算等方面，会用到传统的和近现代的数学方法，特别是计算机技术。

5. 模型分析

对上述求得的模型结果进行数学上的分析。有时是根据问题的性质，分析各变量的依赖关系或稳定性质；有时则根据所得结果给出数学上的预测；有时则是给出数学上的最优决策或控制。

6. 模型检验

完成模型的设计及求解之后，我们还需要对模型的各种性能作出评价，用实际现象、数据等检验模型的合理性和适用性。它一般包括稳定性和敏感性分析、统计检验和误差分析、新旧模型的对比、实际可行性检验等几个方面。显然，这一步对于模型的成败是非常重要的，并且是必不可少的。若检验结果不符合或部分不符合情况，那么我们必须回到建模之初，把假设修改或补充，重新建模；若检验结果与实际情况相符，则可进行最后的工作——模型应用。

需要指出的是，并非所有建模过程都要经过上述步骤，有时各个步骤之间的界限也不那么明显。因此，在建模过程中不要局限于形式上的按部就班，重要的是根据对象的特点和建模的目的，去粗取精，去伪存真，从繁到简，不断完善。具体可用如图 9-3 所示的数学建模过程。

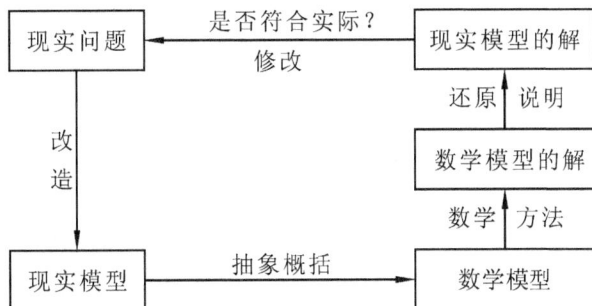

图 9-3　数学建模过程

9.3.3　数学建模举例

1. 问题情境

每逢佳节来临之际，比如春节、元旦，在欢乐、祥和、热闹、喜庆的日子里，家家户户都要吃饺子。在包饺子的时候，人们总想要求面与馅比较合适，既不剩面也不剩馅，做到恰到好处。然而有时会不随人愿，可能面多，也可能馅多。

那么在面一定的情况下，馅多了怎么办？在通常情况下，1 kg 面，1 kg 馅，包 100 个饺子。现在，若 1 kg 面不变，馅比 1 kg 多了，试问是多包几个使饺子小些，还是少包几个使饺子大一些呢？

2. 问题假设

(1)皮的厚度一样。

(2)形状大小相同。

(3)把包饺子看成包汤圆，即把饺子看成汤圆形状的圆球形。

3. 建立数学模型

若将 1kg 面做成一个大皮(极限状态)，设半径为 R，面积为 $S_\text{大}$ 的一个皮，包成体积为 $V_\text{大}$ 的饺子；若将 1 kg 面做成 n 个皮，设每个小皮的半径为 r，每个小圆的面积为 $S_\text{小}$，每个小饺子包成的体积为 $V_\text{小}$，此时在 $S_\text{大}=nS_\text{小}$ 情况下，如图 9-4 所示。

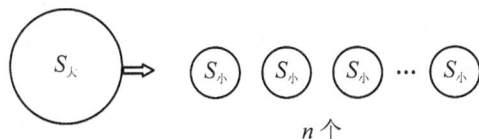

图 9-4　数学建模饺子案例

这时要问：$V_\text{大}$ 与 $nV_\text{小}$ 哪个大？(做定性分析)【$V_\text{大}$ 大】

$V_\text{大}$ 比 $nV_\text{小}$ 大多少？(做定量分析)　【$V_\text{大}$ 是 $nV_\text{小}$ 的 $\sqrt{n}$ 倍】

我们知道 $S_大 = \pi R_圆^2 = k_1 R_圆^2$，$V_大 = \frac{4}{3}\pi R_球^3 = k_2 R_球^3$。

考虑到 $R_圆$ 与 $R_球$ 之间必定存在一定联系，则 $V_大$ 可化为 $V_大 = k' R_圆^3$，所以 $V_大 = kS_大^{\frac{3}{2}}$。

同理 $S_小 = k_1 r_圆^2$，$V_小 = k_2 r_球^3$，$V_小 = k' r_圆^3$，$V_小 = kS_小^{\frac{3}{2}}$。

（注意：大球与小球参数 k_1，k_2，k'，k 相同）

由上述关系式可得：$V_大 = n^{\frac{3}{2}} V_小 = \sqrt{n}(nV_小) \geqslant nV_小$，（※）。

所以 $V_大$ 是 $nV_小$ 的 $\sqrt{n}$ 倍。

4. 模型求解与分析

（※）式就是本问题的数学模型。从（※）式看出，皮越大越能装馅，这与人们日常生活的经验是一致的。因此计算一下，在面一定（比如 1 kg）的情况下，包 100 个饺子，用 1 kg 的馅，那么包 50 个饺子用多少馅呢？

由 $V_大 = \sqrt{n}(nV_小)$ 可得 $nV_小 = \dfrac{V_大}{\sqrt{n}}$ （$nV_小$ 表示所有小饺子的体积之和）。

问题转化为：当 1 kg 馅包 100 个饺子时，其体积总和为 $\dfrac{V_大}{\sqrt{100}}$（面量一定），则当馅为多少时（设为 x kg），可以包 50 个饺子，而此时体积总和为 $\dfrac{V_大}{\sqrt{50}}$，则有 $\dfrac{1}{x} = \dfrac{\dfrac{V_大}{\sqrt{100}}}{\dfrac{V_大}{\sqrt{50}}}$，

可得 $x = \dfrac{\sqrt{100}}{\sqrt{50}} = \sqrt{2}$，即 $x \approx 1.4$ kg。

也就是说面量一定时，若 100 个饺子包 1 kg 馅，则 50 个饺子包 1.4 kg 馅。

5. 模型应用

对于我们前面所提出的问题，就有了答案。在 1 kg 面不变，馅比 1 kg 多的情况下，应少包几个，包大些。即在面一定的情况下，馅多了应使皮大一些，少包几个。

9.3.4 开展数学建模教育的作用

从某种意义上说，数学建模就是一次科研活动的小小缩影，从教学角度来看，数学建模学习方式是一种广义的研究性学习。开展数学建模教育有利于学生将学习过的数学知识与方法同周围的现实世界联系起来，甚至和真正的实际问题联系起来。不仅应使学生知道数学有用，怎样用，更要使学生体会到在真正的实际应用中还要继续数学知识的学习。开展数学建模教育有以下作用：

1. 可以促进学生树立数学应用的意识，增强解决实际问题的能力

数学建模是一个从实际到数学，再从数学到实际的过程。从模型得到的结果是否符合实际，是模型好坏的重要标志。当一个数学模型建立之后，都要经过结果分析环节，考虑其在实际中的合理性。在这样的训练中就逐渐培养了学生们注重实际的观念，为以后从事实际工作打下了良好的基础。

2. 可以培养学生良好的数学观和方法论

用数学方法来解决实际问题，先要将实际问题抽象成数学模型，作为数学结构来研究分析。实际上数学建模过程就是经验材料的数学组织化，而数学材料的逻辑组织化是数学应用的过程。从方法论角度看，数学模型是联系认识主体和实体的环节，是一种数学思想方法；从数学角度看，数学建模又是一种数学活动。因此，开展建模教育，可以培养学生这种数学思维能力，提高学生的数学素质。

3. 可以培养学生的观察力和想象力

在建模过程中，往往要求学生充分发挥联想，把表面上完全不同的实际问题，用相同或相似的数学模型去描述它们。通过这样的训练，除了能使学生学会灵活应用数学知识外，还可以培养学生的观察力和想象力。这是由于知识是有限的，而想象力是概括着世界上的一切，可以使知识无限地延展。从这种意义上讲，想象力比知识更重要。

4. 可以培养学生全面考虑问题的能力

在一个实际问题中，往往有很多因素同时对所研究的对象发生作用，这时就要分析清楚哪些是主要因素，哪些是次要因素，同时还应该全面地对这些因素加以考虑，以便抓住问题的本质。

5. 可以培养学生的创造能力

对于一个实际问题我们要建立它的数学模型，往往没有现成的模式、现成的答案，要靠学生充分发挥自己的创造性去解决。要面对一大堆资料、一大堆问题以及各种计算机软件等，如何用于解决自己的问题，也要充分发挥自己的创造性。这对于学生创造力的培养是很有益的。当他们离开大学走上工作岗位后，不管是从事实际工作还是从事研究工作，创造性工作态度都是至关重要的。

6. 可以培养学生的交流与表达能力，以及团结协作的精神

现代科研、生产活动往往是群体的合作活动，需要各个成员相互理解、支持、协调，相互交流、集思广益，才可能进行成功的合作。开展数学建模活动，恰恰是能够培养学生这种相互协作的品质和能力。因为对于一个建模题目，常常用到的知识是那样的广泛，谁也不能单枪匹马打天下，这时就需要数人密切合作，在讨论、争辩、勇于提出见解的情况下，相互取长补短，学会倾听别人的意见，善于从不同的意见和争论中综合出最好的方案来。这样不仅锻炼了学生们的交流与表达能力，同时也培养了互相学习、互相协调的能力。

参 考 文 献

[1] Ruhama Even，Deborah Loewenberg Ball. The Professional Education and Development of Teachers of Mathematics：The 15th ICMI Study[M]. New York：Springer，2008.

[2] Lyn D. English. Handbook of International Research in Mathematics Education [M]. New York：Routledge，2008：3.

[3] Stifler J W，Hebert J. The teaching gap[M].New York：Simon & Schuster，1999.

[4] Clarke D，Emanuelddon J，Jablonka E，et al. Making Connections：Comparing Mathematics Classroom Around The World[M]. Rotterdam：Sense Publishers，2006.

[5] Hebert J. Teaching Mathematics in Seven Countries：Results From the TIMSS 1999 Video Study[M]. NCES，2003.

[6] Houston S K. Teaching and Learning Mathematical Models—Innovation，Investigation and Applications[M]. England：Albion Publishing Ltd，House，1997.

[7] Dossy J A. Problem Solving in the PISA and TIMSS 2003 Assessments. Technical Report U. S. [M]. Department NCES 2007.

[8] D. A. 格劳斯. 数学教与学研究手册[M]. 陈昌平，等，译. 上海：上海教育出版社，1999.

[9] M. 克莱因. 古今数学思想：第一册[M]. 张理京，等，译. 上海：上海科学技术出版社，2002.

[10] 胡作玄. 数学是什么[M]. 北京：北京大学出版社，2008.

[11] 张恭庆. 数学的有机统一是数学科学固有的特点[J]. 高等数学研究，2001(3)：7—8.

[12] 黑田恭史. 数学科教育法入门[M]. 东京：共立出版社株式会社，2008.

[13] 加里·D. 鲍里奇. 有效的教学方法[M]. 易东平，译. 南京：江苏教育出版社，2002.

[14] 曹一鸣. 数学教学论[M]. 北京：高等教育出版社，2008.

[15] 张奠宙，李士锜，李俊. 数学教育学导论[M]. 北京：高等教育出版社，2003.

[16] 曹一鸣. 数学课堂教学实证系列研究[M]. 南宁：广西教育出版社，2009.

[17] 郑毓信. 国际教育视角下的中国数学教育——关于中国数学教育的再认识[J]. 中学数学教学参考，2003(21)：6—9.

[18] 姚静，吕传汉. 走进"情境-问题"教学（SPBI）——从两侧案例谈起[J]. 数学

教育学报.2005，14(4)：90－94.

[19] 张硕，赵丽琴.谈谈高师数学系学生教学基本功的构成与训练[J].数学教育学报，2000，2(4)：83－84＋88.

[20] 课程教材研究所.20世纪中国中小学课程标准·教学大纲汇编数学卷[M].北京：人民教育出版社，2001.

[21] M.克莱因.数学与知识的探求[M].刘志勇，译.上海：复旦大学出版社，2005.

[22] 吕传汉，等.数学情境与数学问题[M].重庆：重庆大学出版社，2001.

[23] 曹一鸣，严虹.高中数学课程内容及其分布的国际比较——基于12个国家高中数学课程标准的研究[J].数学通报，2015(7)：9－14.

[24] 曹一鸣，吴立宝.初中数学教材难易程度的国际比较研究[J].数学教育学报，2015(4)：3－7.